STARK

ABITUR-TRAINING
PHYSIK

Horst Lautenschlager

Atom- und Quantenphysik

Leistungskurs

Aufgaben mit Lösungen

STARK

Bildnachweis
Umschlagbild: Im „Auge eines Supermikroskops“, mit dem man bei DESY in die Bereiche des Mikrokosmos blicken möchte, wo die Gesetze der Quantenphysik nicht mehr gelten.
© Bilderberg/Peter Günter
S. 1: © DESY, Hamburg
S. 2: © Christoph & Friends
S. 7: © BPK
S. 11: aus: Giscard d'Estaing, Valérie-Anne (Hrsg.): *Das neue Buch der Erfindungen*, Ullstein 1988, S. 21
S. 26: © AKG
S. 35: © Christoph & Friends
S. 41: © DESY, Hamburg
S. 42: © Christoph & Friends
S. 46: © Christoph & Friends
S. 50: © Harenberg
S. 60: © Christoph & Friends
S. 70: © Ullstein Bilderdienst
S. 77: © Christoph & Friends
S. 85: © Jean-Loup Charmet
S. 87: © Christoph & Friends

Der Verlag hat sich bemüht, die Urheber der in diesem Werk abgedruckten Abbildungen ausfindig zu machen. Wo dies nicht gelungen ist, bitten wir diese, sich ggf. an den Verlag zu wenden.

Der Band wurde nach den Regeln der neuen deutschen Rechtschreibung abgefasst.

ISBN: 3-89449-503-0

D-85318 Freising · Postfach 1852 · Tel. (0 81 61) 1790

Inhalt

Fortsetzung nächste Seite

Die Struktur des Atoms und seiner Hülle 59

Lösungen 85

Autor: Horst Lautenschlager

Vorwort

Liebe Schülerin, lieber Schüler,

in diesem Band ist der **gesamte prüfungsrelevante Stoff** des Leistungskurses Physik aus den Bereichen relativistische Dynamik, kinetische Gastheorie, Atom- und Quantenphysik in kompakter Form für Sie aufbereitet. Sein vorrangiges Anliegen ist es, Sie bei der **Vorbereitung auf Klausuren** sowie die **schriftliche** und **mündliche Abiturprüfung** zu unterstützen. Um dies zu gewährleisten, wurde folgender Aufbau gewählt:

- Das Buch ist als **Übungsbuch** gestaltet. Denn nur wenn Sie anhand gezielter Fragen Ihr Wissen überprüfen, stellen Sie fest wo Ihre individuellen Schwachstellen liegen.
- Zu allen **201 Aufgaben** finden Sie **ausführliche Lösungen**.
  Mit ✹ gekennzeichnete Aufgaben dienen der Vertiefung und können beim ersten Lesen oder bei Zeitdruck übersprungen werden.
- Wertvolle **Hinweise** stellen Querverbindungen zu weiteren Themenbereichen her und bieten ergänzende Informationen.
- Das **strukturierte Stichwortverzeichnis** ermöglicht Ihnen, wichtige Definitionen, Formeln, Versuchsanordnungen, Erklärungen und Herleitungen schnell nachzuschlagen.

Viel Erfolg bei der Arbeit mit diesem Buch wünscht Ihnen

H. Lautenschlager

Horst Lautenschlager

Relativistische Dynamik

Eine besonders wichtige Rolle spielen die Gesetze der **relativistischen Dynamik** bei den Beschleunigern der Elementarteilchenphysik. Die Luftbildaufnahme zeigt DESY, das Deutsche Elektronen-Synchrotron in Hamburg. Eingezeichnet ist der Verlauf der unterirdischen Ringbeschleuniger PETRA (Positron–Electron–Tandem–Ring–Anlage) und HERA (Hadron–Electron–Ring–Anlage) sowie die Lage der vier großen Hallen mit den HERA-Detektoren (Nord, Süd, Ost, West). Das DESY-Gelände wird vom Petra-Ring umschlossen, HERA verläuft auch unter Wohn- und Gewerbegebieten sowie unter dem Hamburger Volkspark. In der 2 304 m langen PETRA erreichen Elektronen relativistische Energien von ca. 12 GeV, in der 6 336 m langen HERA von ca. 30 GeV.

1 Relativistische Masse

Anfang des 20. Jahrhunderts erkannte man, dass dic Ausbreitungsgeschwindigkeit des Lichts im Vakuum eine Grenzgeschwindigkeit darstellt. Damit erwiesen sich Masse und Impuls eines Körpers als geschwindigkeitsabhängige Größen im Widerspruch zur klassischen Newton'schen Mechanik.
Dieser Abschnitt dient der Wiederholung der wesentlichen Grundlagen der Speziellen Relativitätstheorie und der Begriffe „relativistische Masse“ und „relativistischer Impuls“.

1. Wiederholung elementarer Begriffe aus der klassischen Mechanik

a) Was versteht man in der Physik unter einem Inertialsystem?

b) Wie lautet das Relativitätsprinzip der klassischen Mechanik?

2. Relativitätsprinzip der Speziellen Relativitätstheorie

a) Erläutern Sie kurz, was man in der Physik des 19. Jahrhunderts unter dem Begriff „Äther“ verstand!

b) Zum Nachweis des Äthers wurden zahlreiche Versuche durchgeführt. Beschreiben Sie kurz, welche Schlussfolgerungen Einstein aus den Ergebnissen dieser Versuche zog!

Hendrik Antoon Lorentz (1853–1928), niederl., fand die nach ihm benannten Transformationsgleichungen, aus denen sich alle Aussagen der Speziellen Relativitätstheorie herleiten lassen.

3. Gedankenversuch zur Geschwindigkeitsabhängigkeit der Masse

Geben Sie anschaulich, ohne Verwendung relativistischer Formeln, eine Plausibilitätserklärung dafür, dass die Masse eines Körpers mit zunehmender Geschwindigkeit ebenfalls zunimmt!

4. Der Versuch von Bucherer

Bucherers Labor mit der 103 cm langen, rechteckigen Spule zur Erzeugung des Magnetfeldes.

1908 wies Alfred Bucherer bei der Messung der spezifischen Ladung von Elektronen die Geschwindigkeitsabhängigkeit der Elektronenmasse nach.

a) Fertigen Sie eine Prinzipskizze seines Versuchsaufbaus an und beschreiben Sie die Versuchsdurchführung!

b) Drücken Sie die spezifische Ladung der Elektronen durch Feldgrößen und **direkt** messbare geometrische Größen der Versuchsanordnung aus!

✷ 5. Der Versuch von Kaufmann

1901 überlagerte Walter Kaufmann ein homogenes elektrisches und ein gleich gerichtetes homogenes magnetisches Feld und schickte ein Bündel Elektronen unterschiedlicher Geschwindigkeiten hindurch.
Folgende Skizze zeigt seinen Versuchsaufbau dem Prinzip nach:

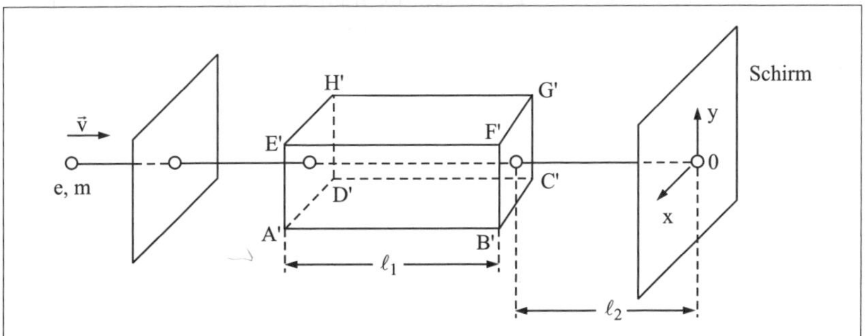

Im quaderförmigen Bereich A'B'C'D'E'F'G'H' können durch eine geeignete Vorrichtung ein homogenes elektrisches Feld der Stärke $\vec{E}$ und ein homogenes magnetisches Feld der Flussdichte $\vec{B}$ so erzeugt werden, dass $\vec{E}$ und $\vec{B}$ zueinander parallel sind und in dieselbe Richtung weisen wie $\overrightarrow{H'D'}$. Durch eine Lochblende treten Elektronen in diese Felder, senkrecht zu den Feldlinien, mit unterschiedlichen Geschwindigkeitsbeträgen ein. Sind beide Felder abgeschaltet, so treffen die Elektronen im Ursprung O des skizzierten Koordinatensystems auf den Schirm.

a) Zeigen Sie, dass die Elektronen im Punkt P_1

$$P_1 = \left(0 \;\middle|\; \frac{e \cdot E \cdot \ell_1}{m \cdot v^2} \cdot \left(\frac{\ell_1}{2} + \ell_2\right)\right)$$

auf den Schirm treffen, wenn nur das elektrische Feld eingeschaltet ist!

b) Zeigen Sie, dass die Elektronen im Punkt P_2

$$P_2 = \left(\frac{e \cdot B \cdot \ell_1}{m \cdot v} \cdot \left(\frac{\ell_1}{2} + \ell_2\right) \;\middle|\; 0\right)$$

auf den Schirm treffen, wenn nur das magnetische Feld eingeschaltet ist!

c) Nun sind beide Felder gleichzeitig in R eingeschaltet. Zeigen Sie, dass die Elektronen dann in Punkten auf den Schirm treffen, die auf einer Parabel der Gleichung

$$y = \frac{m}{e} \cdot \frac{E}{B^2} \cdot \frac{1}{\ell_1 \cdot \left(\frac{\ell_1}{2} + \ell_2\right)} \cdot x^2$$

liegen!

d) Wie hängt die Lage des Auftreffpunkts eines Elektrons auf dieser Parabel von v ab?

e) Zeichnen Sie qualitativ, wie sich die von Kaufmann gemessene Parabel von einer Parabel unterscheidet, die man bei konstanter Elektronenmasse erhalten würde! Begründen Sie Ihr Vorgehen!

✷ 6. Präzisionsmessung zur Geschwindigkeitsabhängigkeit der Masse

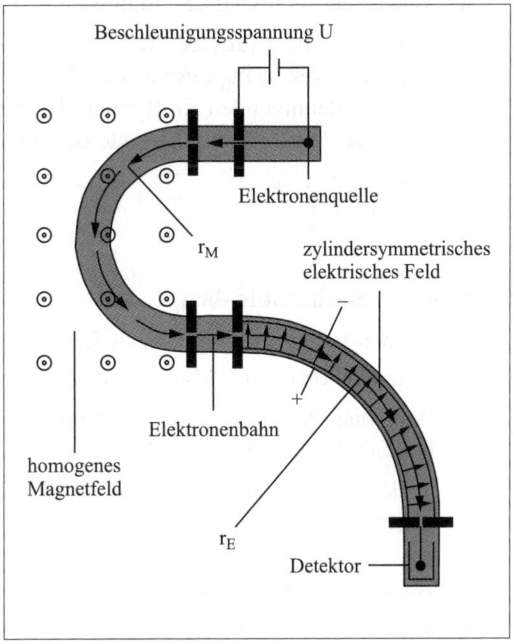

Elektronen werden entsprechend nebenstehender Skizze mit sehr hoher, genau bekannter Geschwindigkeit $\vec{v}$ senkrecht zu den Feldlinien in ein homogenes Magnetfeld der Flussdichte $\vec{B}$ geschossen. $\vec{B}$ ist so gewählt, dass sie dort einen Halbkreisbogen von genau definiertem Radius r_M durchlaufen. Anschließend gelangen sie in einen zylindrischen Plattenkondensator. Dessen Feldstärke $\vec{E}$ ist so bemessen, dass die Elektronen einen Viertelkreisbogen von genau bekanntem Radius r_E durch laufen. Die genaue Einstellung von $\vec{B}$ und $\vec{E}$ wird mit einem empfindlichen Elektronendetektor kontrolliert, in den die Elektronen nur dann gelangen, wenn sie die vorgegebenen Kreisbahnen exakt einhalten. Zeigen Sie, dass für die relativistische Masse m solcher Elektronen gilt:

$$m = \frac{e \cdot B^2 \cdot r_M^2}{E \cdot r_E}$$

7. Relativistische Masse

a) Was versteht man unter der Ruhemasse m_0 und der relativistischen Masse m eines Körpers? Welcher Zusammenhang besteht zwischen m_0, m und der Geschwindigkeit des Körpers?

b) Veranschaulichen Sie den in Teilaufgabe a beschriebenen Zusammenhang grafisch in einem quantitativen v-m-Diagramm.

c) Von welcher Geschwindigkeit ab beträgt die relativistische Massenzunahme $m - m_0$ mehr als 1 % der Ruhemasse?

d) Geben Sie eine grobe Faustregel dafür an, ab welcher Geschwindigkeit die relativistische Massenformel bei Aufgaben im Schulunterricht angewendet werden muss!

8. Relativistischer Impuls

a) Wie ist der relativistische Impuls eines Teilchens definiert?

✷ b) Zeigen Sie, dass für einen Körper der Geschwindigkeit $\vec{v}$, der im Ruhezustand die Masse m_0 besitzt, der Zusammenhang zwischen den Beträgen der beschleunigenden Kraft F und der Beschleunigung a, also das 2. Newton'sche Gesetz, durch folgende Beziehung beschrieben wird:

$$F = \frac{m_0}{\sqrt{\left(1-\frac{v^2}{c^2}\right)^3}} \cdot a$$

9. Einfache Rechenaufgaben (1. Teil)

Elektronen treten mit dem Geschwindigkeitsbetrag v senkrecht zu den Feldlinien in ein homogenes Magnetfeld der Flussdichte $\vec{B}$, $B = 4{,}55\,\text{mT}$, ein.

a) Berechnen Sie den Radius der Kreisbahn, die von den Elektronen durchlaufen wird, wenn $v = 2{,}5 \cdot 10^8\,\frac{m}{s}$!

b) Welche Geschwindigkeit und welchen Impuls besitzen Elektronen, die im gleichen Magnetfeld eine Kreisbahn vom Radius $r = 1{,}00\,\text{m}$ durchlaufen?

10. Einfache Rechenaufgaben (2. Teil)

Elektronen der Geschwindigkeit $\vec{v}$ werden parallel zur Geschwindigkeitsrichtung von einem homogenen elektrischen Feld der Feldstärke $\vec{E}$, $E = 3{,}0 \cdot 10^6\,\frac{V}{m}$, beschleunigt.

a) Welche Beschleunigung erfahren sie, wenn

(1) $v = 2{,}0 \cdot 10^8\,\frac{m}{s}$

(2) $v = 0\,\frac{m}{s}$?

b) Obwohl die beschleunigende Kraft bei beiden Geschwindigkeiten gleich ist, unterscheiden sich die in Teilaufgabe a berechneten Beschleunigungswerte. Erklären Sie dies!

2 Äquivalenz von Masse und Energie

Mit Mitteln der Differenzialrechnung zeigte Einstein, dass sich die an einem Körper verrichtete Beschleunigungs**arbeit** in einem Zuwachs an relativistischer **Masse** äußert. Konsequent weiterdenkend, gelangte er zur wohl revolutionärsten physikalischen Erkenntnis des 20. Jahrhunderts: Energie und Masse sind nur unterschiedliche Erscheinungsformen ein und desselben physikalischen Phänomens.

In diesem Abschnitt wird die Herleitung der Formel $E = m \cdot c^2$ wiederholt und ihre Anwendung in Rechenaufgaben geübt.

Albert Einstein (1879–1955), D/USA, Nobelpreis 1921. Seine 1905 veröffentlichte Arbeit mit dem Titel „Zur Elektrodynamik bewegter Körper" wird heute als „Spezielle Relativitätstheorie" bezeichnet.

11. Herleitung der Masse-Energie-Äquivalenz (Schulvariante)

Ein Körper der Ruhemasse m_0 wird aus der Ruhe heraus auf die Geschwindigkeit v, $v \ll c$, beschleunigt und besitzt dann die kinetische Energie E_{kin}. Zeigen Sie unter Verwendung der Näherung

$\frac{1}{\sqrt{1-x}} \approx 1 + \frac{1}{2} \cdot x$, falls $|x| \ll 1$, dass seine Masse dabei um

$\Delta m = E_{kin} \cdot \frac{1}{c^2}$ zunimmt!

✱ **12. Herleitung der Masse-Energie-Äquivalenz (Einsteins Weg)**

Ein Körper der Ruhemasse m_0 wird durch eine Kraft $\vec{F}$ längs eines geraden Weges $\vec{s}$ aus der Ruhe heraus auf die Geschwindigkeit $\vec{v}_0$ beschleunigt und besitzt dann die relativistische Masse m.

a) Zeigen Sie unter Verwendung des Ergebnisses von Teilaufgabe 8 b, dass für die dabei verrichtete Beschleunigungsarbeit gilt:

$$W_{Beschl} = \int_0^{v_0} \frac{m_0 \cdot v}{\sqrt{\left(1 - \frac{v^2}{c^2}\right)^3}} \, dv$$

b) Leiten Sie $\frac{m_0 \cdot c^2}{\sqrt{1 - \frac{v^2}{c^2}}}$ nach v ab!

c) Zeigen Sie mit den Ergebnissen der Teilaufgaben a und b, dass $W_{Beschl} = m \cdot c^2 - m_0 \cdot c^2$!

13. Relativistische Energien

a) Erläutern Sie mithilfe des Ergebnisses aus Teilaufgabe 12 c die Äquivalenz zwischen Masse und Energie!

b) Erläutern Sie die Begriffe „Ruheenergie", „relativistische Energie" und „relativistische kinetische Energie"!

c) Zeigen Sie, dass die Formel für die relativistische kinetische Energie mit der aus der Newton'schen Mechanik bekannten Formel für die kinetische Energie übereinstimmt, wenn $v \ll c$! Verwenden Sie hierfür die Näherung

$$\frac{1}{\sqrt{1-x}} \approx 1+\frac{1}{2}\cdot x, \quad \text{falls } |x| \ll 1!$$

14. Wichtige Ruheenergien

Bei manchen Aufgaben ist es vorteilhaft, die Ruheenergien

- des Elektrons ($m_{0,\,\text{Elektron}} = 9{,}11 \cdot 10^{-31}\,\text{kg}$),
- des Protons ($m_{0,\,\text{Proton}} = 1{,}67 \cdot 10^{-27}\,\text{kg}$),
- des Alphateilchens ($m_{0,\,\text{Alphateilchen}} = 6{,}64 \cdot 10^{-27}\,\text{kg}$) und
- des Neutrons ($m_{0,\,\text{Neutron}} = 1{,}67 \cdot 10^{-27}\,\text{kg}$)

in eV zu kennen.

Berechnen Sie diese Werte und prägen Sie sich vor allem den Wert für das Elektron ein!

15. Wann ist ein relativistischer Ansatz erforderlich?

Die vier für den Schulunterricht wichtigsten Elementarteilchen sind das Elektron, das Proton, das Alphateilchen und das Neutron. Da in vielen Aufgaben die kinetischen Energien dieser Teilchen gegeben sind, ist es sinnvoll auszurechnen, ab welchen Werten für E_{kin} relativistische Ansätze erforderlich sind.

Führen Sie für jedes der vier Teilchen diese Rechnung durch und lernen Sie diese Schwellwerte auswendig!

16. Relativistische Beschleunigung im homogenen elektrischen Längsfeld

a) Auf welche Geschwindigkeit wird ein Elektron aus der Ruhe heraus beschleunigt, wenn es in einem homogenen elektrischen Längsfeld die Spannung $U = 300\,\text{kV}$ durchläuft?

b) Warum ist ein klassischer Ansatz unzulässig?

c) Mit wie viel Prozent des Anfangswertes wird das Elektron am Ende des Längsfelds noch beschleunigt?

✷ **17. Herleitung der relativistischen Energie-Impuls-Beziehung**

Zeigen Sie, dass zwischen der relativistischen Energie E, der Ruheenergie E_0 und dem relativistischen Impuls p eines Teilchens der Zusammenhang

$$E^2 = E_0^2 + p^2 \cdot c^2$$

besteht!

18. Relativistisches Elektron im homogenen Magnetfeld

Ein Elektron durchläuft in einem homogenen Magnetfeld der Flussdichte $\vec{B}$, $B = 5{,}0\,\text{mT}$, eine Kreisbahn vom Radius $r = 1{,}00\,\text{m}$.
Berechnen Sie seine kinetische Energie!

19. Relativistisches Zyklotron

a) Warum funktioniert ein klassisches Zyklotron nicht mehr, wenn die Geschwindigkeit der beschleunigten Teilchen Werte größer als $0{,}1 \cdot c$ erreicht?

b) Durch welche prinzipiellen Maßnahmen kann ein Zyklotron auch für die Beschleunigung relativistischer Teilchen verwendet werden?

20. Relativistisches Elektron im elektrischen und magnetischen Feld

Ein Elektron wird aus der Ruhe heraus durch die Spannung $U = 400\,\text{kV}$ beschleunigt und tritt anschließend senkrecht zu den Feldlinien in ein homogenes Magnetfeld der Flussdichte B, $B = 4{,}0\,\text{mT}$, ein.
Berechnen Sie den Radius der Kreisbahn, die das Elektron dort durchläuft!
Versuchen Sie, langwierige Rechnungen zu vermeiden!

21. Materie als Energiespeicher

Die gesamte Brutto-Stromerzeugung betrug 1991 in Deutschland 539 Milliarden kWh. Vielleicht kennt man in ferner Zukunft einmal ein technisches Verfahren, das Masse vollständig und direkt in Stromenergie umwandelt. Wie viel Masse würde man dann benötigen, um den Strombedarf unseres Landes aus dem Jahr 1991 zu decken?

22. Wie viel Masse verliert die Sonne?

Die so genannte Solarkonstante $S = 1{,}36 \cdot 10^3 \frac{\text{W}}{\text{m}^2}$ gibt die pro Sekunde von der Sonne auf $1\,\text{m}^2$ Erdoberfläche senkrecht eingestrahlte Energie an.
Berechnen Sie den jährlichen Massenverlust der Sonne und vergleichen Sie diese Zahl mit der Masse der Erde!

Kinetische Deutung der Wärme

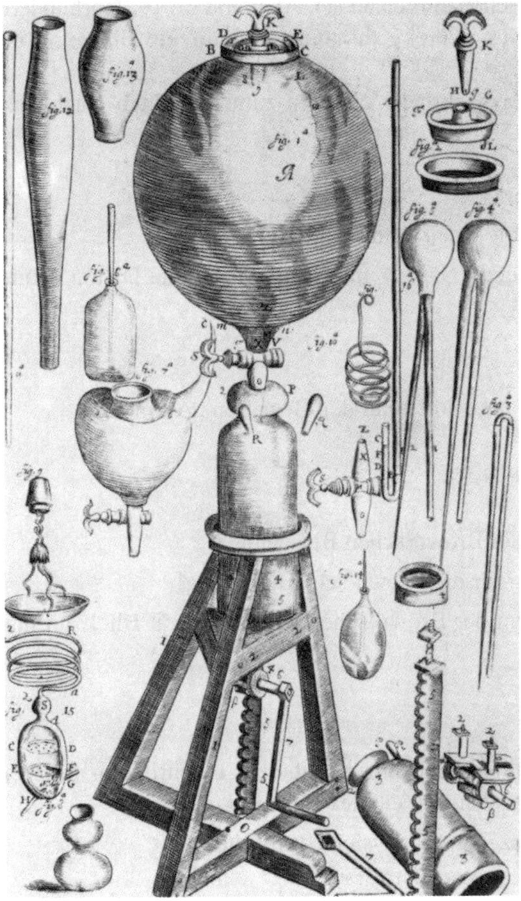

Die Abbildung zeigt die Luftpumpe des englischen Physikers und Chemikers Robert Boyle, (1627–1691), mit deren Hilfe er das Verhalten von Gasen ausführlich untersuchte und als Erster bestimmte, welches Volumen ein Gas einnimmt, wenn es unter einem bestimmten Druck steht. Er machte damit den ersten Schritt zur Erforschung der Natur der Gase, die mit der **kinetischen Deutung der Wärme** ihren Abschluss fand.

3 Hinweise auf die atomistische Struktur der Materie

Bereits um 400 v. Chr. sprachen griechische Philosophen die Vermutung aus, dass alle Materie aus kleinen Teilchen aufgebaut sei. Aber erst im 19. Jahrhundert fanden Physiker und Chemiker in größerer Zahl konkrete, indirekte Hinweise für die Existenz von Atomen.
In diesem Abschnitt werden drei wichtige Verfahren zum indirekten Nachweis von Atomen wiederholt.

23. Die Dalton'sche Atomhypothese

a) Formulieren Sie die Dalton'sche Atomhypothese!

b) Welche chemischen Gesetze (Namen und Wortlaut) konnte Dalton damit erklären?

24. Atom- und Molekülbegriff

Erläutern Sie kurz, was man um 1900 unter den Begriffen „Atom“ und „Molekül“ verstand!

25. Brown'sche Bewegung

a) Was versteht man unter der Brown'schen Bewegung?

b) Geben Sie eine Erklärung für die Brown'sche Bewegung!

c) Welche Bedeutung kommt der Brown'schen Bewegung mit Blick auf die Atomvorstellung zu?

✷ **26. Feldelektronenmikroskop**

a) Erklären Sie, unter Zuhilfenahme einer sauberen, beschrifteten Skizze, Aufbau und Funktionsweise eines Feldelektronenmikroskops!

b) Wie lassen sich damit einzelne Atome sichtbar machen?

4 Molekülgröße und Avogadrokonstante

In diesem Abschnitt werden wesentliche Begriffe und experimentelle Verfahren wiederholt, mit denen es im 19. Jahrhundert gelang, die Zahl der Atome in einem Körper sowie deren Masse und Größe mehr oder weniger genau zu bestimmen.

27. Stoffmenge und Avogadrokonstante

a) Was versteht man in der Physik unter dem Begriff „Stoffmenge“?

b) Wie ist die Einheit dieser Größe festgelegt?

c) Was versteht man unter der Avogadrokonstante?

28. Atomare Masseneinheit, relative Atom- bzw. Molekülmasse

a) Was versteht man unter der relativen Atom- bzw. Molekülmasse m_r?

b) Wie ist die atomare Masseneinheit u festgelegt?

c) Drücken Sie mithilfe von u die relative durch die absolute Atom- bzw. Molekülmasse aus!

d) Berechnen Sie mithilfe der Avogadrokonstanten den Zahlenwert für u!

29. Elementare Rechenaufgaben zu m_r, m_{abs} und n

Berechnen Sie die

a) relative Molekülmasse von Kohlensäure (H_2CO_3)!

b) absolute Masse eines Kohlensäuremoleküls!

c) Stoffmenge n von 0,27 g Kohlensäure!

d) Ein Molekül der relativen Molekülmasse 142,036 u ist nur aus Natrium-, Schwefel- und Sauerstoffatomen aufgebaut. Bei der chemischen Analyse einer nur aus diesen Molekülen bestehenden Stoffmenge stellt man 110,352 g Natrium, 76,944 g Schwefel und 153,590 g Sauerstoff fest. Wie viele Atome jeder Sorte kommen in einem Molekül vor?

30. Der Ölfleckversuch

Der Ölfleckversuch liefert grobe nummerische Werte für die Avogadrokonstante und den Atomdurchmesser.

a) Erklären Sie Aufbau und Durchführung des Versuchs! Erläutern Sie dabei genau, jedoch ohne Rechnung, wie es gelingt, mit einfachen Hilfsmitteln den Durchmesser eines Ölsäuremoleküls abzuschätzen!

b) Wie weist man nach, dass die erzeugte Ölschicht monomolekular ist?

c) Bei einer Messung verwendet man Ölsäure, die mit Leichtbenzin im Verhältnis 1 : 2000 gemischt wird. Eine mit $10\,cm^3$ des Gemischs gefüllte Tropfpipette liefert 621 gleich große Tropfen. Einer dieser Tropfen erzeugt einen kreisförmigen Ölfleck vom Radius $r = 5{,}7\,cm$. Nehmen Sie an, dass Ölsäuremoleküle Würfelform haben und schätzen Sie mit diesen Daten den mittleren Durchmesser d eines Ölsäuremoleküls ab!

d) Berechnen Sie unter der Annahme, dass alle Atome eines Ölsäuremoleküls gleich große Würfel der Kantenlänge a sind, einen Näherungswert für den Atomdurchmesser a! Ölsäure hat die chemische Formel $C_{17}H_{33}COOH$.

e) Berechnen Sie die Anzahl N aller im Ölsäurefleck aus Teilaufgabe b enthaltenen Ölsäuremoleküle und ermitteln Sie hieraus einen nummerischen Wert für die Avogadrokonstante! Die Dichte der Ölsäure hat bei Zimmertemperatur den Wert $\rho = 0{,}89\frac{g}{cm^3}$.

31. Avogadrokonstante und Elektrolyse

Berechnen Sie den nummerischen Wert der Avogadrokonstante aus den Zahlenwerten für die Faradaykonstante und die Elementarladung!

32. Atomdurchmesser aus relativer Atommasse und Dichte

Berechnen Sie aus der relativen Atommasse und der Dichte von Gold den Durchmesser eines Goldatoms! Gehen Sie bei Ihrem Ansatz vereinfachend von würfelförmigen Atomen aus!

33. Avogadrokonstante und Kristalldaten

Edelgase, Helium ausgenommen, kristallisieren bei Unterschreiten bestimmter Temperaturen so, dass ihre Atome die Elementarzellen des Kristalls kubisch-flächenzentriert besetzen.

a) Zeichnen Sie diese Verteilung der Atome in einer Elementarzelle!

b) Zeigen Sie, dass zwischen der Avogadrokonstanten N_A, der Kantenlänge a der Elementarzelle, der Kilomolmasse M_{kmol} des Gases und der Dichte ρ des festen Gases der Zusammenhang

$$N_A = 4 \cdot \frac{M_{kmol}}{\rho \cdot a^3}$$

besteht!

c) Wie würde die Beziehung aus Teilaufgabe b lauten, wenn die Edelgasatome die Elementarzelle des Kristalls kubisch-einfach besetzen würden?

5 Die Zustandsgleichung des idealen Gases

Die um 1800 aufgestellte allgemeine Zustandsgleichung der Gase ist der experimentelle Prüfstein für die kinetische Deutung des Gasdrucks und der Temperatur. In diesem Abschnitt werden die Begriffe „ideales Gas“, „allgemeines und universelles Gasgesetz“, die Beziehungen zwischen den Gasgesetzen aus dem Physikunterricht der Mittelstufe und dem allgemeinen bzw. universellen Gasgesetz wiederholt und die wichtigsten Verfahren zur Lösung von typischen Rechenaufgaben zur Zustandsgleichung eingeübt.

34. Ideales Gas – Begriffswiederholung aus der Mittelstufenphysik

Was versteht man in der Mittelstufenphysik unter einem „idealen Gas“? Gehen Sie bei Ihren Erläuterungen auch kurz auf den Begriff „Zustandsgröße“ ein!

35. Die Gasgesetze von Boyle-Mariotte, Gay-Lussac und Amonton-Charles als Sonderfälle des allgemeinen Gasgesetzes

a) Leiten Sie aus dem allgemeinen Gasgesetz die Gasgesetze von Boyle-Mariotte, Gay-Lussac und Amonton-Charles her!

b) Veranschaulichen Sie den physikalischen Inhalt dieser Gesetze grafisch in geeigneter Weise!

✱ **36. Deduktive Herleitung des allgemeinen Gasgesetzes**

Leiten Sie das allgemeine Gasgesetz aus den Gasgesetzen von Gay-Lussac und Boyle-Mariotte her!

37. Allgemeines Gasgesetz und universelles Gasgesetz

a) Wie lautet der Satz von Avogadro?

b) Welches Volumen nimmt ein ideales Gas unter Normalbedingungen ein?

c) Leiten Sie damit aus dem allgemeinen Gasgesetz

$$\frac{p \cdot V}{T} = \text{konstant}$$

die beiden Fassungen

(1) $p \cdot V = n \cdot R \cdot T$

(2) $p \cdot V = N \cdot k \cdot T$

des universellen Gasgesetzes her! Gehen Sie in diesem Zusammenhang auch darauf ein, wie die Boltzmannkonstante k definiert ist.

38. Einfache Rechenaufgabe zur universellen Gasgleichung

1,60 g N_2 werden ausgehend vom Zustand 1 ($T_1 = 300\,K$, $V_1 = 1{,}50\,dm^3$) isotherm so lange komprimiert, bis der Gasdruck um 35 % zugenommen hat. (Zustand 2)

a) Berechnen Sie den Gasdruck vom Zustand 1!

b) Welches Volumen nimmt das Gas im Zustand 2 ein?

c) Welche isochore Temperaturänderung führt, ausgehend vom Zustand 2, den Gasdruck wieder auf den Wert von Zustand 1 zurück?

39. Hydrostatischer Druck

Bei einem äußeren Luftdruck von $1{,}013 \cdot 10^5\,Pa$ löst sich eine kugelförmige Methangasblase vom Boden eines Sees und steigt langsam nach oben. In 24 m Wassertiefe hat sie bei 4 °C einen Durchmesser von 1,8 mm.

a) Um wie viel Prozent hat ihr Radius an der Wasseroberfläche zugenommen, wenn die Wassertemperatur dort 18 °C beträgt?

b) Wie viele Methangasmoleküle entweichen in die Atmosphäre?
Verwenden Sie als Zahlenwert für die Dichte von Wasser ohne Berücksichtigung von temperaturbedingten Dichteunterschieden: $\rho = 1{,}0 \cdot 10^3\,\frac{kg}{m^3}$!

40. Der Molzahltrick

Bläst man mithilfe einer Pressluftflasche von 35 ℓ Inhalt ein Schlauchboot auf, so sinkt der Überdruck des Gases in der Flasche von 97,0 bar auf 8,0 bar und seine Temperatur von 20 °C auf 7 °C.
Berechnen Sie das Innenvolumen der Luftkammern des Schlauchboots, wenn es unmittelbar nach dem Füllvorgang bei einem Überdruck von 2,0 bar eine Temperatur von 19 °C aufweist!

41. Dichteänderungen

Wie ändert sich die Dichte einer abgeschlossenen Gasmenge bei einer isobaren bzw. isothermen bzw. isochoren Zustandsänderung?

42. Gasgemisch I

In einer fest verschlossenen Stahlflasche vom Innenvolumen $2{,}00\,dm^3$ befinden sich $7{,}69 \cdot 10^{-5}$ kmol Neongas und eine unbekannte Menge gasförmigen Wassers. Bei 40 °C steht dieses Gasgemisch unter einem Druck von $1{,}04 \cdot 10^5$ Pa.

a) Berechnen Sie die Masse des Wassers!

b) Kühlt man das Gasgemisch auf 283 K ab, so beträgt sein Druck nur $9{,}17 \cdot 10^4$ Pa, da sich ein Teil des Wassers in flüssiger Form abgeschieden hat. Berechnen Sie die Masse des flüssigen Wassers!

43. Gasgemisch II

In einem geschlossenen Behälter vom Innenvolumen V nehmen n_1 bzw. n_2 Mol eines idealen Gases 1 bzw. 2 die Volumina V_1 bzw. V_2 ein.

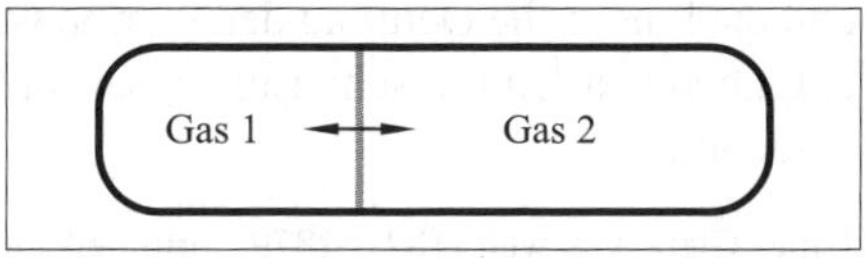

Beide Gase sind entsprechend nebenstehender Skizze durch eine gasdichte, reibungsfrei in Pfeilrichtung verschiebbare Wand von vernachlässigbar kleinem Volumen getrennt. Sie haben die gleiche Temperatur T.

a) Zeigen Sie, dass $V_1 = \frac{n_1}{n_1 + n_2} \cdot V$ und $V_2 = \frac{n_2}{n_1 + n_2} \cdot V$!

b) Zeigen Sie, dass jedes Gas unter dem Druck $p = (n_1 + n_2) \cdot \frac{R \cdot T}{V}$ steht!

c) Nun wird die Trennwand zwischen den beiden Gasen so entfernt, dass kein Gas entweicht und keine Temperaturänderung eintritt. Welcher Druck herrscht im Behälter, wenn die Gase sich gleichmäßig durchmischt haben?

6 Modell des einatomigen idealen Gases

Bereits 1738 entdeckte Daniel Bernoulli, dass sich gewisse Eigenschaften der Gase aus der Annahme herleiten lassen, dass sich die Gasmoleküle in ständiger Bewegung befinden. Aber erst ca. 100 Jahre später griffen Clausius, Maxwell und andere Physiker diese Vorstellung wieder auf und zeigten, dass Wärmeenergie eine Energieform ist, die eine Folge der Bewegung der Gasmoleküle ist.
In diesem Abschnitt werden das Modell der kinetischen Gastheorie, die Herleitung der Grundgleichung, die Maxwell'sche Geschwindigkeitsverteilung, wichtige experimentelle Methoden zur qualitativen und quantitativen Messung von Atom- und Molekülgeschwindigkeiten und die kinetische Deutung der Wärme wiederholt. In Rechenaufgaben werden typische Lösungsansätze und -verfahren eingeübt.

James Clerk Maxwell (1821–1879), brit., leistete bahnbrechende Arbeiten zur Theorie des Elektromagnetismus. Er begründete die Elektrodynamik und erklärte die elektromagnetische Natur des Lichtes, arbeitete über die kinetische Gastheorie, entwickelte ab 1850 die Dreifarbenlehre des Sehens weiter, schloss aus mathematischen Überlegungen, dass der Saturnring aus festen Teilchen bestehen müsse und erweiterte die Vektor- und Tensoranalysis.

44. Die Modellannahmen für ein einatomiges ideales Gas

Nennen Sie die Modellannahmen für ein einatomiges ideales Gas!

45. Bernoullis Idee

a) Wie kommt der Druck eines Gases auf die Wand des einschließenden Gefäßes zustande? Erläutern Sie nur den Grundgedanken qualitativ!

b) Beschreiben Sie kurz einen Analogieversuch zur Veranschaulichung dieser Idee!

46. Herleitung der Grundgleichung der kinetischen Gastheorie

In einem Hohlwürfel der Innenkantenlänge a befinden sich N Gasteilchen, die sich alle mit dem gleichen Geschwindigkeitsbetrag v nur parallel zu den Würfelkanten bewegen sollen.

a) Zeigen Sie, dass in der Zeit Δt

$$z = \frac{N \cdot v \cdot \Delta t}{6 \cdot a}$$

Gasteilchen gegen eine Würfelseite stoßen, wenn ein Atom zum Zurücklegen der Strecke a länger als Δt benötigt.

b) Zeigen Sie mithilfe des Ergebnisses von Teilaufgabe a, dass für den Gasdruck p auf eine Würfelwand gilt:

$p = \frac{1}{3} \cdot \rho \cdot v^2$

ρ bezeichnet dabei die Dichte des Gases.

c) Wie lautet die Beziehung aus Teilaufgabe b, wenn man die tatsächliche Geschwindigkeitsverteilung der Gasteilchen berücksichtigt? (nur Ergebnis, keine Herleitung!)

47. Grundgleichung und Boyle-Mariotte'sches Gesetz

a) Leiten Sie das Gesetz von Boyle-Mariotte aus der Grundgleichung der kinetischen Gastheorie her!

b) Welche Bedeutung hat diese Herleitung für das Modell der kinetischen Gastheorie?

48. Grundgleichung und Gasdiffusion

Entsprechend nebenstehender Skizze ist an ein poröses Tongefäß ohne Lasur ein Quecksilbermanometer als Druckmesser angeschlossen und darüber ein Becherglas gestülpt.

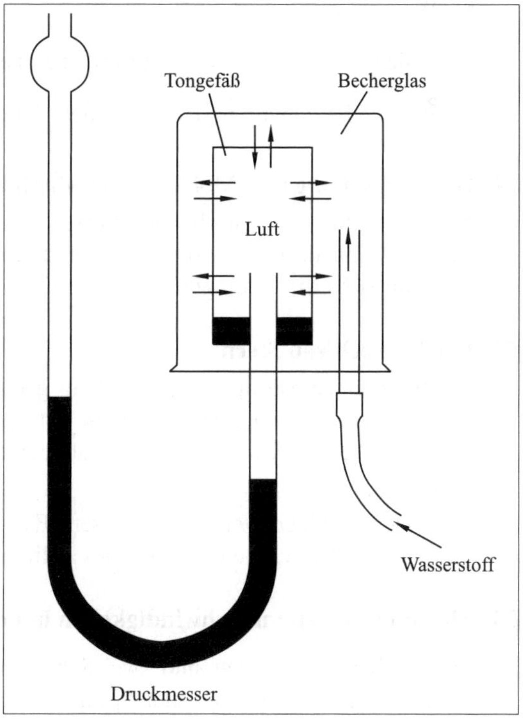

a) Lässt man unter das Becherglas für kurze Zeit kräftig Wasserstoff strömen, so zeigt das Manometer zuerst einen Überdruck im Tongefäß an, der nach einiger Zeit wieder zurück geht.

b) Entfernt man dann das Becherglas, so tritt im Tongefäß für kurze Zeit ein Unterdruck auf.

Erklären Sie beide Beobachtungen mithilfe der Grundgleichung!

49. Die Maxwell'sche Geschwindigkeitsverteilung

a) Welche Aussagen machte Maxwell 1860 über die Geschwindigkeiten der Moleküle eines idealen Gases?

b) Skizzieren Sie qualitativ die Graphen der Maxwell'schen Verteilungsfunktionen für
   (1) zwei unterschiedliche Temperaturen ein und desselben idealen Gases und ordnen Sie Temperaturen und Graphen einander zu!
   (2) zwei ideale Gase unterschiedlicher Molekülmassen, aber gleicher Temperatur, und ordnen Sie Molekülmassen und Graphen einander zu!

50. Verschiedene Geschwindigkeiten

Folgende Fragen beziehen sich auf die Molekülgeschwindigkeiten eines idealen Gases.

a) Was versteht man unter der wahrscheinlichsten Geschwindigkeit v_w?

b) Warum ist $\overline{v} > v_w$?

c) Ordnen Sie $\overline{v}$, v_w, $\sqrt{\overline{v^2}}$ in Form einer steigenden Ungleichungskette an!

d) Welche Beziehung besteht zwischen $\overline{v}$ und $\sqrt{\overline{v^2}}$?

51. Grundgleichung und Molekülgeschwindigkeiten

Berechnen Sie nur mithilfe des Satzes von Avogadro und der Grundgleichung der kinetischen Gastheorie die mittlere Geschwindigkeit von H_2-Molekülen unter Normalbedingungen!

52. Der Versuch von Stern

a) Beschreiben Sie unter Verwendung geeigneter Skizzen den Aufbau und die Durchführung eines Versuchs, mit dem man nach einer Idee von Otto Stern die Geschwindigkeit von abgedampften Silberatomen bestimmen kann!

b) Welche Größen werden bei diesem Experiment gemessen? Drücken Sie den Geschwindigkeitsbetrag eines Silberatoms durch diese Größen aus!

53. Messung von Atomgeschwindigkeiten mit einer Chopperanordnung

Entsprechend der Skizze sind zwei Scheiben im Abstand s konzentrisch auf einer Achse befestigt. In jeder befindet sich im gleichen Abstand von der Achse und gegeneinander um den Winkel φ verdreht ein Schlitz. Die Scheiben rotieren im Vakuum in der eingezeichneten Richtung mit der konstanten Frequenz f.

a) Zeigen sie, dass Strahlatome mit der Geschwindigkeit $v^* = \frac{2 \cdot \pi \cdot f \cdot s}{\varphi}$, φ im Bogenmaß, die Schlitze ungestört durchfliegen können!

b) Gibt es auch noch andere, von v* verschiedene Geschwindigkeitsbeträge, mit denen Atome die rotierende Schlitzanordnung passieren können?

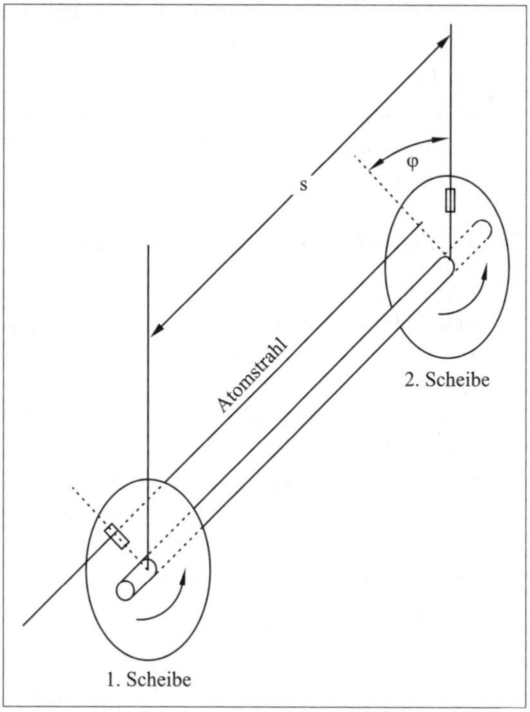

54. Kinetische Deutung der Temperatur

a) Leiten Sie aus der Grundgleichung der kinetischen Gastheorie eine Beziehung her, die eine kinetische Deutung der Temperatur zulässt!

b) Erläutern Sie mit dieser Beziehung, warum es für die Temperatur einen absoluten Nullpunkt gibt!

c) Inwiefern ist die Temperatur eine statistische Größe?

55. Einfache Rechenaufgaben zur statistischen Deutung der Temperatur

3,7 mol atomares Heliumgas üben bei $-50\,°C$ auf die Wände des einschließenden Gefäßes den Druck 870 Pa aus.

a) Berechnen Sie
   (1) die mittlere kinetische Energie eines Heliumatoms!
   (2) die mittlere Geschwindigkeit eines Heliumatoms!
   (3) den mittleren Impuls eines Heliumatoms!
   (4) den mittleren Kraftstoß, den ein Heliumatom beim senkrechten elastischen Stoß gegen die Gefäßwand auf diese ausübt!

(5) den im Gas aufgrund der Wärmebewegung seiner Atome gespeicherten Energiebetrag!
(6) die Dichte des Heliumgases!

b) Wie ändern sich die Ergebnisse aus Teilaufgabe a, wenn bei gleichem Gefäßvolumen und gleicher Gasmenge die Temperatur des Gases um 223 K zunimmt?

56. Adiabatische Mischung idealer Gase

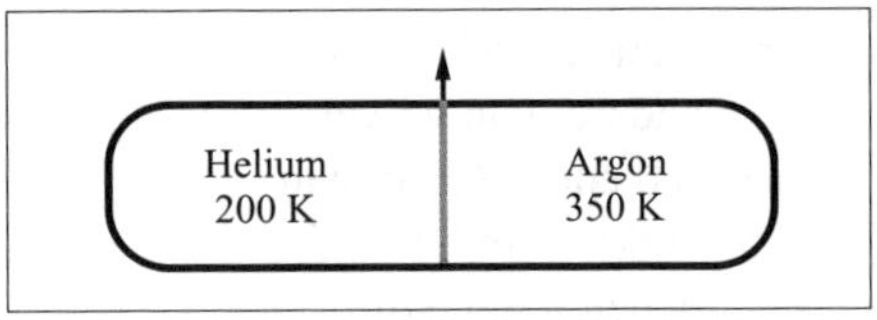

In einem gut isolierten Behälter sind 2,00 mol Heliumgas der Temperatur $T_{He} = 200$ K und 4,00 mol Argongas der Temperatur $T_{Ar} = 350$ K, entsprechend nebenstehender Skizze eingeschlossen und durch eine Wand getrennt. Diese wird so entfernt, dass kein Atom entweichen und **kein Energieaustausch mit der Umgebung** stattfinden kann. Nach genügend langer Zeit hat sich eine homogene Mischung der Temperatur T_{misch} eingestellt.

a) Berechnen Sie T_{misch}!

b) Um wie viel Prozent hat die mittlere Geschwindigkeit der Helium- bzw. Argonatome durch den Mischvorgang zu- bzw. abgenommen?

c) Um wie viel Prozent unterscheiden sich die mittleren Geschwindigkeiten der Helium- und Argonatome
(1) vor dem Mischvorgang?
(2) nach dem Mischvorgang?

57. Der Radiometereffekt

a) Beschreiben Sie unter Verwendung einer geeigneten Skizze den Aufbau eines Radiometers!

b) Wie verhält sich ein Radiometer bei Lichteinfall? (Beschreibung und qualitative Erklärung!)

c) Welche Schlussfolgerung legt diese Erklärung nahe?

William Crookes (1832–1919), brit., entdeckte 1861 das Thallium, erfand 1874 das Radiometer, untersuchte die elektrischen Entladungen in verdünnten Gasen und charakterisierte die Kathodenstrahlen.

✷ 58. Zum Gleichverteilungssatz

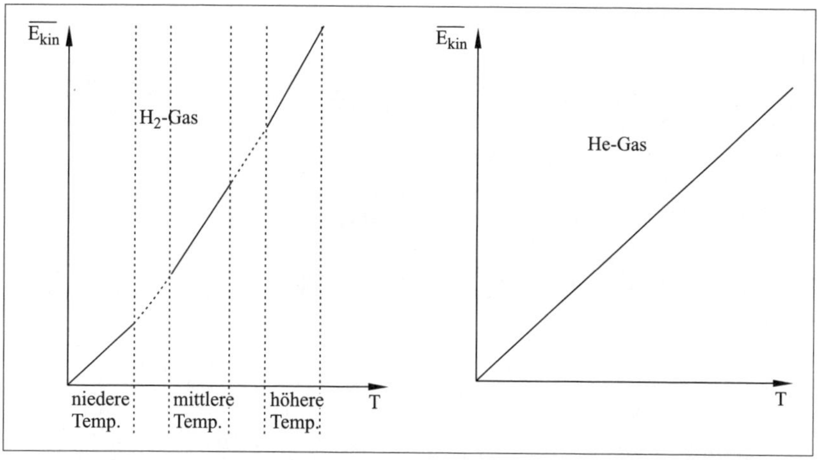

Obige Diagramme zeigen qualitativ, wie die mittlere kinetische Energie eines H_2-Moleküls und eines He-Atoms von der absoluten Temperatur T abhängen.

a) Beschreiben Sie kurz die dargestellten Unterschiede mit Worten!

b) Begründen Sie das unterschiedliche Verhalten der beiden Gase Wasserstoff und Helium physikalisch!

Lichtquanten

Die Abbildung zeigt eine am 23. 8. 1957 mit dem 48-inch-Schmidt-Spiegel des Hale-Observatorium gemachte Aufnahme des Kometen 1957V Mrkos. Man erkennt deutlich zwei Schweiftypen: einen langgestreckten strukturierten Gasschweif und einen kurzen, breiten, etwas nach unten gekrümmten Staubschweif. Die Bildung eines Kometenschweifs beginnt frühestens im Abstand von 300 000 000 km von der Sonne. Meist sind Kometenschweife geradlinig von der Sonne weg gerichtet. Neben dem Sonnenwind ist hierfür auch der durch **Lichtquanten** verursachte Strahlungsdruck des Sonnenlichts verantwortlich.

7 Fotoeffekt

1887 entdeckte Heinrich Hertz bei seinen Untersuchungen über die Ausbreitung der elektromagnetischen Wellen als Nebenergebnis den Fotoeffekt. Eingehende experimentelle Untersuchungen dieses Effekts führten zu Ergebnissen, die mit dem klassischen Wellenmodell des Lichts nicht zu erklären waren. Erst Einsteins korpuskulare Theorie des Lichts war – um den Preis eines radikalen Bruchs mit der klassischen Physik – dazu in der Lage.

Heinrich Rudolf Hertz (1857–1894), dt., Onkel von Gustav Hertz (siehe S. 65), bestätigte durch seine Untersuchungen über die Ausbreitung der elektrischen Wellen 1887/88 die Voraussagen der Maxwell'schen Theorie elektromagnetischer Wellen sowie deren Wesensgleichheit mit den Lichtwellen.

In diesem Abschnitt werden die Methoden zur experimentellen Untersuchung des Fotoeffekts, die Probleme bei der Erklärung der Versuchsergebnisse mit dem Wellenmodell und Einsteins Deutung im Rahmen des Photonenmodells wiederholt und in Form von Rechenaufgaben eingeübt.

59. Fotoeffekt

a) Was versteht man unter dem „Fotoeffekt"?

b) Beschreiben sie unter Verwendung einer beschrifteten Skizze, wie man mit einfachen Mitteln den Fotoeffekt demonstriert (Versuch, Beobachtung, Erklärung)!

60. Lenards Identifizierungsversuch

1899 gelang es Philipp Lenard, die spezifische Ladung der beim Fotoeffekt ausgelösten Teilchen zu messen.

a) Beschreiben Sie seine Versuchsanordnung unter Verwendung einer übersichtlichen, beschrifteten Skizze!

b) Welche Größen hat Lenard gemessen?

c) Leiten Sie eine Beziehung zwischen diesen Größen und der spezifischen Teilchenladung her!

Philipp Lenard (1862–1947), dt., untersuchte Kathodenstrahlen außerhalb der Röhre, analysierte die Wechselwirkungen zwischen Elektronen und Licht. 1905 erhielt er den Nobelpreis für Physik für Arbeiten über Kathodenstrahlen.

61. Wirkungsweise einer Fotozelle

a) Erläutern Sie unter Verwendung einer Skizze Aufbau und Wirkungsweise einer Fotozelle!

b) Zeichnen Sie qualitativ die U-I-Kennlinie einer Fotozelle und erklären Sie deren Verlauf!

62. Experimentelle Befunde zum Fotoeffekt

a) Nennen Sie die experimentellen Befunde zum Fotoeffekt!

b) Welche dieser Ergebnisse lassen sich mit dem Wellenmodell des Lichts nicht erklären? Begründen Sie Ihre Aussagen!

63. Planck'sche Strahlungshypothese

Formulieren Sie die der Photonentheorie zugrunde liegende Modellvorstellung!

Max Planck (1858–1947), dt., Präsident der Kaiser-Wilhelm-Gesellschaft zur Förderung der Wissenschaften (heute Max-Planck-Gesellschaft zur Förderung der Wissenschaften), einer der bedeutendsten Physiker des 19./20. Jahrhunderts. Seine Hauptarbeitsgebiete waren Strahlungstheorie und Thermodynamik. Er leitete 1900 das Strahlungsgesetz für die Wärmestrahlung schwarzer Körper ab, postulierte die Quantelung der Energie und entdeckte dabei die Existenz des Planck'schen Wirkungsquantums. Damit begründete Planck die Quantentheorie und revolutionierte die klassische Physik. 1918 erhielt er den Nobelpreis für Physik.

64. Erklärung der experimentellen Befunde zum Fotoeffekt

Erklären Sie die experimentellen Befunde zum Fotoeffekt mit dem Photonenmodell!

65. Die Einstein-Gleichung

a) Wie lautet die Einstein-Gleichung für den Fotoeffekt?

b) Geben Sie den physikalischen Inhalt dieser Beziehung mit Worten wieder!

66. Hallwachseffekt

Wilhelm Hallwachs fand 1888, dass sich eine isoliert aufgestellte, ursprünglich ungeladene Metallplatte bei Bestrahlung mit ultraviolettem Licht positiv auflädt. Die Spannung zwischen Platte und Erde wird im Weiteren mit U bezeichnet.

a) Warum gibt es für U einen Maximalwert U_{max}, der sich auch bei weiterer Bestrahlung mit dem gleichen Licht nicht ändert?

b) Wie und warum ändert sich U_{max}, wenn man die Intensität der UV-Strahlung verändert?

c) Was lässt sich über das Material aussagen, aus dem die Metallplatte besteht, wenn sich bei Bestrahlung mit monochromatischem UV-Licht (kürzeste Wellenlänge $\lambda_{min} = 210$ nm) für U_{max} der Wert 1,1 V einstellt?

67. Experimentelle Bestätigung der Einstein-Gleichung

a) Beschreiben Sie einen Versuch (Prinzipskizze des Versuchsaufbaus mit Bezeichnung der verwendeten Geräte, Durchführung und Auswertung) zur experimentellen Überprüfung der Einstein-Gleichung!

b) Wie erhält man bei der Auswertung die Grenzfrequenz?

✱ 68. Besonderheiten bei der Messung des Fotostroms

Bei genauer Untersuchung des von monochromatischem Licht ausgelösten Fotostromes nach der Gegenfeldmethode erhält man untenstehendes Gegenspannungs-Fotostrom-Diagramm. Erklären Sie den Kurvenverlauf zwischen:

a) A und B, also das **allmähliche** Absinken des Fotostromes auf Null!

b) B und C, also das geringfügige Ansteigen des Fotostromes in der Gegenrichtung nach dem Nulldurchgang und das anschließende Erreichen eines konstanten Wertes.

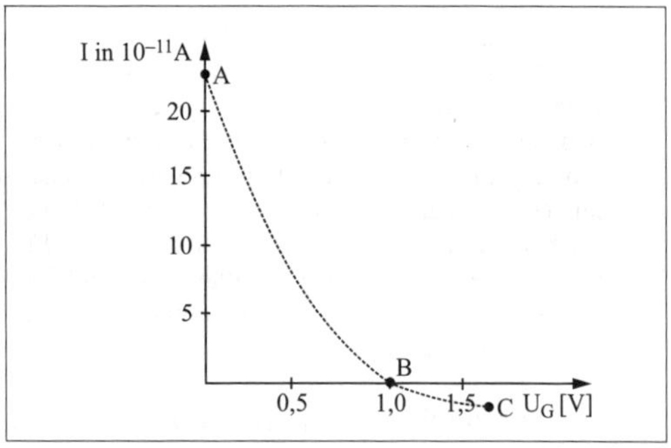

69. Einfache Rechenaufgaben zur Einstein-Gleichung

In einem Versuch mit einer Vakuum-Fotozelle braucht man bei der Gegenfeldmethode für Licht der Wellenlänge 546 nm eine Gegenspannung von 0,33 V, für Licht der Wellenlänge 436 nm eine Gegenspannung von 0,90 V, um den Fotostrom zum Erliegen zu bringen.

a) Berechnen Sie das Planck'sche Wirkungsquantum h!

b) Berechnen Sie die minimale Auslösearbeit der Fotoschicht!

c) Identifizieren Sie das Fotokathodenmaterial!

d) Berechnen Sie die Geschwindigkeit der vom 546 nm Licht ausgelösten schnellsten Elektronen unmittelbar nach Verlassen der Fotoschicht!

e) Von welcher Wellenlänge ab ist bei dieser Fotozelle der Fotoeffekt beobachtbar?

f) Bei welcher Gegenspannung kommt der Fotostrom zum Erliegen, wenn man die Fotozelle mit Licht der Wellenlänge 404 nm bestrahlt?

70. Überlegungsaufgabe zum Graph der Einstein-Gleichung

Bei einem Praktikumsversuch wurden nach der Gegenfeldmethode mit *zwei* Fotozellen die im nebenstehenden Diagramm abgebildeten *drei* Messwertpaare A, B, C für die Frequenz des eingestrahlten Lichts und die zugehörige kinetische Energie der schnellsten Fotoelektronen aufgenommen. [Einheit auf y-Achse: 1 eV, Einheit auf der x-Achse: 10^{15} Hz]

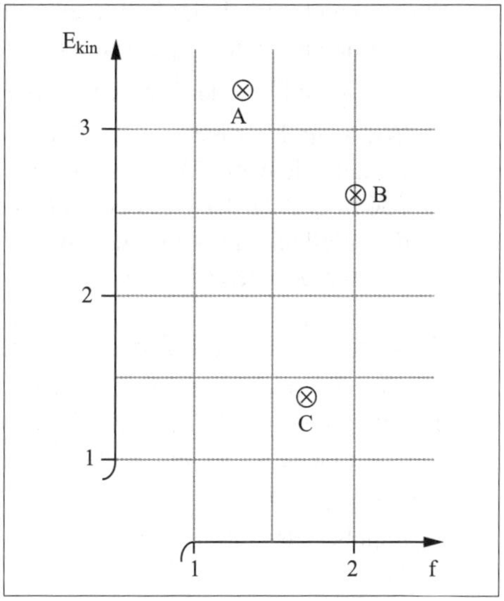

Bestimmen Sie aus dem Diagramm

a) den Wert des Planck'schen Wirkungsquantums in eV · s, ohne Strecken abzumessen!

b) das Material der Fotokathode jeder Fotozelle durch Abmessen *einer* Strecke!

71. Röntgenbremsstrahlung

a) Das kontinuierliche Spektrum einer Röntgenröhre weist entsprechend nebenstehender Skizze eine scharfe, kurzwellige Grenze λ_{min} auf.
Erklären Sie, inwiefern man diese quasi mit einer Umehrung des Fotoeffekts in Verbindung bringen kann!

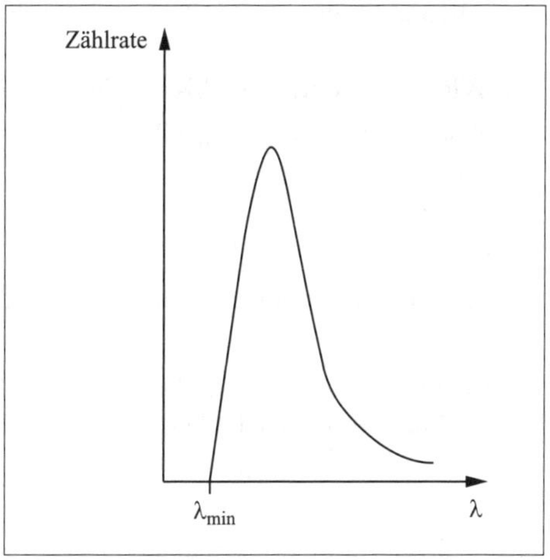

b) Drücken Sie das Planck'sche Wirkungsquantum h aus durch die Naturkonstante λ_{min} und die Betriebsspannung U_B der Röntgenröhre!

72. Photonenzahl

Eine monochromatische Lichtquelle gibt eine Lichtleistung von 0,50 mW ab. Die Wellenlänge des abgestrahlten Lichtes beträgt 656 nm.

a) Wie viele Photonen werden in einer Minute abgestrahlt?

b) Wie viele Photonen strahlt eine andere Lichtquelle gleicher Lichtleistung in der gleichen Zeit ab, wenn 15 % der Photonen die Wellenlänge 656 nm, 25 % der Photonen die Wellenlänge 486 nm, 35 % der Photonen die Wellenlänge 434 nm und die restlichen Photonen die Wellenlänge 410 nm besitzen?

73. Fotostromstärke und Bestrahlungsstärke

Eine im Sättigungsbereich betriebene Fotozelle wird nacheinander mit Licht der Wellenlängen λ_1 bzw. λ_2, $\lambda_1 < \lambda_2 < \lambda_g$ so bestrahlt, dass jedes Mal die gleiche Fläche A der Fotokathode vom Licht getroffen wird. Wie verhalten sich bei

a) gleicher Bestrahlungsstärke E_e die zugehörigen Fotostromstärken I_1 und I_2?

b) gleicher Fotostromstärke die Bestrahlungsstärken $E_{e,\,1}$ und $E_{e,\,2}$?

74. Sättigungsstromstärke einer Fotozelle

Berechnen Sie die obere Grenze der Fotostromstärke einer Fotozelle, wenn monochromatisches Licht der Frequenz $5{,}65 \cdot 10^{14}$ Hz mit einer Leistung von $P = 1{,}00$ W auf die Fotokathode trifft und im Mittel durch $3{,}00 \cdot 10^7$ einfallende Photonen ein Elektron ausgelöst wird!

75. Wie lange dauert es, bis der Fotostrom einsetzt? (1. klassischer Ansatz)

Eine Glühlampe strahlt allseitig pro Sekunde die Energie 2,2 J in Form von Licht ab. Beleuchtet man mit dieser Lampe die Natrium-Fotoschicht einer Fotozelle aus der Entfernung $r = 0{,}50$ m, so werden 90 % des auftreffenden Lichts wieder reflektiert.

a) Wie stellt man sich im Wellenmodell die Auslösung von Fotoelektronen vor, wenn das Licht nicht in das Fotokathodenmaterial eindringt?

b) Wie lange dauert es dann nach der Wellentheorie des Lichtes, bis der Fotostrom einsetzt? Der Durchmesser d eines Na-Atoms kann zu $1{,}0 \cdot 10^{-10}$ m angenommen werden.

c) Wie ändert sich die in Teilaufgabe b berechnete Auslösezeit, wenn die Entfernung r nur noch den n-ten Teil beträgt?

76. Wie lange dauert es, bis der Fotostrom einsetzt? (2. klassischer Ansatz)

Eine Fotozelle, deren lichtelektrisch empfindliche Schicht aus Natrium besteht, wird so mit Licht bestrahlt, dass pro cm^2 und Sekunde 7,0 µJ von der Fotokathode absorbiert werden. Genaue Messungen zeigen, dass das Licht nur etwa $1{,}5 \cdot 10^{-8}$ m tief ins Fotokathodenmaterial eindringt.

a) Berechnen Sie die Zahl der freien Elektronen pro cm^3 in der Fotokathode! Nehmen Sie hierfür an, dass ein Natriumatom bei der Bindung im Mittel ein Elektron abgibt! ($\rho_{Na} = 971 \ \frac{kg}{m^3}$)

b) Welchen Energiebetrag erhält ein freies Elektron in dem vom Licht durchsetzten Fotokathodenmaterial pro Sekunde?

c) Wie lange dauert es demnach, bis der Fotostrom einsetzt?

8 Photon

Photonen kann man wie herkömmlichen Teilchen „Masse“ und „Impuls“ zuschreiben.
Nach einer Wiederholung der Formeln für die Photonenmasse und den Photonenimpuls wird der Umgang mit ihnen in diesem Abschnitt anhand von Analogieaufgaben zur klassischen Mechanik und zur kinetischen Gastheorie eingeübt.

77. Ruhemasse eines Photons

Warum kann man einem Photon keine von Null verschiedene Ruhemasse zuordnen? Begründen Sie Ihre Antwort!

78. Relativistische Masse eines Photons

Wie kann man einem Photon eine Masse m zuordnen? Drücken Sie m durch geeignete Größen aus!

79. Impuls eines Photons

a) Wie kann man einem Photon einen Impuls p zuordnen?

b) Drücken Sie den Photonenimpuls p durch Frequenz bzw. Wellenlänge und durch Naturkonstante aus!

c) Welcher Zusammenhang besteht zwischen der Energie eines Photons und seinem Impuls?

80. Laserlicht trifft auf einen ortsfesten Spiegel

Monochromatisches Laserlicht der Wellenlänge $\lambda = 633$ nm trifft mit der Leistung $P = 10$ W senkrecht auf einen ideal reflektierenden Spiegel.

a) Wie viele Photonen treffen in einer Sekunde auf den Spiegel?

b) Berechnen Sie den Impuls eines Photons!

c) Berechnen Sie die Kraft, die das Laserlicht auf den Spiegel ausübt!

d) Wie ändert sich das Ergebnis aus Teilaufgabe a, wenn der Spiegel durch eine ideal absorbierende Fläche ersetzt wird?

81. Laserlicht trifft auf ein Spiegelpendel

Ein ideal reflektierendes Blattgoldstück der Masse $m = 15\,\mu g$ hängt an einem Faden der Länge $\ell = 2{,}50\,cm$, dessen Masse im Weiteren unberücksichtigt bleiben soll. Es wird von einem monochromatischen Laserblitz getroffen und entsprechend nebenstehender Skizze um die Strecke s aus seiner Ruhelage ausgelenkt. Berechnen Sie s unter Verwendung der Näherung $d \ll \ell$, wenn die Gesamtenergie des auftreffenden Blitzes 0,1 J beträgt!

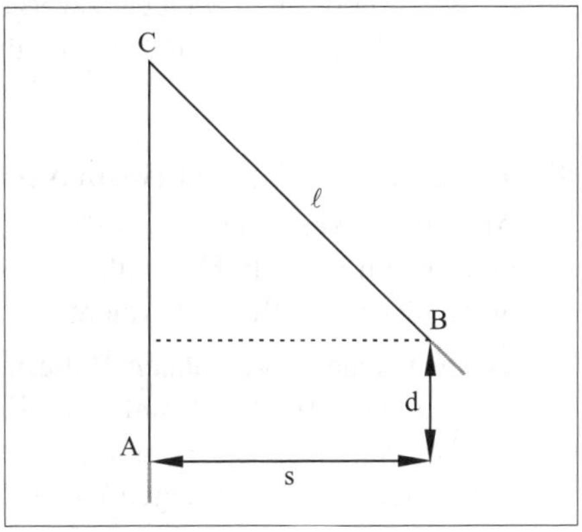

82. Rückstoß einer Laserpistole

Aus einer fiktiven Laserpistole der Masse $m = 1000\,g$ wird ein monochromatischer ($\lambda = 694{,}3\ nm$) Laserblitz der Gesamtenergie $E = 100\ J$ abgefeuert.

a) Erklären Sie den Rückstoß der Pistole beim Abfeuern!

b) Berechnen Sie die Gesamtzahl N der abgefeuerten Photonen!

c) Berechnen Sie die Rückstoßgeschwindigkeit der Pistole!

83. Gravitationsblauverschiebung

Photonen der Wellenlänge 0,86 pm durchlaufen nahe der Erdoberfläche eine 20 m lange, senkrechte Strecke von oben nach unten. Warum und um wie viel Prozent ändert sich dabei ihre Frequenz? Änderungen der Photonenmasse brauchen dabei nicht berücksichtigt zu werden.

84. Gravitationsrotverschiebung

Ein Photon der Frequenz f „startet" auf der Oberfläche eines Sterns der Masse M und des Radius R und „fliegt" ins Unendliche. Dort besitzt es aufgrund der Gravitationsverschiebung die Frequenz f'. Die Photonenmasse soll vereinfachend während des gesamten Fluges als konstant angesehen werden.

a) Zeigen Sie, dass für die relative Frequenzänderung gilt:

$$\frac{f - f'}{f} = \frac{G \cdot M}{R \cdot c^2}$$

b) Um wie viel Prozent ist demnach das Licht eines von der Erde „unendlich weit“ entfernten weißen Zwergsterns mit der Masse $= 2{,}0 \cdot 10^{30}$ kg und dem Radius $R = 1{,}0 \cdot 10^{7}$ m für einen Erdbeobachter gravitationsrotverschoben?

85. Waagrechter Wurf auf einem Neutronenstern

Auf einem Neutronenstern (Masse $M = 4{,}0 \cdot 10^{30}$ kg; Radius $R = 7{,}0 \cdot 10^{4}$ m) verlässt ein Lichtstrahl parallel zur Sternoberfläche eine Lichtquelle, die sich 30 cm über dem Boden befindet.

a) In welcher horizontalen Entfernung von der Quelle und unter welchem Winkel trifft der Strahl auf die Sternoberfläche? Gehen Sie bei Ihren Berechnungen aus Vereinfachungsgründen davon aus, dass es zu keinerlei Frequenzverschiebungen kommt!

b) Zu welchem schlimmen Fehler führt die in Teilaufgabe a gemachte Vereinfachung?

86. Strahlungsdruck des Sonnenlichts

a) Zeigen Sie, dass das Sonnenlicht auf die Erdoberfläche den Lichtdruck $p_L = \frac{S}{c}$ ausübt!
[S bezeichnet dabei die Solarkonstante (vgl. Aufgabe 22)]

b) Vergleichen Sie die nummerischen Werte des Lichtdrucks p_L und des Normal-Luftdrucks p_0!

87. Photonengas

In einem Würfel der Kantenlänge a, dessen Innenseiten mit ideal reflektierenden Spiegeln belegt sind, befinden sich N monoenergetische Photonen der Gesamtenergie E. Sie können sich nur parallel zu den Würfelkanten bewegen. Für dieses „Photonengas“ gelten die gleichen Modellannahmen wie für die Teilchen eines einatomigen idealen Gases.

a) Zeigen Sie, dass im infinitesimal kurzen Zeitabschnitt Δt $z = \frac{N \cdot c \cdot \Delta t}{6 \cdot a}$ Photonen auf eine Würfelfläche treffen!

b) Zeigen Sie, dass für den Druck p des „Photonengases“ gilt: $\frac{E}{3 \cdot a^3}$!

9 Comptoneffekt

Der 1923 von Compton bei der Untersuchung der Streuung von Röntgenstrahlung an Grafit entdeckte Effekt ist nach dem Fotoeffekt das zweite Experiment, das für die Photonentheorie und gegen die Wellennatur des Lichts spricht. Diese zusätzliche Stützung der Quantenvorstellung ist so bedeutsam, dass Compton 1927 dafür den Nobelpreis für Physik zugesprochen bekam. Dieser Abschnitt dient der Wiederholung der Theorie des Comptoneffekts und ihrer Einübung in Form von Rechenaufgaben. Charakteristisch für alle Aufgaben zum Comptoneffekt ist, dass es sich dabei letztlich um Aufgaben zum schiefen, elastischen Stoß zwischen zwei Körpern handelt, für deren Lösung relativistische Ansätze und Vertrautheit mit den Beziehungen für Photonenmasse und -impuls erforderlich sind!

Arthur Holly Compton (1892–1962), amerik., war u. a. auch maßgeblich an der Entwicklung der Atombombe beteiligt.

88. Comptoneffekt

a) Welche Erscheinung bezeichnet man als Comptoneffekt?

b) Warum lässt sich diese Erscheinung mit der klassischen Physik nicht erklären?

89. Modellannahmen

a) Welche Modellannahmen macht man zur Erklärung des Comptoneffekts?

b) Erklären Sie damit qualitativ die experimentellen Befunde des Comptoneffekts!

c) Inwiefern sind bei der Streuung von Röntgenstrahlung an Grafit die für die Elektronen gemachten Annahmen gerechtfertigt?

90. Herleitung der Comptonformel

a) Stellen Sie die im Compton-Modell geltenden Erhaltungssätze in Form mathematischer Gleichungen in Betragsform dar!

✵ b) Leiten Sie mit dem Ergebnis aus Teilaufgabe a die Comptonformel her!

91. Comptonwellenlänge

a) Was versteht man unter der Comptonwellenlänge λ_c?

b) Zeigen Sie, dass die relativistische Masse eines Photons der Wellenlänge λ_c gleich der Ruhemasse eines Elektrons ist!

c) Berechnen Sie den nummerischen Wert der Comptonwellenlänge!

d) Geben Sie mithilfe der Ergebnisse aus den Teilaufgaben b und c die Größenordnung einer Wellenlänge an, bei welcher der Comptoneffekt besonders deutlich auftreten müsste! Begründen Sie Ihre Aussage mit Ihren Kenntnissen aus der Mechanik!

92. Beobachtbarkeit des Comptoneffekts

a) Berechnen Sie für Photonen der Wellenlänge $\lambda_1 = 600$ nm bzw. $\lambda_2 = 2{,}4$ pm jeweils die relative Änderung $\frac{\lambda - \lambda'}{\lambda}$ der Wellenlänge bei einer Compton-Streuung unter 90°!

b) Welche Bedeutung hat dieses Ergebnis für die Beobachtbarkeit des Comptoneffekts?

c) Auf welcher besonderen Eigenschaft der Comptonformel basiert dieses Ergebnis?

93. Comptonelektronen

a) Was versteht man unter Comptonelektronen?

b) Zeichnen Sie qualitativ ein Energiespektrum für Compton- und Fotoelektronen, die durch die gleiche monochromatische Röntgenstrahlung ausgelöst wurden und erklären Sie dieses Spektrum!

c) Wie kann man Foto- von Comptonelektronen unterscheiden, wenn die auslösende Strahlung im Röntgenbereich liegt?

94. Experimentelle Überprüfung der Comptonformel

Beschreiben Sie unter Verwendung einer erläuternden, beschrifteten Prinzipskizze eine Versuchsanordnung, mit der man die Comptonformel experimentell überprüfen kann!

95. Spektrum der Streustrahlung

Ein monochromatischer Röntgenstrahl trifft auf einen geeigneten Streukörper. Die Streustrahlung wird gegen die einfallende Strahlung unter einem Winkel ϑ beobachtet und mit einem Röntgenspektrometer analysiert.

a) Skizzieren Sie qualitativ das Spektrum der Streustrahlung!

b) Das Spektrum weist zwei relative Extrema auf.
   (1) Erklären Sie mit dem Photonenmodell, wie sie zustande kommen!
   (2) Welches davon lässt sich mit dem Wellenmodell nicht erklären?
   (3) Welchen Abstand können sie höchstens voneinander haben?

c) Wie verändert sich das Spektrum, wenn man den Streuwinkel ϑ ändert?

96. Drei Grundaufgaben zum Comptoneffekt

Ein monochromatischer Röntgenstrahl trifft auf einen geeigneten Streukörper. Unter einem Winkel ϑ gegen die Einfallsrichtung wird die Streustrahlung mit einem Röntgenspektrometer analysiert. Die nebenstehende Skizze zeigt ihre Intensitätsverteilung. Berechnen Sie

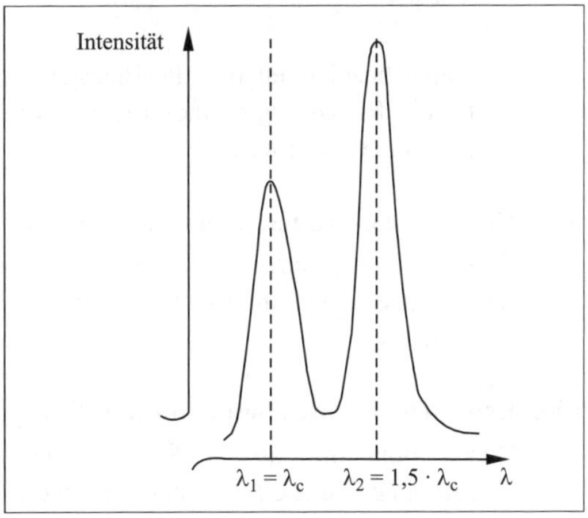

a) den zugehörigen Streuwinkel ϑ!

b) die Geschwindigkeit des Comptonelektrons!

c) den Winkel φ, unter dem sich das Rückstoßelektron gegen die Einfallsrichtung des Röntgenlichts bewegt!

✷ 97. Kinetische Energie der Comptonelektronen

Zeigen Sie allgemein, dass Röntgenphotonen der Energie E_{Ph}, die beim Comptoneffekt unter dem Winkel ϑ gestreut werden, Comptonelektronen der kinetischen Energie

$$E_{kin} = \frac{E_{Ph}^2 \cdot (1 - \cos\vartheta)}{E_0 + E_{Ph} \cdot (1 - \cos\vartheta)}$$

erzeugen! E_0 bezeichnet dabei die Ruheenergie eines Elektrons.

✷ 98. Streuwinkel der Comptonelektronen

a) Formulieren Sie den Impulserhaltungssatz beim Comptoneffekt für die Impulskomponenten in Stoßrichtung und senkrecht dazu!

b) Zeigen Sie mit dem Ergebnis aus Teilaufgabe a, dass für den Winkel φ, den die Bewegungsrichtung der Comptonelektronen mit der Einfallsrichtung des Röntgenlichts bildet, gilt:

$$\tan\varphi = \frac{\sin\vartheta}{1-\cos\vartheta}\cdot\frac{1}{1+\frac{E_{Ph}}{E_0}}$$

Dabei bezeichnen E_{Ph} die Energie eines einfallenden Röntgenphotons, E_0 die Ruheenergie eines Elektrons und ϑ den Winkel, unter dem das Photon gestreut wird.

99. Comptonelektronen übernehmen nie die gesamte Photonenenergie

Zeigen Sie rechnerisch mithilfe des Energie- und des Impulserhaltungssatzes, dass ein Comptonelektron nie die gesamte Photonenenergie aufnehmen kann!

100. Energielücke zwischen Foto- und Comptonelektronen

Durch monochromatische Röntgenstrahlung der Energie E_{Ph} werden in einem Materiestück Foto- und Comptonelektronen erzeugt. Die Differenz zwischen den kinetischen Energien eines Fotoelektrons und des schnellsten Comptonelektrons wird mit ΔE bezeichnet.

a) Zeigen Sie, ohne Verwendung der in Aufgabe 97 hergeleiteten Beziehung, dass

$$\Delta E = \frac{E_{Ph}}{1+\frac{2\cdot E_{Ph}}{E_0}}!$$

E_0 bezeichnet dabei die Ruheenergie eines Elektrons.

b) Berechnen Sie $\lim\limits_{E_{Ph}\to\infty} \Delta E$ und deuten Sie das Ergebnis physikalisch!

Verwenden sie dabei, dass ΔE als Funktion von E_{ph} streng monoton steigt!

101. Vergleich zwischen Foto- und Comptoneffekt

Gehen Sie in einer tabellarischen Übersicht stichwortartig, aber inhaltlich vollständig auf alle wesentlichen Unterschiede zwischen beiden Effekten ein!

102. Der Barklaeffekt

Charles G. Barkla beobachtete 1904 erstmals, dass Röntgenstrahlung bei der Streuung an Materie eine vom klassischen Standpunkt unverständliche Veränderung erleidet:
Monochromatische γ-Strahlung eines Co60-Präparats der Wellenlänge $\lambda = 1{,}0$ pm trifft entsprechend der Skizze auf einen Blei-Streukörper. Mit einem Zählrohr misst man die Intensität I_s der unter einem 90°-Winkel gestreuten Strahlung.
Bringt man nun eine ca. 1 mm dicke Plexiglasscheibe an der Stelle P_1 in den primären! Strahlengang, so stellt man keine Veränderung der Intensität I_s fest. Bringt man aber die gleiche Plexiglasscheibe an der Stelle P_2 in den sekundären Strahlengang, so nimmt die Intensität I_s etwa um die Hälfte ab.
Erklären Sie diese Beobachtung.

Charles Glover Barkla (1877–1944), brit., Mitbegründer der Röntgenspektroskopie, Nobelpreis 1917 für die Entdeckung der charakteristischen Röntgenstrahlung der Elemente.

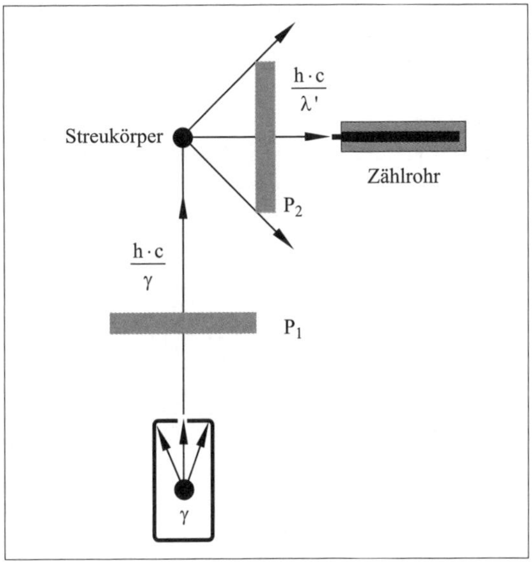

[illegible]

[illegible] beobachtete [illegible] 1904 [illegible] [illegible] Vorstellung erklärbar [illegible]

[illegible]

[illegible]

Elementare Quantenphysik

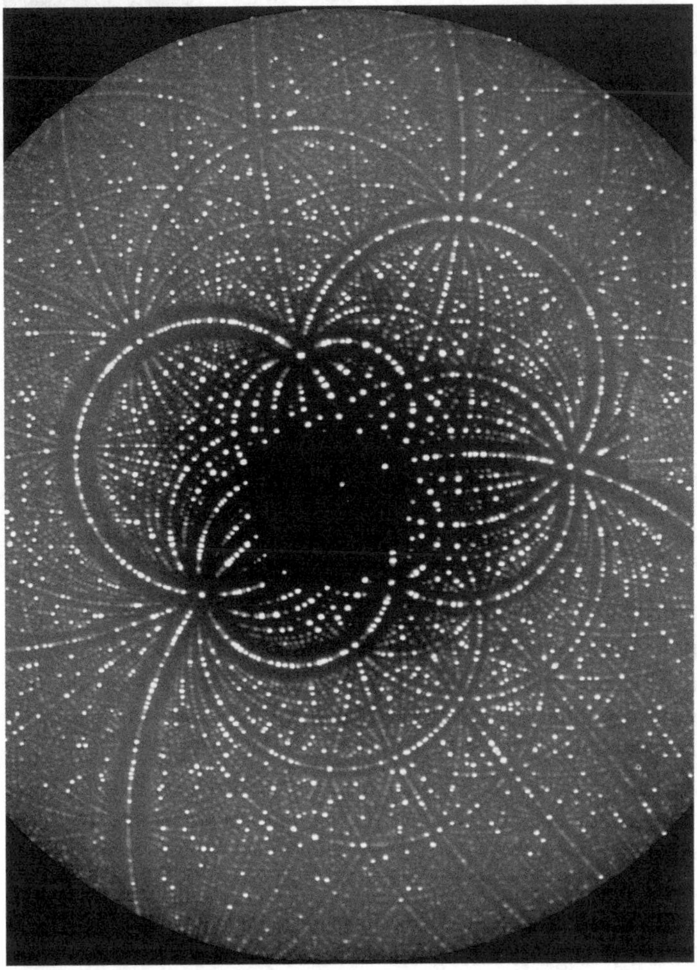

Die Quantenphysik ist die Physik des Mikrokosmos. Bei der Deutung der in diesem Bereich auftretenden Phänomene versagt die klassische Physik. Man beobachtet nämlich, dass sich eine mikrophysikalische Gesamtheit von Objekten je nach Art des Experiments oder der Beobachtung entweder wie eine Gesamtheit von Teilchen oder wie eine Welle verhält. Wellen- und Teilchenbild sind zueinander komplementäre Aspekte, von denen jeweils der eine oder andere in den Vordergrund tritt.

10 Grundlagen der Röntgenspektroskopie

Nach der Entdeckung der Röntgenstrahlen bestand lange Zeit Unklarheit über ihre physikalische Natur. Erst als Max von Laue 1912 vorschlug, Einkristalle als Beugungsgitter zu verwenden, wurden sie im selben Jahr durch Versuche von W. Friedrich und P. Knipping als elektromagnetische Wellen mit sehr kleinen Wellenlängen identifiziert.
In diesem Abschnitt werden die wichtigsten Methoden zur Wellenlängenmessung von Röntgenstrahlen wiederholt. Die dabei gesicherten Kenntnisse über die Grundlagen der Röntgenspektroskopie werden im nächsten Abschnitt für den Nachweis der Wellennatur von subatomaren Teilchen benötigt.

Max von Laue (1879–1960), dt., Schüler von M. Planck, stellte die Theorie der Beugung von Röntgenstrahlen an den Raumgittern von Kristallen auf und erhielt dafür 1914 den Nobelpreis für Physik, entwickelte die Relativitätstheorie weiter, stellte eine relativistische Thermodynamik auf, gab eine Theorie der Supraleitung und trat während der NS-Zeit für die verfemte „jüdische Physik" ein.

103. Die Gitterkonstante muss zur Wellenlänge passen

a) Erläutern Sie, wie man mit dem Huygens'schen Prinzip Beugung und Interferenz von Licht an optischen Strichgittern bzw. von Röntgenstrahlung an Kristallgittern erklärt!

b) Unter welcher wesentlichen Voraussetzung tritt beim Auftreffen einer Welle auf ein Beugungsgitter eine deutliche Interferenzerscheinung auf? Begründen Sie Ihre Antwort!

c) Die besten optischen Strichgitter weisen 1 700 Striche pro mm auf. Zeigen Sie durch Rechnung, dass selbst solche Gitter von senkrecht auftreffender Röntgenstrahlung der Wellenlänge $\lambda = 5{,}9$ pm keine deutliche Interferenzerscheinung erzeugen!

d) Warum beobachtet man keine Interferenzerscheinung, wenn Licht der Wellenlänge $\lambda = 589{,}0$ nm auf ein Kristallgitter der Gitterkonstanten $b = 2{,}0 \cdot 10^{-10}$ m trifft? Begründen Sie dies rechnerisch!

104. Bragg-Reflexion

a) Was versteht man unter „Netzebene“ und „Netzebenenschar“?

b) Geben Sie die Bragg'sche Beschreibung von Röntgenstrahlinterferenzen an Einkistallen wieder! Leiten Sie dabei auch die Bragg'sche Beziehung her!

c) Erläutern Sie den Begriff „Glanzwinkel“!

d) Welcher grundsätzliche Unterschied besteht zwischen dem Reflexionsverhalten eines ebenen Spiegels für Licht und eines Einkristalls für Röntgenstrahlung?

105. Drehkristall-Verfahren

Beschreiben Sie die Messung der Wellenlänge von Röntgenstrahlung mittels des Drehkristall-Verfahrens (Versuchsaufbau mit Skizze, Versuchsdurchführung, Versuchsergebnis mit Skizze)!

106. Zahlenbeispiel zum Drehkristall-Verfahren

a) Der Glanzwinkel 1. Ordnung für die Bragg-Reflexion von monoenergetischen Röntgenstrahlen der Energie $E = 5{,}9$ keV an einem NaCl-Einkristall beträgt $22{,}2°$. Berechnen Sie den zugehörigen Netzebenenabstand d!

b) Trifft monochromatische Röntgenstrahlung der unbekannten Wellenlänge λ auf die Netzebenen aus Teilaufgabe a, so liefert das Drehkristall-Verfahren unten stehendes Drehwinkel-Zählrate-Diagramm. Bestimmen Sie hieraus λ!

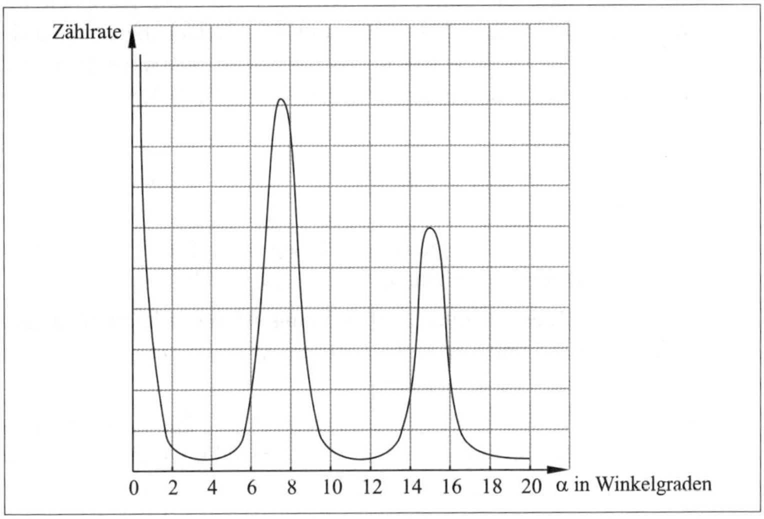

107. Debye-Scherrer-Verfahren

Beschreiben Sie unter Verwendung geeigneter Skizzen, wie man mit dem Debye-Scherrer-Verfahren die Wellenlänge von Röntgenstrahlung misst! Gehen Sie dabei auf die Entstehung des typischen Interferenzmusters ein und leiten Sie unter Verwendung der Kleinwinkelnäherung eine Beziehung zwischen der Wellenlänge, geeigneten geometrischen Größen des Versuchsaufbaus und Kristallgrößen her!

Peter Josephus Wilhelmus Debye (1884–1966), niederl., formulierte eine Theorie zur Erklärung der spezifischen Wärmekapazität von Festkörpern und klärte die Temperaturabhängigkeit der Dielektrizitätskonstante, erhielt 1936 den Nobelpreis für Chemie.

Paul Scherrer (1890–1969), schweiz., ab 1920 Professor an der Eidgenössischen Technischen Hochschule Zürich, entwickelte mit Peter Debye das Debye-Scherrer-Verfahren.

108. Zahlenbeispiel zum Debye-Scherrer-Verfahren

Ein monoenergetischer Röntgenstrahl der Energie $E = 73{,}1$ keV trifft eine dünne Grafitfolie mit polykristalliner Struktur. Auf einem zur ursprünglichen Strahlrichtung senkrechten, von der Folie 27,0 cm entfernten Schirm beobachtet man das auf Seite 45 abgebildete System von Interferenzringen. Man weiß, dass die Ringe K_1, K_3, K_4 zu unterschiedlichen Interferenzordnungen **einer** Netzebenenschar mit dem Netzebenenabstand d' gehören. Ebenso handelt es sich bei K_2, K_5, K_6 um unterschiedliche Interferenzordnungen einer anderen Netzebenenschar mit dem Netzebenenabstand d''.

a) Berechnen Sie die Wellenlänge der einfallenden Röntgenstrahlung!

b) Welche Ringe gehören jeweils zur 1. Interferenzordnung? (Begründung!)

c) Welcher Ring 1. Interferenzordnung gehört zur Netzebenenschar mit dem kleineren Netzebenenabstand? (Begründung!)

d) Für die Ringe 1. Interferenzordnung ist die Kleinwinkelnäherung zulässig. Berechnen Sie unter dieser Voraussetzung die nummerischen Werte für d' und d''!

e) Wie ändert sich das Interferenzmuster unter Beibehaltung aller anderen Versuchsbedingungen, wenn Röntgenstrahlung kleinerer Energie verwendet wird? (Begründung!)

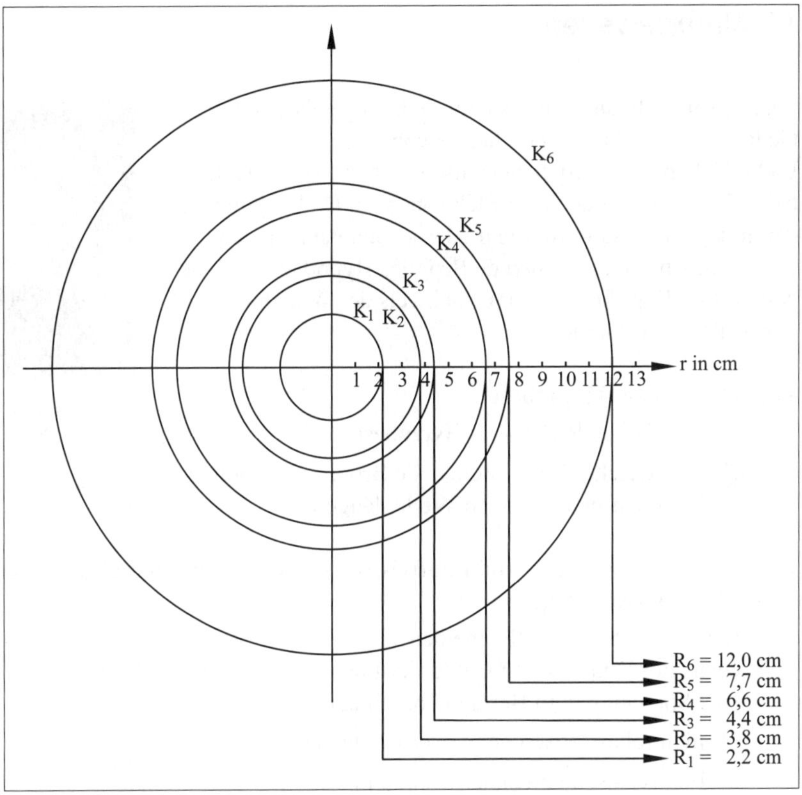

109. Laue-Digramme

Beschreiben Sie eine Versuchsanordnung zur Aufnahme eines Laue-Diagramms und erläutern Sie kurz, was ein Laue-Diagramm ist und durch welche physikalischen Vorgänge es entsteht!

110. Vergleichende Charakterisierung des Laue-, Debye-Scherrer- und Drehkristall-Verfahrens

Charakterisieren Sie jeweils die in der Überschrift genannten Verfahren! Stellen Sie dazu jeweils kurz das Wesentliche des betreffenden Verfahrens ohne Rechnung und Skizzen mit Worten dar!

111. Erzeugung monochromatischer Röntgenstrahlung

Beschreiben Sie, wie man aus kontinuierlicher Röntgenstrahlung einen monochromatischen Röntgenstrahl vorgegebener Wellenlänge λ_0 erzeugen kann!

11 Materiewellen

1923 veröffentlichte Louis Victor de Broglie als Erster Gedanken über eine Wellentheorie von Teilchen. Wenn Licht Wellen- und Teilcheneigenschaften aufweist, dann trifft dies vielleicht auch für Elektronen zu. De Broglie legte damit den Grundstein für die moderne Quantenmechanik. In diesem Abschnitt werden de Broglies Hypothese und die wichtigsten Experimente zum Nachweis der Wellennatur von Teilchen wiederholt.

Louis Victor Broglie, (1892–1987), frz., 7. Herzog von Broglie, Nobelpreis 1929.

112. De Broglies Hypothese

a) Wie lautet de Broglies Hypothese?

b) Auf welche Weise ordnete de Broglie materiellen Teilchen Frequenz und Wellenlänge zu?

113. Nichtrelativistische und relativistische Ansätze zur Berechnung von Materiewellenlängen

Berechnen Sie mit allgemeinen Größen die Materiewellenlänge eines Teilchens der Ruhemasse m_0 und der Ladung q, das aus der Ruhe heraus durch eine Spannung vom Betrag U beschleunigt worden ist, wenn

a) nichtrelativistisch gerechnet werden kann!

b) relativistisch gerechnet werden muss!

114. Materiewellenlängen von Gasatomen

Berechnen Sie die Temperatur T eines Heliumgases, wenn die mittlere Materiewellenlänge der Gasatome 60,0 pm beträgt.

115. Versuchskonzept für den Nachweis der Wellennatur von Elektronen

a) Elektronen werden aus der Ruhe heraus durch die Spannung $U = 250$ V beschleunigt. Berechnen Sie ihre Materiewellenlänge!

b) Welche Ihnen bekannten Interferenzversuche können prinzipiell zum experimentellen Nachweis der Wellennatur dieser Elektronen dienen? (Begründung!)

c) Sind Nachweisversuche leichter zu realisieren, wenn man höhere Beschleunigungsspannungen verwendet?

116. Experimentelle Überprüfung der de Broglie-Hypothese

Zur experimentellen Überprüfung von de Broglies Hypothese beschleunigt man Elektronen aus der Ruhe heraus mit einer Spannung von $U = 1{,}0$ kV und lässt sie dann in einem feinen Strahl auf eine dünne Grafitfolie polykristalliner Struktur treffen. Auf einem zum Strahl senkrechten ebenen Schirm, der 25,0 cm hinter der Folie angebracht ist, beobachtet man ein System von konzentrischen Interferenzkreisringen.

a) Zum kleinsten mit Radius $r = 4{,}7$ cm, gehört der Netzebenenabstand $d = 2{,}1 \cdot 10^{-10}$ m. Berechnen Sie den zugehörigen Glanzwinkel!

b) Berechnen Sie aus dem Glanzwinkel und dem Netzebenenabstand die de Broglie-Wellenlänge der Elektronen!

c) Überprüfen Sie mit den übrigen Angaben de Broglies Formel für die Materiewellenlänge!

d) Wie kann man relativ einfach nachweisen, dass die Interferenzringe durch Elektronen und nicht durch Röntgenstrahlen erzeugt worden sind?

117. Das Experiment von Davisson und Germer

Davisson und Germer beschleunigten 1927 Elektronen aus der Ruhe heraus durch eine Spannung von $U = 54$ V und ließen sie dann in einem feinen Strahl auf einen Nickeleinkristall treffen. Dort drangen die Elektronen nicht in den Kristall ein, sondern wurden von den Kristallpartikeln der Oberfläche zurückgestreut. Fassen Sie nun die zurückgestreuten Elektronen nicht mehr als Teilchen, sondern als Wellenvorgang auf.
Unter welchem Winkel α müsste man im Unendlichen das Interferenzmaximum 1. Ordnung der Elektronenstreustrahlung beobachten können, wenn der gegenseitige Abstand b der Kristallpartikel $b = 2{,}15 \cdot 10^{-10}$ m beträgt?

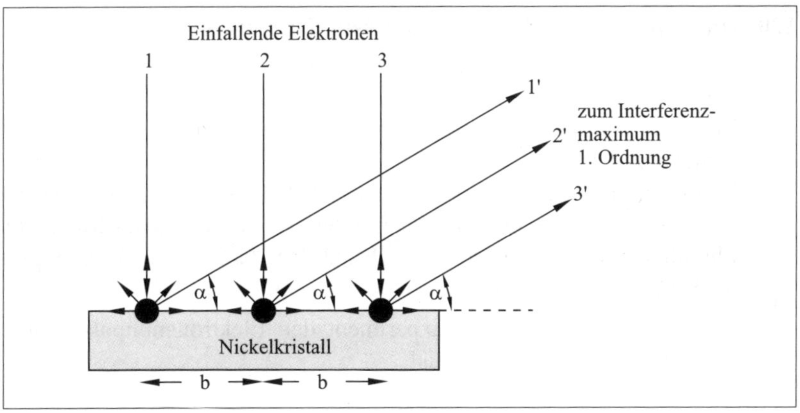

118. Der Versuch von Jönsson

Erst 1960 gelang es Jönsson experimentell nachzuweisen, dass Licht und Elektronen an einem **Doppelspalt** gleiches Ausbreitungsverhalten zeigen. Im Folgenden werden die Schwierigkeiten verdeutlicht, die beim Doppelspaltversuch mit Elektronen auftreten.

a) Warum benötigt man für den Versuch einen Doppelspalt mit möglichst kleinem Spaltabstand b und Elektronen mit möglichst großer Materiewellenlänge λ?

b) Für welche Beschleunigungsspannungen wird die Materiewellenlänge der Elektronen möglichst groß?

c) Elektronen werden aus der Ruhe heraus durch die Spannung $U = 30$ V beschleunigt und treffen auf einen Doppelspalt mit $b = 2{,}0 \cdot 10^{-6}$ m. Berechnen Sie den Abstand Δx der Interferenzmaxima 1. und 2. Ordnung auf einem $\ell = 20{,}0$ cm hinter dem Doppelspalt aufgestellten Schirm!

d) Warum ist der Nachweis von Elektronenstrahlinterferenzen an einem Doppelspalt schwierig?

119. Der Versuch von Möllenstedt und Düker

a) Beschreiben Sie kurz, unter Verwendung einer erläuternden Skizze, wie Möllenstedt und Düker 1956 Elektronenstrahlinterferenzen erzeugt haben!

b) Beschreiben Sie kurz, unter Verwendung einer erläuternden Skizze, das wellenoptische Analogon zum Möllenstedt-Düker-Experiment!

c) Worin liegt die Bedeutung des Möllenstedt-Düker-Experiments?

120. Die elektrische Ladung ist relativistisch invariant

Mit ein und demselben monoenergetischen Elektronenstrahl der Geschwindigkeit v werden zwei Experimente durchgeführt.
Beim 1. Experiment, einem Interferenzversuch, misst man die Materiewellenlänge λ der Elektronen.
Beim 2. Experiment untersucht man die Ablenkung des Elektronenstrahls, wenn dieser senkrecht zu den Feldlinien in ein homogenes Magnetfeld der Flussdichte $\vec{B}$ eintritt und misst B und den Radius r des Kreisbogens, den die Elektronen durchlaufen.

a) Drücken Sie für jedes Experiment den Elektronenimpuls p durch die jeweiligen Messgrößen aus!

b) Zeigen Sie mithilfe Ihrer Ergebnisse aus Teilaufgabe a, dass zwischen den Messgrößen und der Elektronenladung e folgender Zusammenhang besteht:

$$e = \frac{h}{B \cdot \lambda \cdot r}$$

c) Werden beide Experimente mehrmals, mit verschiedenen Elektronengeschwindigkeiten durchgeführt, so ändern sich zwar die Einzelmesswerte für B, λ und r, nicht aber der Wert ihres Produkts $B \cdot \lambda \cdot r$. Dies gilt auch für Geschwindigkeiten, die größer als $0{,}1 \cdot c$ sind.
Welche Frage wird dadurch geklärt?

121. Zur Wellennatur von Makrokörpern

Ein Tennisball der Masse $m = 57{,}5$ g fliegt nach einem missglückten Aufschlag in die Zuschauermenge. Er bewegt sich entsprechend folgender Skizze geradlinig mit der Geschwindigkeit $v = 108\ \frac{km}{h}$ auf 4 Zuschauer Z_1, Z_2, Z_3, Z_4 zu, die äquidistant im Abstand 0,5 m längs einer Geraden stehen.

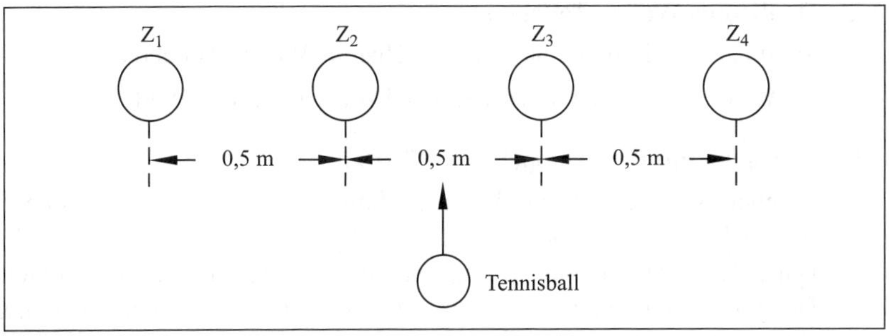

Obwohl die Zuschauer ein Gitter mit 3 Spalten bilden, passiert der Tennisball unabgelenkt. Erklären Sie dies durch Rechnung!

122. Phasen- und Gruppengeschwindigkeit

a) Wie sind Phasen- und Gruppengeschwindigkeit einer Welle definiert?

b) Wie groß sind Phasen- und Gruppengeschwindigkeit einer monochromatischen, elektromagnetischen Welle im Vakuum?

c) Zeigen Sie, dass für die Phasengeschwindigkeit c_{Phase} einer Materiewelle gilt: $c_{Phase} = \frac{c^2}{v}$, c bezeichnet dabei die Vakuumlicht- und v die Teilchengeschwindigkeit!

d) Wie groß ist die Gruppengeschwindigkeit einer Materiewelle?

e) Welche Schlussfolgerung lässt sich aus den Ergebnissen der Teilaufgaben b und c ziehen?

12 Dualismus

Für das zunächst verwirrende Nebeneinander von Teilchen- und Wellenmodell für ein und dasselbe physikalische Phänomen gibt es seit 1927 mit der so genannten „Kopenhagener Interpretation“ eine von den meisten Physikern anerkannte Deutung. Max Born trug dazu durch seine statische Deutung der Wellenfunktion entscheidend bei und erhielt dafür 1954 den Nobelpreis. Eine sorgfältige Analyse des Doppelspaltexperiments liefert in diesem Abschnitt Erkenntnisse, mit denen sich auf Schulniveau die Born'schen Ergebnisse nachvollziehen lassen.

Max Born (1882–1970), dt. Neben Arbeiten zur Relativitätstheorie, Festkörperphysik und Optik widmete er sich vor allem der Entwicklung der Quantenmechanik.

123. Dualismus Welle–Teilchen

a) Was versteht man unter dem Dualismus Welle–Teilchen?

b) Was versteht man unter dem Dualismus Teilchen–Welle?

124. Versuche mit dem Doppelspalt (Teil 1)

Monochromatische Korpuskularstrahlung (Photonen oder Elektronen) trifft senkrecht auf einen Doppelspalt. Die Spaltabmessungen und die Wellenlänge der Strahlung sind so aufeinander abgestimmt, dass man hinter dem Doppelspalt auf einem Schirm Interferenzen beobachten kann. Durch geeignete Maßnahmen ist sichergestellt, dass sich nie mehrere Korpuskeln gleichzeitig in der Anordnung befinden.

Beschreiben Sie, welche Beobachtungen man auf dem Schirm macht, wenn

a) sehr kurz,

b) etwas länger,

c) sehr lange belichtet wird!

125. Versuche mit dem Doppelspalt (Teil 2)

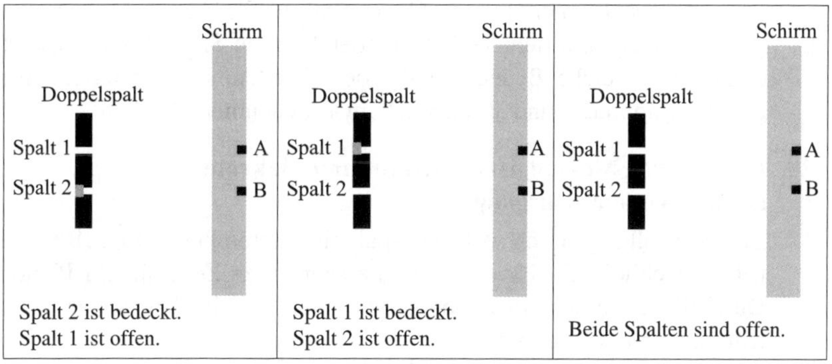

Monochromatische Korpuskularstrahlung (Photonen oder Elektronen) trifft senkrecht auf einen Doppelspalt. Die Spaltabmessungen und die Wellenlänge der Strahlung sind so auf einander abgestimmt, dass man hinter dem Doppelspalt auf einem Schirm Interferenzen beobachten kann. Die Stellen auf dem Schirm, die den Spalten exakt gegenüberliegen, sind mit A bzw. B bezeichnet.

Man führt folgende Versuche durch:

- **Versuch 1:** Die Strahlung fällt T Sekunden auf den Doppelspalt. Spalt 2 ist dabei so abgedeckt, dass die Strahlung nur durch Spalt 1 treten kann.
- **Versuch 2:** Die Strahlung fällt T Sekunden auf den Doppelspalt. Spalt 1 ist dabei so abgedeckt, dass die Strahlung nur durch Spalt 2 treten kann.
- **Versuch 3:** Die Strahlung fällt $2 \cdot T$ Sekunden auf den Doppelspalt. Während der Zeitspanne von 0 bis T ist Spalt 2 abgedeckt, Spalt 1 ist offen, die Strahlung kann nur durch Spalt 1 treten. Während der anschließenden Zeitspanne von T bis $2 \cdot T$ ist Spalt 1 bedeckt und Spalt 2 ist offen, die Strahlung kann nur durch Spalt 2 treten.
- **Versuch 4:** Die Strahlung fällt T Sekunden auf den Doppelspalt. Beide Spalte sind offen.

Beschreiben Sie für jeden Versuch die Intensitätsverteilung der auf den Schirm treffenden Strahlung!

126. Auswertung der Versuche mit dem Doppelspalt

Erläutern Sie mithilfe der Ergebnisse der beiden vorangehenden Aufgaben, ob das Teilchen- oder Wellenmodell

a) den Nachweis der Strahlung,

b) das Ausbreitungsverhalten

beim Doppelspaltversuch zutreffend beschreibt!

c) Wobei versagen beide Modelle?

127. Vermittlung zwischen Teilchen- und Wellenmodell

Wie überbrückt man in der Quantenmechanik die Unvereinbarkeit des Wellenmodells mit dem Teilchenmodell? Gehen Sie in Ihrer Antwort auch darauf ein, welche Bedeutung die dem Wellenmodell entnommenen Begriffe „Amplitude“ und „Frequenz“ im Teilchenmodell haben!

✷ 128. Einfluss von Messungen an Mikro- und Makroteilchen auf den Versuchsausgang

Zur Feststellung, durch welchen Spalt ein Photon beim Doppelspaltversuch tritt, verschließt ein Physiker für die sehr kurze Zeit, die ein Photon zum Durchfliegen eines Spalts benötigt, einen der beiden Spalte lichtdicht. [Messung am Mikrokörper]
Als Kollegiat nehmen Sie im Laufe einer Woche in sehr verschiedenen Räumen des Schulhauses am Unterricht teil. Jemand betritt am Dienstag um 9.27 Uhr den Physiksaal, um herauszufinden, ob Sie sich zu diesem Zeitpunkt dort aufhalten. [Messung am Makrokörper]
Welcher fundamentale Unterschied besteht zwischen den beiden Messungen?

129. Über den Charakter einer Strahlung

Ob man eine Strahlung eher als Wellen- oder als Teilchenvorgang wahrnimmt, hängt von ihrer Energie ab.

a) Erläutern Sie diese Aussage kurz!

b) Besitzt eine monochromatische, elektromagnetische Strahlung der Wellenlänge 2,4 pm eher Wellen- oder Teilchencharakter? Begründen Sie Ihre Aussage mithilfe bekannter Experimente!

c) Erläutern Sie mit dem Ergebnis von Teilaufgabe b, warum sich bei Versuchen mit Elektronenstrahlung eher der Teilchencharakter der Strahlung zeigt!

d) Die Teilchen einer Photonen- und einer Elektronen-Strahlung besitzen jeweils die relativistische Energie $E = 0{,}512$ MeV. Welcher Strahlung würden Sie einen ausgeprägteren Teilchencharakter zuschreiben? Nachweis durch Rechnung!

13 Heisenberg'sche Unschärferelation

1927 gab Heisenberg der Erkenntnis, dass sich Mikroteilchen unter bestimmten Bedingungen anders als Makrokörper verhalten, eine mathematische Form.
In diesem Abschnitt wird die Physik der Heisenberg'schen Idee durch eine Analyse der Beugung am Einfachspalt näher gebracht; an Beispielen wie Strahlaufweitung, Nullpunktsenergie, Zerfließen von Wellenpaketen und Unschärfe von Spektrallinien wird sie konkretisiert.

✷ 130. Heisenbergs Sichtweise der Beugung am Einzelspalt

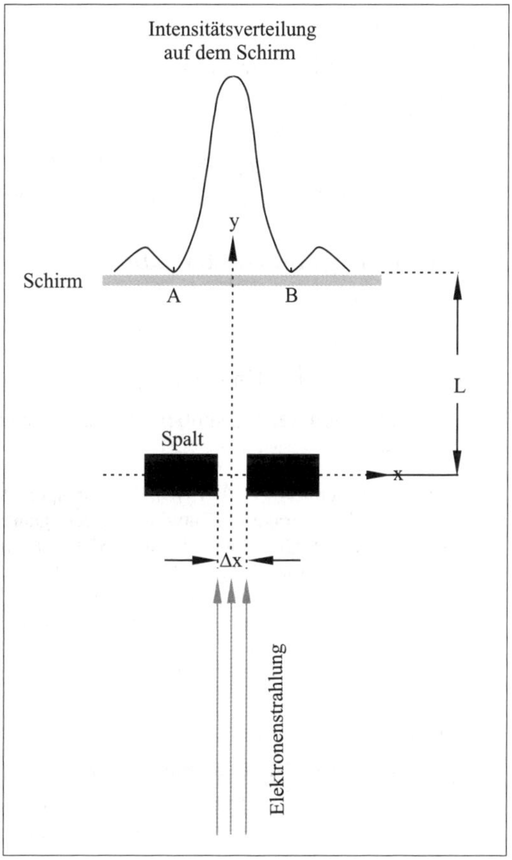

Heisenberg lehnte eine bedenkenlose Anwendung der aus der klassischen Physik entnommenen Begriffe und die Verwendung experimentell nicht überprüfbarer Aussagen, grundsätzlich ab. So ließ er z. B. für die Interferenz eines Elektronenstrahls am Einfachspalt nur die *im Versuch direkt* zu gewinnenden Aussagen über das Verhalten der Elektronen zu. Unter diesem Gesichtspunkt sollen monoenergetische Elektronen untersucht werden, die sich entsprechend nebenstehender Skizze parallel zur y-Achse mit dem Geschwindigkeitsbetrag v_y auf einen Einfachspalt der Breite Δx zu bewegen, ihn durchfliegen und auf einem Schirm, dessen Abstand vom Spalt mit L bezeichnet wird, die aus der Optik bekannten Interferenzstreifen erzeugen.

a) Zeigen Sie, dass mit den Bezeichnungen oben stehender Skizze für die Materiewellenlänge λ der Elektronen gilt:

$$\lambda = \frac{\Delta x \cdot \overline{AB}}{2 \cdot L}$$

b) Warum müssen die Elektronen nach dem Durchtritt durch den Spalt zusätzlich zu v_y noch Geschwindigkeitskomponenten v_x in die positive und negative x-Richtung besitzen?

c) Zeigen Sie, dass die Gesamtlänge Δv_x des Intervalls, in dem diese Geschwindigkeitskomponenten liegen, sich folgendermaßen abschätzen lässt:

$$\Delta v_x \geq \frac{\overline{AB} \cdot v_y}{L}$$

d) Zeigen Sie unter Verwendung aller bisherigen Ergebnisse, dass

$$\Delta v_x \cdot \Delta x \geq \frac{2 \cdot h}{m} \,!$$

e) Erläutern Sie den physikalischen Gehalt der Beziehung aus Teilaufgabe d unter Beachtung des Heisenberg'schen Denkansatzes!

131. Heisenbergs Unschärferelation

Geben Sie

a) mit Worten

b) in Form einer Ungleichung

die Aussagen der Heisenberg'schen Unschärferelation wieder!

Werner Heisenberg (1901–1976), dt., Nobelpreis für Physik 1932. Maßgebliche Beiträge zur Entwicklung der Quantenphysik: 1925 Begründung der Quantenmechanik in Matrizenform zusammen mit Born und Jordan. 1927 Aufstellung der Unschärferelation. 1932 Arbeiten zum Aufbau des Atomkerns, ab 1953 Arbeit an der so genannten Heisenberg'schen Weltformel, einer Theorie der Elementarteilchen, bei der sich alle Elementarteilchen als Lösung einer einzigen Feldgleichung ergeben sollten.

132. Strahlaufweitung

Glühelektrisch bei K erzeugte Elektronen werden von der Spannung $U = 250$ V beschleunigt und treffen senkrecht mit dem Geschwindigkeitsbetrag v_y auf die gelochte Anode A. Der Lochdurchmesser beträgt $d = 1{,}0$ mm.

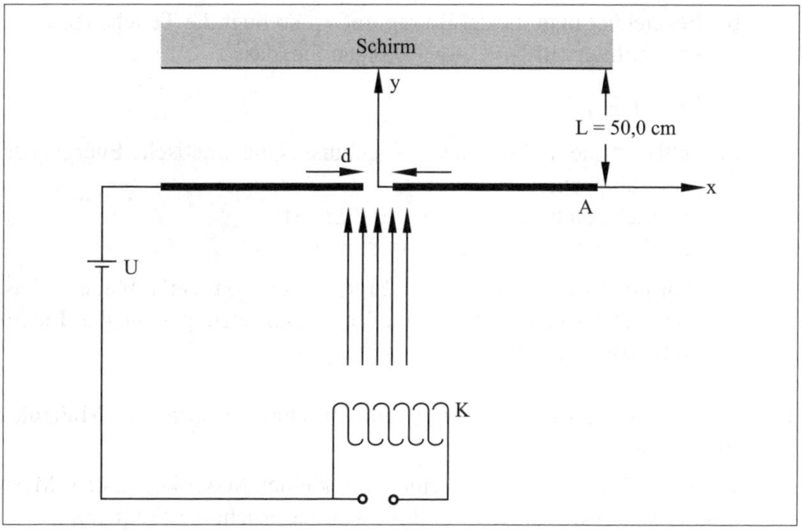

a) Berechnen Sie den Betrag p_y des Elektronenimpulses in y-Richtung!

b) Welche Ortsunschärfe besitzen die Elektronen in dem Moment, in dem sie das Anodenloch durchfliegen? Schätzen Sie die zugehörige Impulsunschärfe ab!

c) Bis zu welchem Winkel α können einzelne Elektronen aufgrund des Ergebnisses von Teilaufgabe b hinter A mindestens von der ursprünglichen Strahlrichtung abweichen?

d) Welcher Durchmesser ist dann für den Bildfleck des Lochs auf dem Schirm zu erwarten? Ziehen Sie hieraus einen Schluss hinsichtlich der Welle-Teilchen-Natur des Elektrons!

e) Wie müsste man den Lochdurchmesser verändern, damit der Winkel α aus Teilaufgabe c 5° beträgt?

f) Berechnen Sie die Materiewellenlänge der Elektronen und vergleichen Sie sie mit dem Lochdurchmesser aus Teilaufgabe e!

133. Nullpunktsenergie

Ein Teilchen der Masse m wird durch eine geeignete Vorrichtung in seiner Bewegungsfreiheit so weit eingeschränkt, dass es sich nur längs der x-Achse eines Koordinatensystems innerhalb des Intervalls $]-\frac{a}{2}; +\frac{a}{2}[$ aufhält.

a) Warum kann der Betrag der Teilchengeschwindigkeit nicht 0 sein?

b) Bezeichnet man diesen Betrag mit v_x, so liegt die Teilchengeschwindigkeit im Intervall $]-v_x; +v_x[$. Zeigen Sie, dass

$$v_x \geq \frac{h}{4 \cdot \pi \cdot a \cdot m}$$

c) Schätzen Sie mithilfe dieses Ergebnisses die kinetische Energie des Teilchens ab, wenn es sich um ein
   (1) Elektron handelt und $a = 10^{-10}$ m ist!
   (2) Proton handelt und $a = 10^{-14}$ m ist!

d) Warum lassen sich mit den Ergebnissen von Teilaufgabe c Aussagen über die Größenordnung von Energieumsetzungen in der Elektronenhülle bzw. im Kern des Atoms machen?

134. Warum spielt die Heisenberg'sche Unschärferelation für Makrokörper keine Rolle?

Die Lage des Schwerpunkts eines sehr kleinen Makrokörpers der Masse 1,0 mg kann experimentell mithilfe von Laserlicht der Frequenz $f = 4{,}7 \cdot 10^{14}$ Hz innerhalb eines Ortsintervalls $[x_0; x_0 + \lambda]$ ermittelt werden; λ bezeichnet dabei die Wellenlänge des Laserlichts.

a) Berechnen Sie die zugehörige Geschwindigkeitsunschärfe des Körpers!

b) Welche messtechnische Bedeutung hat der Zahlenwert aus Teilaufgabe a?

✷ 135. Änderung der Ortsunschärfe aufgrund der Ortsunschärfe

Die Ortsunschärfe eines Teilchens der Masse m betrage zum Zeitpunkt $t_0 = 0\,s$ Δx.

a) Zeigen Sie, dass das Teilchen zum Zeitpunkt $t_1 > t_0$ dann die Ortsunschärfe $\Delta x' \geq \frac{h \cdot t_1}{2 \cdot \pi \cdot m \cdot \Delta x}$ besitzt!

b) Berechnen Sie mit dem Ergebnis von Teilaufgabe a jeweils die Ortsunschärfen $\Delta x'$ eines freien Elektrons bzw. eines Staubkorns der Masse 1,0 µg zum Zeitpunkt $t_1 = 1$ s, wenn sie zum Zeitpunkt $t_0 = 0$ s die Ortsunschärfen $\Delta x = 1{,}0 \cdot 10^{-10}$ m bzw. $\Delta x = 1{,}0 \cdot 10^{-5}$ m besessen haben! Interpretieren Sie Ihr Ergebnis!

136. Verallgemeinerung der Heisenberg'schen Unschärferelation

Im Teilchenmodell wird beim Übergang eines Atoms aus einem angeregten Zustand in den Grundzustand ein Photon der Energie E emittiert. E bezeichnet dabei die Energiedifferenz zwischen den beiden atomaren Zuständen. Das Photon bewegt sich anschließend mit der Geschwindigkeit c durch den Raum. Aufgrund der Heisenberg'schen Unschärferelation kann sein augenblicklicher Ort aber nur mit einer Ungenauigkeit Δx angegeben werden.

Δx entspricht dabei der Länge des Wellenzugs, den das angeregte Atom beim Übergang in den Grundzustand nach dem Wellenmodell emittiert.

a) Drücken Sie Δx durch die Zeitdauer Δt aus, während der das angeregte Atom Licht emittiert!

b) Zeigen Sie, dass für die Impulsunschärfe Δp des Photons gilt:
$\Delta p = \frac{\Delta E}{c}$!

c) Zeigen Sie mithilfe der Ergebnisse der Teilaufgaben a und b und der Heisenberg'schen Unschärferelation, dass $\Delta E \cdot \Delta t \geq \frac{h}{2 \cdot \pi}$!

137. Die Unschärfe einer Spektrallinie

Die Leuchtdauer Licht emittierender Atome beträgt ca. 10^{-8} s.

a) Warum ist eine Spektrallinie auch bei sonst idealen Versuchsbedingungen niemals scharf? Schätzen Sie den nummerischen Wert dieser prinzipiellen Frequenzunschärfe ab!

b) Mit einem optischen Strichgitter soll die prinzipielle Unschärfe einer Quecksilberlinie mit der Frequenz $f = 5{,}49 \cdot 10^{14}$ Hz gemessen werden. Schätzen Sie ab, welche Gitterkonstante ein hierfür verwendetes optisches Strichgitter aufweisen sollte, wenn das Gitter 5,0 cm breit ist und in voller Breite senkrecht beleuchtet wird!
Hilfe: Für das spektrale Auflösungsvermögen eines optischen Strichgitters gilt:
$\frac{\lambda}{\Delta\lambda} = \frac{f}{\Delta f} = k \cdot N.$
k bezeichnet dabei die Interferenzordnung und N die Anzahl der beleuchteten Spalten.

Die Struktur des Atoms und seiner Hülle

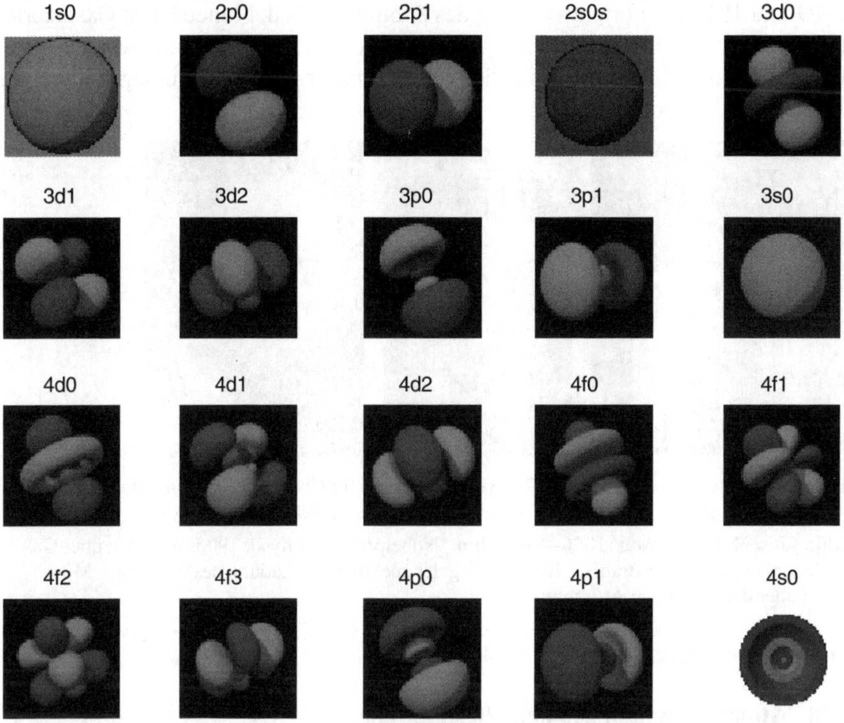

1926 gelang Erwin Schrödinger erstmals die Berechnung der Wellenfunktion für ein Elektron im Coulombpotenzial. Er hatte damit den Schlüssel für eine widerspruchsfreie Theorie der **Atomhüllenstruktur** gefunden. Eine Vorstellung über die Komplexizität dieser Struktur vermittelt die Abbildung, die nach der Schrödinger-Methode berechnete Orbitale des Wasserstoffatoms zeigt.

14 Die Atommodelle von Thomson und Rutherford

Gestützt auf dic Ergebnisse seiner Streuversuche gelang Rutherford zwischen 1909 und 1913 die Fortentwicklung des Atommodells der kinetischen Gastheorie. In diesem Abschnitt werden qualitativ die Streuexperimente von Lenard, Rutherford und Chadwick und die sich daraus ergebenden Aussagen über die Atomstruktur wiederholt.

Links: Ernst Rutherford (1871–1937), brit., Nobelpreis für Chemie 1908. Einer der bedeutendsten Experimentalphysiker auf den Gebieten der Radioaktivität und Kernphysik.

Mitte: Joseph J. Thomson (1856–1940), brit., Nobelpreis für Physik 1906. Arbeiten über Gasentladungen, Kathodenstrahlen, Bestimmung der spezifischen Ladung des Elektrons, Mitbegründer der modernen Atomphysik.

Rechts: James Chadwick (1891–1974), brit., Nobelpreis für Physik 1935. Viele experimentalphysikalische Arbeiten, entdeckte 1932 das Neutron.

138. Atome enthalten geladene Bestandteile.

Welche wesentlichen Erscheinungen weisen darauf hin, dass Atome geladene Bestandteile enthalten?

139. Thomson'sches Atommodell

J. J. Thomson entwickelte 1904 ein Atommodell, in dem das Vorkommen von positiven und negativen Ladungen im Atom berücksichtigt wird. Nennen Sie die wesentlichen Merkmale dieses Atommodells!

140. Lenards Elektronen-Streuversuch

a) Beschreiben Sie unter Verwendung einer beschrifteten Skizze Aufbau und Durchführung des Lenard'schen Elektronen-Streuversuchs!

b) Warum widerlegen Lenards Versuchsergebnisse das Thomson'sche Atommodell? Verwenden Sie bei Ihrer Begründung für die Dicke der Absorberfolie den Wert 2 µm!

141. α-Teilchen als Kerngeschosse

a) Nennen Sie die wesentlichen Eigenschaften eines α-Teilchens!

b) Erklären Sie, warum sich α-Teilchen zur Untersuchung der Verteilung von Ladung und Masse im Atom besser eignen als langsame Elektronen!

142. Rutherfords Streuversuch

a) Beschreiben Sie anhand einer beschrifteten Skizze den Aufbau des Rutherford'schen Streuversuchs!

b) Nennen Sie die wesentlichen qualitativen Ergebnisse dieses Versuchs!

c) Welche Schlüsse über den Atomaufbau zog Rutherford aus diesen Ergebnissen?

143. Das Rutherford'sche Atommodell

Nennen Sie die wesentlichen Merkmale des Rutherford'schen Atommodells!

144. Ein- oder Mehrfachstreuung

Verdoppelt man beim Rutherford'schen Streuversuch die Dicke der Streufolie, so verdoppelt sich auch die Zahl der unter einem großen Winkel gestreuten α-Teilchen. Welcher Schluss lässt sich hieraus über die Zahl der Wechselwirkungen zwischen einem stark gestreuten α-Teilchen und den Atomkernen der Folie ziehen?

145. Gerader, zentraler Stoß eines α-Teilchens mit einem Atomkern

Ein α-Teilchen der Ruhemasse m_α wird aus unendlich großer Entfernung mit der Anfangsgeschwindigkeit $\vec{v}_0$ auf einen in Ruhe befindlichen Kern geschossen, der die Ladung $Z \cdot e$ trägt. Die Masse des Kerns kann als unendlich groß angenommen werden.

a) Unter welchen Voraussetzungen kommt das Teilchen dem Kern am nächsten?

b) Drücken Sie diesen Minimalabstand r_{min} durch m_α, v_0, Z, e, π und ε_0 aus!

c) Wie groß muss die kinetische Energie eines α-Teilchens in eV mindestens sein, damit es bei Gold in den Bereich der Kernkräfte gelangt?

d) Welche Spannung müsste das α-Teilchen aus Teilaufgabe c aus der Ruhe heraus hierfür durchlaufen haben?

146. Experimentelle Bestimmung des Goldkernradius

Verwendet man beim Rutherford'schen Streuversuch α-Teilchen, deren kinetische Energie größer als 28 MeV ist, so treten Abweichungen von der Streuformel auf.

a) Wie ist dies zu erklären?

b) Schätzen Sie mit den gegebenen Daten den nummerischen Wert für den Radius r_{Au} des Goldatomkerns ab! Der Radius des Heliumkerns kann dabei vernachlässigt werden.

147. Einfache Rechnungen im Rahmen des Rutherford'schen Atommodells

Drücken Sie für das Elektron des Wasserstoffatoms mithilfe des Rutherford'schen Atommodells

a) Bahngeschwindigkeit v und

b) Umlaufszeit T durch Naturkonstante und den Bahnradius r aus und

c) weisen Sie die sinngemäße Gültigkeit des 3. Kepler'schen Gesetzes nach!

148. Energie des Elektrons im Rutherford'schen Atommodell

a) Zeigen Sie durch Rechnung, dass die Gesamtenergie E_{ges} des Elektrons im Wasserstoffatom mit wachsendem Kreisbahnradius zunimmt!

b) Nach der klassischen Elektrodynamik strahlen beschleunigte elektrische Ladungen elektromagnetische Energie ab. Welche Konsequenzen ergeben sich hieraus für das Rutherford'sche Atommodell?

149. Unzulänglichkeiten des Rutherford'schen Atommodells

Nennen Sie kurz die wesentlichen Mängel des Rutherford'schen Atommodells!

✷ 150. Chadwicks Versuch

Beim Rutherford'schen Streuversuch gestattet die Messung der Zahl N (der während der Versuchsdauer auf die Streufolie treffenden α-Teilchen) und der Zahl ΔN (der in der gleichen Zeit innerhalb zweier Kegel mit den Öffnungswinkel ϑ und $\vartheta + \Delta\vartheta$ gestreuten α-Teilchen) die Bestimmung der Kernladungszahl Z für das verwendete Folienmaterial.

a) Schildern Sie kurz die Schwierigkeiten, die sich bei der Messung von N und ΔN ergeben!

b) Wie überwand Chadwick diese Schwierigkeiten? (Versuchsaufbau, -durchführung, -auswertung!)

c) Welche Bedeutung haben die Chadwick'schen Versuchsergebnisse für das Periodensystem der Elemente?

15 Quantenhafte Emission und Absorption von Energie durch Atome

Dieser Abschnitt dient zur Wiederholung wichtiger experimenteller Verfahren, die Aufschluss über die Energieaufnahme und -abgabe von Atomen geben. Weiterhin wird der Umgang mit der allgemeinen Serienformel des Wasserstoffatoms trainiert.

151. Anregung

a) Erklären Sie den Begriff „Anregung eines Atoms"!

b) Nennen Sie die wichtigsten Möglichkeiten zur Anregung von Atomen!

c) Beschreiben Sie die wesentlichen Unterschiede zwischen den einzelnen Anregungsmöglichkeiten!

152. Anregungswahrscheinlichkeit

In nebenstehender Skizze ist die Wahrscheinlichkeit P für die Anregung von Silberatomen durch Elektronenstöße in Abhängigkeit von der kinetischen Energie der Elektronen dargestellt. E_0 ist dabei die erste Anregungsenergie des Silberatoms.

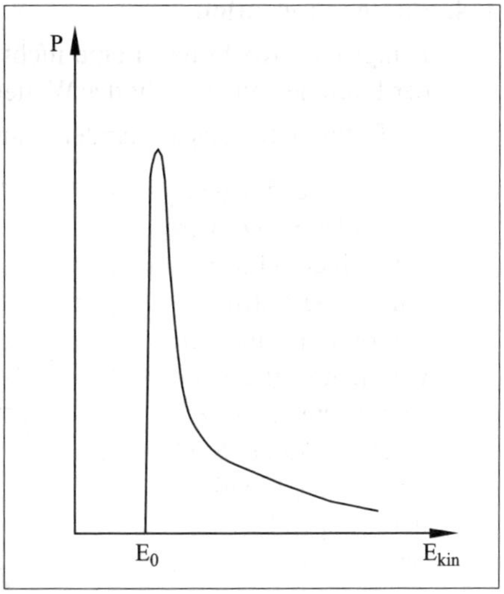

a) Warum können Elektronen mit der kinetischen Energie E_0 Silberatome nicht anregen? $[P(E_0 = 0)]$

b) Warum nimmt die Anregungswahrscheinlichkeit mit zunehmender kinetischer Energie der Elektronen ab?

c) Zeichnen und erläutern Sie kurz die entsprechende Kurve für die Anregungswahrscheinlichkeit von Silberatomen durch Photonen!

153. Thermische Anregung

a) Bei welcher Temperatur ist die mittlere kinetische Energie von Gasatomen gleich der ersten Anregungsenergie $\Delta E_1 = 10{,}11$ eV von Wasserstoff?

b) Warum befindet sich bereits bei Temperaturen von einigen tausend Kelvin, die aber deutlich unter der in Teilaufgabe a berechneten Temperatur liegen, ein nennenswerter Prozentsatz von Wasserstoffatomen im ersten angeregten Zustand?

c) In der kinetischen Gastheorie geht man von vollkommen elastischen Stößen zwischen den Gasatomen aus. Wie ist diese Annahme mit der Erfahrungstatsache der thermischen Anregung zu vereinbaren?

d) Wasserstoff absorbiert bei Zimmertemperatur merklich nur „Licht“ mit Wellenlängen der Lymanserie, bei sehr hohen Temperaturen aber auch Licht mit Wellenlängen der Balmerserie. Erklären Sie diese Erscheinung!

154. Photonenselektion

Bringt man Kochsalz in eine nicht leuchtende Bunsenflamme, so geht von der Flamme gelbes Licht der Wellenlänge $\lambda = 589$ nm aus.

a) Erklären Sie das Zustandekommen dieser Lichtemission!

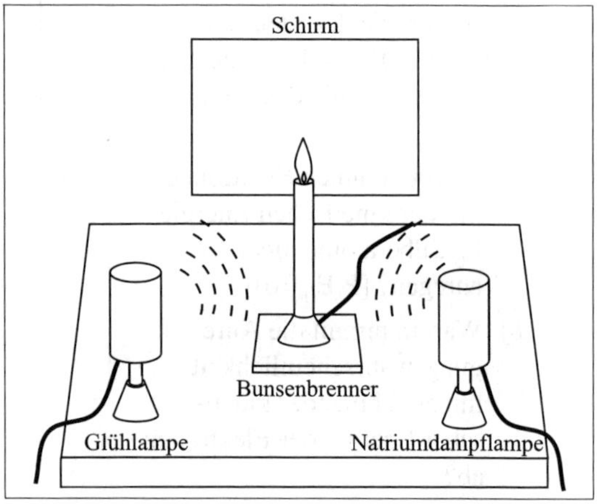

Entsprechend nebenstehender Skizze wird ein weißer Schirm durch eine Natriumdampflampe und eine Glühlampe gleicher Lichtleistung ausgeleuchtet. An der Stelle, wo sich die Lichtkegel der Lampen kreuzen, wird die Bunsenflamme aus Teilaufgabe a in den Strahlengang beider Lampen gebracht. Welche Beobachtung macht man an der Stelle des Schirms, an der das Licht

b) der Natriumdampflampe

c) der Glühlampe

auftrifft? Begründen Sie Ihre Antworten ausführlich!

155. Resonanzfluoreszenz von Natriumdampf

In einem gut evakuierten Glaskolben befindet sich ein Tropfen metallischen Natriums. Der Kolben wird auf die Temperatur T erhitzt und mit dem Licht einer Natriumdampflampe bestrahlt.

a) Welche Beobachtung macht man bei seitlicher Betrachtung unter 90° gegen die Richtung des Natriumdampflampenlichtes, wenn $T = 180\,°C$? (Begründung!)

b) Die Temperatur wird auf $T = 250\,°C$ erhöht. Was beobachtet man nun? (Begründung!)

c) Was beobachtet man, wenn die Natriumdampflampe durch eine Bogenlampe ersetzt wird? (Begründung!)

156. Umkehrung der Natrium-D-Linie

a) Erläutern Sie anhand einer qualitativen Versuchsbeschreibung (mit Skizze), was man unter der „Umkehrung der Natrium-D-Linie" versteht!

b) Erklären Sie diesen Sachverhalt!

157. Fraunhofer'sche Linien

Was versteht man unter „Fraunhofer'schen Linien"? Wie erklärt man ihre Entstehung?

158. Franck-Hertz-Versuch

a) Beschreiben Sie unter Verwendung einer Skizze Aufbau und Durchführung des Franck-Hertz-Versuches!

b) Stellen Sie das Versuchsergebnis grafisch dar!

c) Erklären Sie das Versuchsergebnis!

Gustav Hertz (1887–1975), dt., Neffe von Heinrich Rudolf Hertz; entwickelte ein Verfahren zur Diffusionstrennung von Isotopen. 1945–1954 arbeitete er in der UdSSR an Problemen der Kernforschung, des Überschalls und der Radartechnik.

James Franck (1882–1964), dt.-amerk., bestätigte 1913 mit dem Franck-Hertz-Versuch die Planck'sche Quantenhypothese sowie die Bohr'sche Theorie der Spektrallinien und erhielten dafür zusammen mit Gustav Hertz 1925 den Nobelpreis für Physik.

✷ 159. Über die Natur der Stöße zwischen Elektronen und Atomen beim Franck-Hertz-Versuch

Bei einem mit Quecksilberdampf gefüllten Franck-Hertz-Rohr, dessen Beschaltung Abbildung 1 zeigt, wird die Betriebsspannung auf einen festen Wert U_0 knapp vor dem 1. Maximum eingestellt. Die Bremsspannung U_B wird von 0 an langsam gesteigert und dabei der in B eintreffende Elektronenstrom I_B in Abhängigkeit von U_B gemessen. Man erhält das in Abbildung 2 dargestellte U_B-I_B-Diagramm.

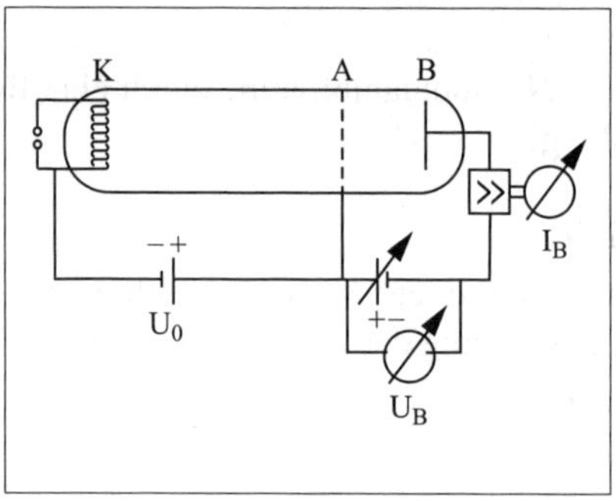

Abb. 1

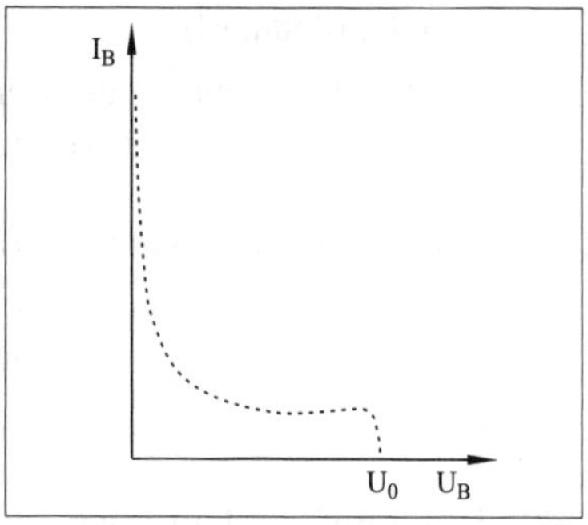

Abb. 2

a) Auf welche Ursachen ist die allmähliche Abnahme des Stroms zurückzuführen?

b) Durch eine geeignete Vorrichtung wird der Abstand zwischen K und A auf die Hälfte verringert (der Abstand zwischen A und B bleibt dabei unverändert) und die eingangs geschilderte Messung wiederholt.
   (1) Wie beeinflusst die Verringerung des Abstands die Anzahl der Stöße zwischen Elektronen und Quecksilberatomen im Raum zwischen K und A?
   (2) Bei beiden Versuchen erhält man das gleiche U_B-I_B-Diagramm. Was lässt sich hieraus über die Natur der Stöße zwischen Elektronen und Quecksilberatomen folgern? (Begründung!)

160. Zu den Versuchsbedingungen in der Franck-Hertz-Röhre

a) Welchen Einfluss hat die Temperatur in der Franck-Hertz-Röhre auf die Elektronenbewegung!

b) Skizzieren und erläutern Sie den Verlauf der U-I-Kennlinie einer Franck-Hertz-Röhre bei Zimmertemperatur!

c) Erläutern Sie die Ursachen für die Geschwindigkeitsverteilung der Elektronen in der Franck-Hertz-Röhre!

d) Wie macht sich das Kontaktpotenzial in der Franck-Hertz-Röhre bemerkbar?

161. Die „Ideale Franck-Hertz-Kurve“

Als „Ideale Franck-Hertz-Kurve“ bezeichnet man das U_A-I_B-Diagramm eines fiktiven Franck-Hertz-Versuches, bei dem stets monoenergetische Elektronen in der Röhre vorhanden sind und alle Elektronen mit ausreichender Energie einen inelastischen Stoß erleiden.
Zeichnen Sie die „Ideale Franck-Hertz-Kurve“ schematisch und begründen Sie Ihr Ergebnis!

162. Bestimmung der Ionisierungsenergie

Misst man mit der in Abbildung 1 skizzierten Schaltung – die Franck-Hertz-Röhre ist mit Quecksilberdampf gefüllt – die Stärke I_B des Auffängerstroms in Abhängigkeit von der Beschleunigungsspannung U_A, so erhält man das in Abbildung 2 skizzierte Diagramm.

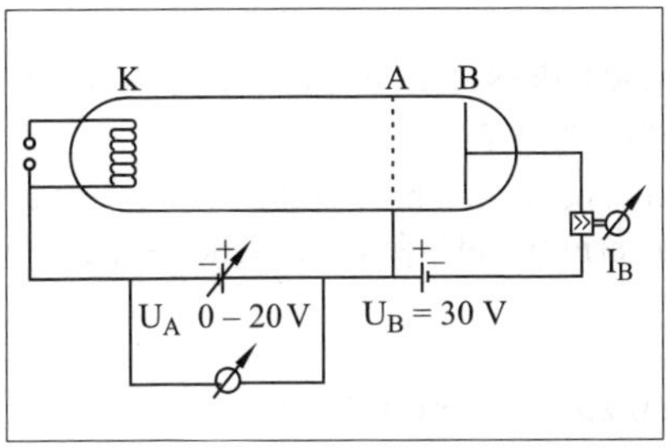

Abb. 1

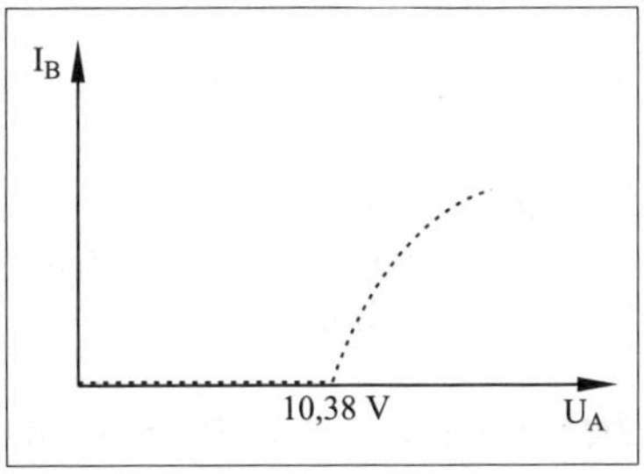

Abb. 2

a) Erklären Sie das schlagartige Einsetzen des Auffängerstromes bei 10,38 V! Beachten Sie, dass die Gegenspannung U_B stets größer als die Beschleunigungsspannung U_A ist.

b) Warum beobachtet man das skizzierte Spannungs-Stromstärke-Diagramm nur dann, wenn die Temperatur in der Franck-Hertz-Röhre nicht zu hoch ist?

163. Bestimmung des Planck'schen Wirkungsquantums mit dem Franck-Hertz-Rohr

Verwendet man bei einem Franck-Hertz-Versuch eine mit Kaliumdampf gefüllte Röhre, so beobachtet man die Maxima des Auffängerstromes in einem Abstand von 1,63 V. Bei bestimmten Beschleunigungsspannungen beobachtet man im Franck-Hertz-Rohr monochromatische Strahlung der Wellenlänge 760,6 nm.

a) Erklären Sie das Auftreten der elektromagnetischen Strahlung!

b) Berechnen Sie aus den angegebenen Daten den Wert des Planck'schen Wirkungsquantums!

164. Grundbegriffe des Wasserstoffemissionsspektrums

a) Erläutern Sie am Beispiel des Wasserstoffemissionsspektrums die Begriffe „Wellenzahl", „Spektralterm", „Spcktralserie", „Seriengrenze" und den Zusammenhang zwischen Wellenzahl und Spektraltermen!

b) Geben Sie jeweils die Serienformel für die Lyman-, Balmer-, Paschen-, Brackett-, Pfund-Serie an! Welchem Spektralbereich gehören die einzelnen Serien an?

165. Einfache Rechenaufgaben zur Serienformel

a) Berechnen Sie für die Balmerserie die Wellenlänge λ_G der Seriengrenze!

b) Berechnen Sie die Wellenlänge λ_{max} der langwelligsten Linie der Lymanserie!

c) Weisen Sie durch Rechnung nach, dass sich die Linienspektren der Lyman- und Balmer-Serie nicht überlappen!

d) Eine Linie des Wasserstoffatomspektrums besitzt die Wellenlänge 1,00 µm. Der zugehörige Laufterm lautet $-\frac{R}{49}$. Zu welcher Serie gehört die Linie?

166. Kompliziertere Rechenaufgaben zur Serienformel

Die Spektrallinien des He^+-Ions gehorchen der Serienformel

$$\frac{1}{\lambda} = R^* \cdot \left(\frac{1}{n_1^2} - \frac{1}{n_2^2} \right) \qquad n_1 = 1, 2, 3, \ldots; \; n_2 = n_1 + 1, n_1 + 2, \ldots$$

mit einer zunächst noch unbekannten Konstanten R^*.

a) Die Wellenlängen λ_{G_1}, λ_{G_2} der Seriengrenzen zweier benachbarter Serien des He^+-Ions wurden zu

$\lambda_{G_1} = 9{,}12 \cdot 10^{-8}$ m und $\lambda_{G_2} = 2{,}05 \cdot 10^{-7}$ m

bestimmt. Zeigen Sie, dass $R^* = 4 \cdot R$, wobei R = Rydbergkonstante!

b) Bestimmen Sie durch Rechnung die Spektralserien des He^+-Ions, die sich paarweise überlappen!

c) Zeigen Sie, dass jede 2. Linie der „Brackett-Serie" des He^+-Ions mit einer Linie der Balmer-Serie des Wasserstoffatoms zusammenfällt!

d) Schätzen Sie durch Rechnung ab, wie viele Serien des He^+-Ions im sichtbaren Bereich liegen!

167. Das Ritz'sche Kombinationsprinzip

a) Formulieren Sie das Ritz'sche Kombinationsprinzip!

b) Zeichnen Sie das Spektraltermschema des H-Atoms bis zum 5. Spektralterm und tragen Sie, so weit möglich, die Wellenzahlen der einzelnen Serien ein! [Für die Skizze: $R \mathrel{\hat{=}} 10$ cm]

c) Erläutern Sie das Ritz'sche Kombinationsprinzip anhand des Spektraltermschemas!

168. Schluss vom Absorptions- aufs Emissionsspektrum

Im Absorptionsspektrum des einfach ionisierten Heliumions beobachtet man Linien mit den Wellenlängen
$\lambda_1 = 30{,}4$ nm; $\lambda_2 = 25{,}6$ nm; $\lambda_3 = 24{,}3$ nm,
die alle durch Absorption aus dem Grundzustand entstehen. Bestimmen Sie die Wellenlängen aller Linien des Emissionsspektrums von He^+, die sich aus diesen Angaben ermitteln lassen!

16 Das Bohr'sche Atommodell

Den Hauptmangel des Rutherford'schen Atommodells, die Instabilität des Atoms, behob Bohr 1913 gewaltsam. Er forderte, dass die Elektronen der Hülle nur auf ganz bestimmten Bahnen strahlungsfrei kreisen können.
Dieser Abschnitt dient der Wiederholung der Bohr'schen Annahmen und der sich daraus ergebenden qualitativen und quantitativen Aussagen über das Wasserstoffatom und wasserstoffähnliche Atome.

169. Die Bohr'schen Annahmen

Wie lauten die beiden Bohr'schen Postulate und die Bohr'sche Quantenbedingung für das Elektron des Wasserstoffatoms?

Niels Henrick David Bohr (1885–1962), dän., einer der Wegbereiter auf dem Gebiet der Atom- und Kernphysik. Neben der Entwicklung des nach ihm benannten Atommodells, einer theoretische Erklärung des Periodensystems der Elemente, der Mitarbeit an der Kopenhagener Deutung der Quantentheorie befasste er sich ab 1935 vor allem mit Fragen der Kernphysik, führte den Begriff des Compoundkerns ein und entwickelte das Sandsack- und das Tröpfchenmodell des Atomkerns sowie 1939 zusammen mit J. A. Wheeler eine Theorie der Kernspaltung des Urans, die wichtig war für deren spätere technische Nutzung. 1922 erhielt er für seine Forschung über die Atomstruktur den Nobelpreis für Physik.

170. Energiestufen im Wasserstoffatom

a) Drücken Sie den Radius r_n der n-ten Quantenbahn im Wasserstoffatom und die zugehörige Elektronengeschwindigkeit v_n durch die Elektronenruhemasse m, Naturkonstante und n aus!

b) Drücken Sie mit denselben Größen die
   (1) kinetische Energie $E_{kin,\,n}$
   (2) potentielle elektrische Energie $E_{pot,\,n}$ (der Bezugspunkt für das Potenzial liege im „Unendlichen")

   des Elektrons eines Wasserstoffatoms auf der n-ten Quantenbahn aus!

c) Berechnen Sie unter Verwendung der Ergebnisse aus Teilaufgabe b die Gesamtenergie E_n des Elektrons im Wasserstoffatom auf der n-ten Quantenbahn!

d) Zeigen Sie, dass $E_{kin,\,n} = -\frac{1}{2} \cdot E_{pot,\,n}$ und $E_{kin,\,n} = -E_n$!

✷ 171. Potenzialbezugspunkte

Üblicherweise legt man den Bezugspunkt für die elektrische potenzielle Energie des Elektrons im Wasserstoffatom ins „Unendliche“. Dann besitzt es auf der n-ten Quantenbahn die Energie

$$E_n = -\frac{e^4 \cdot m}{8 \cdot \varepsilon_0^2 \cdot h^2} \cdot \frac{1}{n^2}$$

a) Wie ist der Bezugspunkt für das elektrische Potenzial zu wählen, damit die Gesamtenergie des Elektrons im Wasserstoffatom auf der n-ten Quantenbahn null wird?

b) Modifizieren sie die angegebene Beziehung für E_n so, dass die Gesamtenergie des Elektrons auf der ersten Quantenbahn null ist! Wo liegt dann der Bezugspunkt für das elektrische Potenzial?

172. Herleitung der allgemeinen Serienformel für das Wasserstoffatom

Legt man den Bezugspunkt für das elektrische Potenzial ins „Unendliche“, so besitzt das Elektron im Wasserstoffatom auf der n-ten Quantenbahn die Gesamtenergie

$$E_n = -\frac{e^4 \cdot m}{8 \cdot \varepsilon_0^2 \cdot h^2} \cdot \frac{1}{n^2}$$

a) Leiten Sie aus dieser Beziehung die allgemeine Serienformel für das Wasserstoffemissionsspektrum her!

b) Zeigen Sie, dass

$$E_n = -\frac{R \cdot h \cdot c}{n^2}!$$

c) Zeichnen Sie das Energieniveauschema des Wasserstoffatoms für die fünf niedrigsten Energiestufen! [1 eV ≙ 1 cm]

d) Kennzeichnen Sie im Energieniveauschema, so weit wie möglich, die Emissionslinien der einzelnen Serien!

173. Ionisierungsenergie

a) Was versteht man unter der „Ionisierungsenergie eines Atoms“?

b) Zeigen Sie, dass für die Ionisierung eines Wasserstoffatoms, bei dem sich das Elektron in der n-ten Quantenbahn befindet, die Energie

$$E_{ion}(n) = \frac{R \cdot h \cdot c}{n^2}$$

aufzubringen ist!

c) Welcher Zusammenhang besteht beim Wasserstoffatom zwischen $E_{ion}(n)$ und der Wellenlänge $\lambda_{G,\,n}$ der Seriengrenze der n-ten Spektralserie? (Begründung!)

174. Quantenmechanik und Bohr'sche Quantenbedingung

Für den Radius r_n der n-ten Quantenbahn des Elektrons im Wasserstoffatom und die zugehörige Elektronengeschwindigkeit v_n gilt:

$$r_n = \frac{\varepsilon_0 \cdot h^2 \cdot n^2}{m \cdot e^2 \cdot \pi}, \qquad v_n = \frac{e^2}{2 \cdot \varepsilon_0 \cdot h \cdot n}$$

a) Drücken Sie die Materiewellenlänge λ_n des Elektrons auf der n-ten Quantenbahn durch die in den Beziehungen für r_n und v_n auftretenden Größen aus!

b) Zeigen Sie, dass für den Umfang U_n der n-ten Quantenbahn gilt: $U_n = n \cdot \lambda_n$!

c) Welcher tiefere physikalische Sachverhalt kommt in dieser Beziehung zum Ausdruck?

d) Leiten Sie aus der Beziehung $U_n = n \cdot \lambda_n$ die Bohr'sche Quantenbedingung her!

175. Anregung von Wasserstoffgas durch Elektronenstoß

Elektronen werden aus der Ruhe heraus durch die Spannung $U = 13{,}2$ V beschleunigt, treffen dann auf ein Gas aus Wasserstoffatomen und regen Wasserstoffatome aus dem Grundzustand heraus an. Jedes Elektron kann dabei höchstens einmal anregen. Nachdem die Elektronen das Gas verlassen haben, wird ihre kinetische Energie gemessen.

a) Zeichnen Sie das Energieniveauschema des H-Atoms!

b) Welche Werte stellt man bei der Messung der kinetischen Energie der Elektronen fest? (Begründung!)

c) Warum emittiert das beschossene Gas elektromagnetische Strahlung?

d) Wie viel verschiedene Wellenlängen können in der Emissionsstrahlung nachgewiesen werden? Welche davon liegen im sichtbaren Bereich? Stellen Sie alle zugehörigen Übergänge im Energieniveauschema von Teilaufgabe a dar!

e) Berechnen Sie die Wellenlänge der lang- und der kurzwelligsten Linie der Emissionsstrahlung!

f) Was beobachtet man, wenn man das Gas mit Photonen der Energie 13,2 eV beschießt?

176. Anregung von Wasserstoff mit Photonen

Auf die Atome eines Wasserstoffgases trifft kontinuierliche elektromagnetische Strahlung. Dadurch werden einige ausschließlich aus dem Grundzustand heraus so angeregt, dass im Emissionsspektrum des Gases von der Balmer-Serie nur die H_α- und die H_β-Linie auftreten.

a) Berechnen Sie den Zahlenwert einer Wellenlänge $\lambda_{0,}$ die demzufolge in der auftreffenden Strahlung bestimmt enthalten ist! Welche Linie des Emissionsspektrums entspricht λ_0?

b) Wie viele Linien sind im Emissionsspektrum insgesamt zu beobachten? (Begründung!) Berechnen Sie die Wellenlänge λ_{max} der langwelligsten!

c) Bis zu welcher Grenzwellenlänge λ_G dürfen in der auftreffenden Strahlung weitere Wellenlängen λ mit $\lambda < \lambda_0$ enthalten sein, ohne dass sich dadurch die Zahl der Linien im Emissionsspektrum ändert?

177. Ionisierung und Rekombination

a) Zur Ionisierung eines Wasserstoffatoms aus dem Grundzustand benötigt man die Energie $E_{ion} = 13{,}6$ eV; $\lambda_4 = 94{,}96$ nm ist die Wellenlänge der 4. Linie der Lyman-Serie. Mit diesen nummerischen Werten lässt sich die Ionisierungsenergie $E_{ion}(n)$ des Wasserstoffatoms aus einem angeregten Zustand E_n ermitteln.
   (1) Um welchen Zustand handelt es sich?
   (2) Berechnen Sie $E_{ion}(n)$ nur mithilfe der angegebenen Werte!

b) Berechnen Sie die kleinste Wellenlänge λ_{min}, die man beobachten kann, wenn ein Proton ein Elektron der kinetischen Energie 0,5 eV einfängt!

178. Das Bohr'sche Korrespondenzprinzip

a) Formulieren Sie das Bohr'sche Korrespondenzprinzip!

b) Berechnen Sie die Umlaufsfrequenz f_n des Elektrons auf der n-ten Quantenbahn des H-Atoms! Verwenden Sie hierfür die in Aufgabe 174 angegebenen Beziehungen für den Radius r_n bzw. die zugehörige Geschwindigkeit v_n des Elektrons auf der n-ten Quantenbahn des Wasserstoffatoms! [Ergebnis: $f_n = \frac{2 \cdot R \cdot c}{n^3}$]

c) Berechnen Sie nach der Bohr'schen Theorie die Frequenz $f_{n+1,n}$ der Strahlung eines Wasserstoffatoms beim Übergang des Elektrons von der (n + 1)-ten auf die n-te Quantenbahn!
   [Ergebnis: $f_{n+1,n} = R \cdot c \cdot \frac{2 \cdot n + 1}{n^2 \cdot (n+1)^2}$]

d) Zeigen Sie mit den bisherigen Ergebnissen, dass für die Strahlungsemission des Wasserstoffatoms das Bohr'sche Korrespondenzprinzip gilt!

✷ 179. Der Isotopieeffekt

Sehr genaue Messungen ergeben für die Rydbergkonstante den Wert $R_{exp} = 1{,}0967758 \cdot 10^7 \frac{1}{m}$.

a) Zeigen Sie mit der in Aufgabe 171 angegebenen Energiebeziehung, dass sich nach der Bohr'schen Theorie des Wasserstoffatoms die Rydbergkonstante zu

$$R_{theor} = \frac{e^4 \cdot m}{8 \cdot \varepsilon_0^2 \cdot h^3 \cdot c}$$

ergibt!

b) Zeigen Sie, dass der Unterschied zwischen R_{exp} und R_{theor} ca. 0,5 ‰ beträgt!

c) Bei der großen Präzision spektroskopischer Messungen liegt diese Abweichung außerhalb der versuchsbedingten Messfehler. Worauf ist der Unterschied zwischen R_{exp} und R_{theor} zurückzuführen?

d) Die reduzierte Masse μ des Systems Kern/Elektron ist definiert durch $\frac{1}{\mu} = \frac{1}{m} + \frac{1}{m_K}$, wobei m_K bzw. m die Ruhemasse des Kerns bzw. des Elektrons bezeichnen. Ersetzen Sie in der Beziehung für R_{theor} die Elektronenmasse durch die reduzierte Masse μ und vergleichen Sie diese modifizierte Rydbergkonstante R^*_{theor} mit R_{exp}!

e) Wie unterscheiden sich bei der Verwendung von R^*_{theor} in der allgemeinen Serienformel des Wasserstoffatoms die Emissionsspektren des normalen Wasserstoffs und des Deuteriums?

f) Der in Teilaufgabe e beschriebene Unterschied in den Spektren der Wasserstoffisotope ist auch bei den Isotopen anderer Elemente zu beobachten (Isotopieeffekt!) Erklären Sie, warum der Isotopieeffekt beim Element Wasserstoff am deutlichsten zu beobachten ist!

180. Wasserstoffähnliche Systeme I: (Z – 1)-fach ionisiertes Ion

Betrachtet wird ein Ion der Kernladungszahl Z, das alle Elektronen bis auf ein einziges verloren hat.

a) Zeigen Sie durch Verallgemeinerung der Ergebnisse von Aufgabe 170, dass für die Energie E_n des Elektrons auf der n-ten Quantenbahn gilt:

$$E_n = -\frac{Z^2 \cdot e^4 \cdot m}{8 \cdot \varepsilon_0^2 \cdot h^2} \cdot \frac{1}{n^2}$$

b) Erklären Sie, warum dieses Ergebnis nur für kleinere Kernladungszahlen Z korrekt ist?

c) Von welcher Kernladungszahl Z ab kann die Beziehung aus Teilaufgabe a nicht mehr verwendet werden?

d) Leiten Sie mithilfe der Beziehung aus Teilaufgabe a die allgemeine Serienformel für das Emissionsspektrums des Ions her!

181. Wasserstoffähnliche Systeme II: Alkaliatome

a) Inwiefern kann man Alkaliatome (Li, Na, K, Rb, Cs) näherungsweise als Einelektronensysteme behandeln?

b) Zeigen Sie durch Verallgemeinerung der Ergebnisse von Aufgabe 170, dass für die Energie des Valenzelektrons eines Alkaliatoms auf der n-ten Quantenbahn näherungsweise gilt:

$$E_n = -(Z-\sigma)^2 \cdot R \cdot h \cdot c \cdot \frac{1}{n^2}, \qquad \sigma = \text{Abschirmkonstante}$$

c) Berechnen Sie die Abschirmkonstante für Na, wenn für die Ionisierung eine Natriumatoms aus dem Grundzustand 5,12 eV aufzubringen sind!

d) Für welche Ionen lässt sich die in Teilaufgabe c berechnete Abschirmkonstante ebenfalls in guter Näherung verwenden?

e) Berechnen Sie die Mindestenergie E_{min}, die zur Überführung von Mg^+ in Mg^{++} aufzuwenden ist!

182. Wasserstoffähnliche Systeme III: Myonenatome

Ein negatives Myon besitzt die Ruhemasse $m_\mu = 207\ m_e$, hat sonst aber ähnliche Eigenschaften wie ein Elektron. Myonen, die an einem Beschleuniger erzeugt werden, können von einem Atom eingefangen werden. Sie gehen stufenweise in tiefer liegende Zustände und schließlich in die K-Schale über.

a) Vernachlässigen Sie den Einfluss der anderen Elektronen, nehmen Sie für den Atomkern der Kernladungszahl Z eine unendlich große Masse an und zeigen Sie damit, dass für den Radius r_1 der 1. Quantenbahn des Myons gilt:

$$r_1 = 2{,}6 \cdot 10^{-13}\ \text{m} \cdot \frac{1}{Z}$$

b) Berechnen sie r_1, wenn das einfangende Atom Blei ist und vergleichen Sie r_1 mit dem Kernradius von Blei! Welche Bedeutung kommt demnach myonischen Atomen zu?

183. Energiebetrachtungen am Heliumatom

Die beiden Elektronen des Heliumatoms sind auf dem gleichen Energieniveau E_1 eingebaut. Zum Abtrennen des ersten Elektrons sind nur 24 eV, für das zweite 54 eV erforderlich.

a) Berechnen Sie E_1!

b) Erklären Sie die unterschiedlichen Ionisierungsenergien!

184. Vorzüge und Mängel des Bohr'schen Atommodells

Nennen Sie die wesentlichen Vorzüge und Mängel des Bohr'schen Atommodells!

17 Ausblick auf das quantenmechanische Atommodell

Nach dem Scheitern des Bohr'schen Atommodells stellten Erwin Schrödinger und Werner Heisenberg 1926 die Beschreibung der Vorgänge im Atom auf eine völlig neue Basis.
In diesem Abschnitt wird die Physik der Schrödinger'schen Methode an einem einfachen, als Atommodell zwar bedeutungslosen, dafür aber anschaulichen Modell, dem Reflexionsoszillator, dargestellt.

Erwin Schrödinger (1887–1961), österr., Nobelpreis 1933, entwickelte 1926 die Wellenmechanik, später Arbeiten zur relativistischen Quantentheorie und zur Gravitationstheorie. Er war auch theoretischer Wegbereiter der Molekularbiologie.

185. Das Modell des linearen eindimensionalen Potenzialtopfs

a) Was versteht man unter einem gebundenen Teilchen?

b) Welcher nicht realisierbare Spezialfall eines gebundenen Teilchens wird durch das idealisierte Modell des linearen eindimensionalen Potenzialtopfs der Länge L mit unendlich hohen Wänden beschrieben?

c) Skizzieren und beschreiben Sie den Verlauf der potenziellen Energie eines Teilchens in diesem Modell!

186. Aussagen der klassischen Physik und der Quantenphysik über ein Teilchen im Potenzialtopf

Wie verhält sich ein Teilchen der Masse m

a) nach der klassischen Physik

b) nach der Quantenmechanik

in einem linearen eindimensionalen Potenzialtopf?
Unterscheiden Sie dabei zwischen Teilchen, die elektrisch neutral und geladen sind!

187. Energiequantelung im Potenzialtopf

Ein Teilchen der Masse m befindet sich in einem linearen eindimensionalen Potenzialtopf der Länge L.

a) Warum sind für die kinetische Energie des Teilchens nur diskrete Werte $E_{kin,\,n}$ möglich? Zeigen Sie, dass

$$E_{kin,\,n} = \frac{h^2 \cdot n^2}{8 \cdot m \cdot L^2} \quad n \in \mathbb{N}!$$

b) Zeichnen Sie bis zur Quantenzahl 3 das zugehörige Energieniveauschema und qualitativ die Graphen der Wellenfunktion $\psi(x)$ und der Wahrscheinlichkeitsdichte $|\psi(x)|^2$! Verwenden sie als Einheit auf der Energieachse: $\frac{h^2}{8 \cdot m \cdot L^2} \mathrel{\hat{=}} 1$ cm!
Veranschaulichen Sie jeweils die Graphen der Wahrscheinlichkeitsdichte durch ein „Punktediagramm"!

c) Mit dem Übergang des Teilchens von einem stationären Zustand in einen anderen ist die Absorption bzw. Emission von Photonen verbunden. Drücken Sie die möglichen Frequenzen mittels der in der Beziehung für $E_{kin,\,n}$ auftretenden Größen aus!

188. Bohr'sches Korrespondenzprinzip und Potenzialtopf

Ein elektrisch neutrales Teilchen der Masse m befindet sich in einem linearen, eindimensionalen Potenzialtopf der Länge L. Zeigen Sie, dass für große Quantenzahlen die quantenmechanischen Aussagen über die Aufenthaltsbereiche des Teilchens im Topf mit den Aussagen der klassischen Physik übereinstimmen!

189. Der dreidimensionale Potenzialtopf als Modell für Atomhülle und Atomkern

Ein Teilchen der Masse m befindet sich in einem Würfel der Kantenlänge L. (dreidimensionaler Potenzialtopf)

a) Zeigen Sie, dass für die kinetische Energie des Teilchens nur die diskreten Werte

$$E_{kin,n_x,n_y,n_z} = \frac{h^2}{8 \cdot m \cdot L^2} \cdot (n_x^2 + n_y^2 + n_z^2), \qquad n_x, n_y, n_z \in \mathbb{N}$$

möglich sind!

b) Inwiefern kann der Potenzialwürfel als Modell für Atomhülle und Atomkern herangezogen werden? Gehen Sie in Ihrer Antwort auch auf die wesentlichen Mängel dieses Modells ein!

c) Berechnen Sie mithilfe der Beziehung aus Teilaufgabe a, welche Werte größenordnungsmäßig für Energieumsetzungen in der Atomhülle und im Atomkern zu erwarten sind und vergleichen Sie!

190. Bohr'scher Radius und Heisenberg'sche Unschärferelation

Bezeichnet r den Atomradius des Wasserstoffatoms, so ist die Kernentfernung des Elektron mit der Unschärfe $\Delta r = r$ behaftet.

a) Zeigen Sie mithilfe der Unschärferelation $\Delta r \cdot \Delta p \approx \frac{h}{2 \cdot \pi}$, dass für die kinetische Energie E_{kin} des Elektrons im Wasserstoffatom gilt:
$E_{kin} = \frac{h^2}{8 \cdot \pi^2 \cdot m \cdot r^2}$!

b) Drücken Sie unter Verwendung der Beziehung aus Teilaufgabe a die Gesamtenergie E(r) des Elektrons im Wasserstoffatom als Funktion von r aus!

c) Zeichnen Sie den Graph der Funktion E(r) im Bereich $0 < r \leq 3 \cdot 10^{-10}$ m! Verwenden sie dabei folgende Skalierung:
Ordinate: 1 eV $\mathrel{\hat{=}}$ 1 cm, Abszisse: $5 \cdot 10^{-11}$ m $\mathrel{\hat{=}}$ 1 cm.

d) Dem Graph entnimmt man, dass E(r) an der Stelle r_0 ein relatives Minimum besitzt. Welche Bedeutung hat r_0 für das Atom?

e) Drücken Sie r_0 mit Methoden der Differenzialrechnung durch allgemeine Größen aus!

f) Berechnen Sie nach der Bohr'schen Theorie den Radius der 1. Quantenbahn des Elektrons im Wasserstoffatom und vergleichen Sie mit dem Ergebnis von Teilaufgabe e!

191. Orbitalmodell

a) Was versteht man unter einem „Orbital"?

b) Nebenstehende Skizze zeigt ein Orbital des Wasserstoffatoms mit der zugehörigen Knotenfläche. Warum ist die Energie der Elektronen in einem Orbital umso größer, je größer die Zahl der Knotenflächen des Orbitals ist?

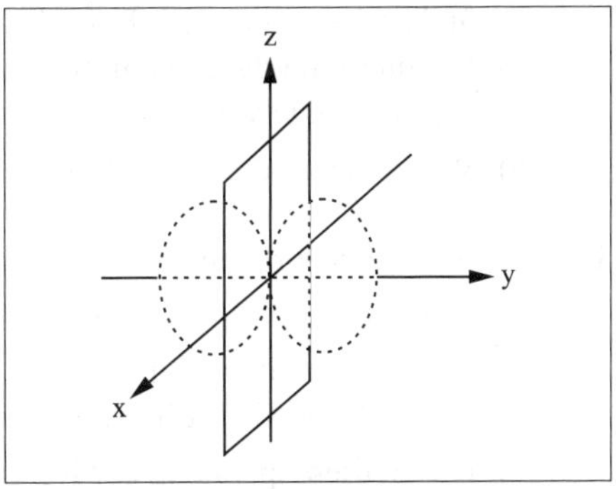

18 Schalenaufbau und Röntgenspektrum

1914 gelang W. Kossel die Deutung der Röntgenspektren auf der Basis des Bohr'schen Atommodells.
In diesem Abschnitt wird wiederholt, wie man das charakteristische Röntgenemissions- und Absorptionspektrum mit dem Schalenmodell der Elektronenhülle erklärt.

192. Rückschlüsse auf den Schalenaufbau der Atomhülle

In der Reihe der Elemente $_{10}$Ne, $_{11}$Na, $_{12}$Mg, $_{13}$Al, $_{14}$Si, …, $_{18}$Ar nimmt das Atomvolumen von Ne auf Na stark zu und dann bis Ar allmählich wieder kleinere Werte an.

a) Erklären Sie diesen Sachverhalt!

b) Welche Aussagen lassen sich prinzipiell über die Ionisierungsenergien der gegebenen Elementereihe machen? (Begründung!)

193. Die Röntgenröhre und ihr Emissionsspektrum

a) Erklären Sie unter Zuhilfenahme einer beschrifteten Skizze den Aufbau und die Funktionsweise einer Röntgenröhre!

b) Geben Sie ein Verfahren an, mit dem man das Emissionsspektrum einer Röntgenröhre aufnehmen kann! Fertigen Sie eine Skizze der Anordnung mit knapper Versuchsbeschreibung an!

c) Skizzieren Sie qualitativ den Verlauf eines Röntgenemissionsspektrums und erklären Sie seine Entstehungsweise!
Erläutern Sie dabei auch, was man unter K- bzw. L-Serie und unter K_α-, K_β-, L_α-Linie versteht!

d) Warum muss die Antikathode der Röntgenröhre gekühlt werden?

194. Details des Röntgenemissionsspektrums

Die Antikathode einer Röntgenröhre besteht aus Kupfer.

a) Welche Serien sind im Emissionsspektrum der Röhre prinzipiell zu erwarten? Wie viele Linien gehören zu jeder Serie? (Begründung!)

b) Die Betriebsspannung der Röhre werde stetig von null beginnend gesteigert. In welcher Reihenfolge erscheinen die in Teilaufgabe a angegebenen Serien? (Begründung!)

c) Warum erscheinen alle Linien einer Serie des Röntgenemissionsspektrums gleichzeitig, sobald die Betriebsspannung einen bestimmten Schwellenwert erreicht hat?

d) Erläutern Sie am Beispiel der K-Serie, warum die Linien einer Serie unterschiedliche Intensitäten haben! Ordnen Sie die Linien der K-Serie entsprechend ihrer Intensität!

e) Wie verändert sich das Emissionsspektrum der Röhre, wenn die Betriebsspannung verringert wird?

195. Moseley-Gesetz

Für das Spektrum eines (Z – 1)-fach ionisierten Atoms der Kernladungszahl Z gilt die Serienformel

$$\frac{1}{\lambda} = R \cdot Z^2 \cdot \left(\frac{1}{n^2} - \frac{1}{m^2}\right) \qquad n = 1, 2, 3, ...; \; m = n+1, n+2, n+3, ...$$

a) Leiten Sie aus dieser Beziehung das allgemeine Moseley-Gesetz her!

b) Welche Beziehungen gelten aufgrund des Moseley-Gesetzes für die Wellenlängen der K_α-, K_β-, L_α-Linie eines Elements der Kernladungszahl Z?

c) Berechnen Sie die Wellenlänge der K_α-, K_β-, L_α-Linie von Zirkonium!

Henry Moseley (1887–1915), brit., bestätigte 1913 die Hypothese, dass Kernladungszahl und Ordnungszahl eines Elements identisch sind; stellte das nach ihm benannte Gesetz auf, ist im 1. Weltkrieg gefallen.

196. Materialidentifizierung

a) Warum ist es im Gegensatz zum optischen Spektrum für das charakteristische Röntgenemissionsspektrum eines Elements unerheblich, ob die Atome frei oder chemisch gebunden sind?

b) Welche Möglichkeiten ergeben sich hieraus für die Identifizierung unbekannter Substanzen?

197. Viele Fragen in einer Aufgabe

Für die Wellenlänge der K_α-Linie einer Röntgenröhre findet man den Wert $\lambda_{K_\alpha} = 1{,}54 \cdot 10^{-10}$ m.

a) Aus welchem Material besteht die Antikathode?

b) Für die Ionisation aus der L-Schale des in Teilaufgabe a gefundenen Elements ist die Mindestenergie $E_L = 0{,}936$ keV aufzubringen. Wie groß muss die Betriebsspannung der Röntgenröhre mindestens sein, damit die K_α-Linie beobachtet werden kann?

c) Berechnen Sie die Wellenlänge λ_{min} der kurzwelligen Grenze des Bremskontinuums, wenn die Betriebsspannung den in Teilaufgabe b berechneten Wert besitzt!

d) Berechnen Sie die Wellenlänge λ_{L_α} der L_α-Linie, wenn die Frequenz der K_β-Linie $2{,}16 \cdot 10^{18}$ Hz beträgt!

e) Welche Mindestenergie E_M ist zur Ionisation aus der M-Schale des in Teilaufgabe a genannten Elements nötig?

198. Röntgenabsorptionsspektrum

Schickt man Röntgenstrahlung durch eine dünne Metallfolie, so erhält man für die Abschwächung des Strahls in Abhängigkeit von der Wellenlänge (bei Vernachlässigung der Feinstruktur) unten stehendes Diagramm.

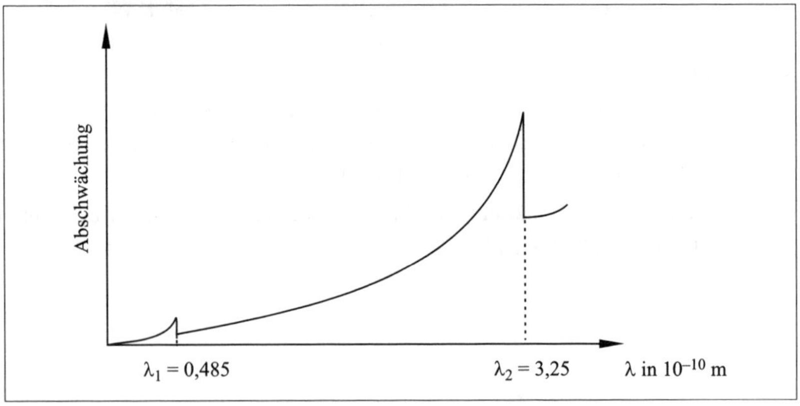

a) Erklären Sie, warum bei Röntgenabsorptionsspektren im Gegensatz zu Absorptionsspektren im optischen Bereich keine ausgeprägten Linien auftreten!

b) Erklären Sie das sprunghafte Abfallen der Absorption bei den Wellenlängen λ_1 und λ_2!

c) Geben Sie qualitativ an, wo auf obiger Wellenlängenskala die K_α-Linie liegt, wenn die Absorberfolie und die Antikathode aus dem gleichen Material bestehen!

d) Berechnen Sie aus den Daten des Diagramms die Wellenlänge der K_α-Linie und identifizieren Sie das Folienmaterial!

199. Materialabhängigkeit der Absorption von Röntgenstrahlung

Mehrere gleich dicke Metallfolien aus unterschiedlichem Material werden mit monochromatischer Röntgenstrahlung der Wellenlänge $\lambda = 10^{-10}$ m bestrahlt. Nebenstehendes Diagramm zeigt, wie die Abschwächung des Röntgenstrahls von der Kernladungszahl Z der Atomkerne in den Absorberfolien abhängt. Erklären Sie das sprunghafte Abfallen der Absorption bei Z = 34!

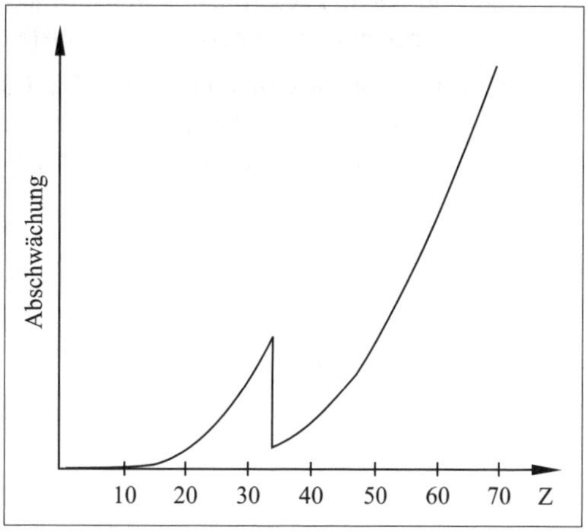

200. Auger-Effekt

Krypton-Atome werden mit Röntgenquanten bestrahlt, die energetisch gerade noch in der Lage sind, Elektronen aus der K-Schale der Krypton-Atome herauszuschlagen. Obwohl die Röntgenquanten ihre Energie dabei vollständig aufbrauchen, wird manchmal noch ein zweites Elektron aus der Atomhülle des gleichen Kryptonatoms herausgeschlagen. Erklären Sie dieses Phänomen!

201. Zum Pauliprinzip

Für die Energie eines Teilchens der Masse m in einem Potenzialwürfel der Kantenlänge L sind nur die Energiewerte

$$E_{n_x, n_y, n_z} = \frac{h^2}{8 \cdot m \cdot L^2} \cdot (n_x^2 + n_y^2 + n_z^2), \qquad n_x, n_y, n_z \in \mathbb{N}$$

möglich. Diese Energieniveaus können analog zu den Schalen eines Atoms mit Elektronen besetzt werden.

a) Wie viele Elektronen können maximal auf jedem der ersten beiden Energieniveaus untergebracht werden?

b) Baut man in den Potenzialtopf 8 Elektronen so ein, dass die Gesamtenergie des Systems minimal ist, so liegt die langwelligste Linie im Absorptionsspektrum bei $\lambda = 512$ nm. Berechnen Sie L!

Lösungen

1. Wiederholung elementarer Begriffe aus der klassischen Mechanik

a) In der Physik versteht man unter einem Inertialsystem ein Bezugssystem, in dem der Newton'sche Trägheitssatz gilt. Er besagt, dass jeder Körper in Ruhe bleibt oder sich geradlinig mit konstanter Geschwindigkeit bewegt, wenn keine Kraft auf ihn wirkt.

b) Das Relativitätsprinzip der klassischen Mechanik besagt, dass es kein mechanisches Experiment gibt, das ein Inertialsystem vor einem anderen auszeichnen würde. Alle mechanischen Vorgänge verlaufen daher in allen Inertialsystemen nach den gleichen Gesetzen.

Hinweis:
Diese abstrakten Formulierungen führen bei manchen Kollegiaten zu Missverständnissen. Daher folgende Anmerkungen:
1. Jedes zu einem Inertialsystem mit konstanter Geschwindigkeit drehungsfrei bewegte Bezugssystem ist selbst ein Inertialsystem.
2. Beschreibt man den gleichen Vorgang in zwei verschiedenen Inertialsystemen, so kann selbstverständlich eine bestimmte mechanische Größe, z. B. der Impuls eines Teilchens, verschiedene Werte annehmen, abhängig vom jeweiligen Bezugssystem. In beiden Bezugssystemen aber gehorcht diese Größe den gleichen physikalischen Gesetzen, der Impuls also dem Impulserhaltungssatz.

2. Relativitätsprinzip der Speziellen Relativitätstheorie

a) Mit „Äther" bezeichnete man das Medium, in dem sich die elektromagnetischen Wellen ausbreiten. Genauso wie man z. B. den Schall als Luftschwingung deutet, wollte man auch elektromagnetische Wellen oder Licht als Schwingungen dieses Äthers erklären. Da Licht aber auch von sehr weit entfernten Sternen zu uns gelangt, nahm man vernünftigerweise an, dass dieses Medium für elektromagnetische Wellen überall im Weltall vorhanden ist und in einem absoluten Raum ruht.

b) Wegen der Bahnbewegung der Erde um die Sonne ruht die Erde im Äther nicht. Ihre Bewegung durch den Äther sollte zu messbaren elektrischen, magnetischen, optischen, usw. Effekten führen. Alle hierzu erdachten Experimente gingen jedoch negativ aus.
Einstein schloss hieraus, dass es den Äther gar nicht gibt.
Dann werden aber die Vorstellungen einer Absolutbewegung und eines absoluten Raums sinnlos. Es darf kein einziges physikalisches Experiment geben, das ein Inertialsystem vor einem anderen auszeichnet. Der letzte Satz stellt die Verallgemeinerung des Relativitätsprinzips der klassischen Mechanik dar und heißt allgemeines Relativitätsprinzip.
Wenn aber alle Inertialsysteme gleichberechtigt sind, so muss sich das Licht in **jedem** Inertialsystem in allen Richtungen mit der stets gleichen Lichtgeschwindigkeit c ausbreiten. Dieser Satz heißt „Prinzip der Konstanz der Lichtgeschwindigkeit".

Hinweise:

1. Die Nichtexistenz des Äthers war für die Physiker einfach unbegreiflich. Wie kann es eine Welle ohne Wellenträger geben? Stellen Sie sich Wasserwellen ohne Wasser oder Seilwellen ohne Seil einmal vor!
2. Im Weiteren spielt für Sie nur noch das Prinzip von der Konstanz der Lichtgeschwindigkeit eine Rolle. Daher sollten Sie sich die Tragweite dieser Aussage deutlich vor Augen führen: Wenn im Weltall ein fiktives Raumschiff mit der Geschwindigkeit $v = \frac{c}{2}$ relativ zu einem Beobachter B im Inertialsystem S auf S zufliegt und in Bewegungsrichtung des Raumschiffs vom Raumschiff aus ein Lichtstrahl abgesendet wird, so misst B in seinem Bezugssystem für die Geschwindigkeit dieses Lichtstrahls nicht etwa die Geschwindigkeit $\frac{3}{2} \cdot c$, sondern nach dem Prinzip von der Konstanz der Lichtgeschwindigkeit nur c! Diese erstaunliche Eigenschaft des Lichts ist durch zahlreiche Versuche bestätigt worden.

Albert Abraham Michelson (1852–1931), amerik., er führte 1881 den ersten Versuch zur Widerlegung der Ätherhypothese durch.

3. Gedankenversuch zur Geschwindigkeitsabhängigkeit der Masse

Eine konstante Kraft $\vec{F}$ soll so an einem Körper K angreifen, dass sie an K nur Beschleunigungsarbeit verrichtet. Je länger $\vec{F}$ dann auf K einwirkt, desto größer wird die kinetische Energie $\frac{1}{2} \cdot m \cdot v^2$ von K. Wäre m eine geschwindigkeitsunabhängige, konstante Größe, so könnte bei hinreichend langer Krafteinwirkung $v > c$ werden. Dies widerspricht aber dem Prinzip von der Konstanz der Lichtgeschwindigkeit.

Auch wenn die Formel $E_{kin} = \frac{1}{2} \cdot m \cdot v^2$ für große Geschwindigkeiten nicht mehr angewendet werden darf, legt diese Argumentation dennoch nahe, dass m mit zunehmender Geschwindigkeit „irgendwie“ größer werden muss.

4. Der Versuch von Bucherer

a) In der Mitte eines Plattenkondensators [Betrag der elektrischen Feldstärke: E] befindet sich ein radioaktives Präparat P, das Elektronen unterschiedlicher (bis zu 0,99 c) Geschwindigkeiten aussendet. Der Kondensator ist in ein homogenes Mag netfeld der Flussdichte $\vec{B}$ eingebettet. Nur Elektronen mit einer bestimmten Geschwindigkeit können das Wienfilter verlassen und gelangen in das Magnetfeld hinter dem Kondensator. Dort treffen sie nach Durchlaufen eines Teils einer Kreisbahn im Punkt C auf einen Registrierschirm. Polt man bei unveränderten Beträgen E und B das elektrische und magnetische Feld um, so gelangen sie in D auf den Schirm. Aus dem Abstand d der beiden Auftreffpunkte, dem Abstand s des Schirms vom Plattenkondensator und den Feldgrößen E und B lässt sich die spezifische Ladung $\frac{e}{m}$ der Elektronen ermitteln, aus E und B ihre Geschwindigkeit.

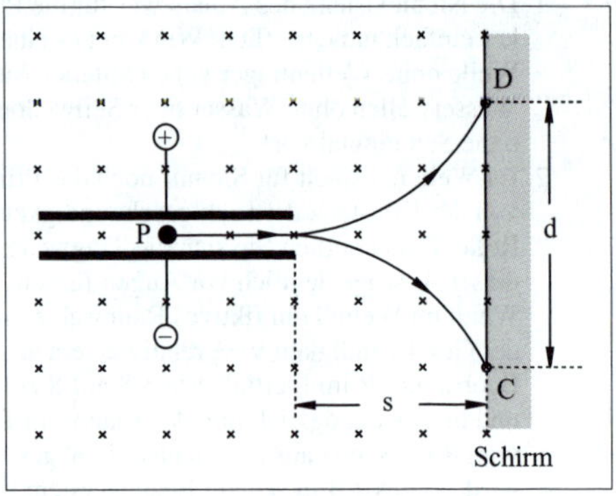

b) Die spezifische Elektronenladung wird durch r, E, B ausgedrückt

Kräftebilanz im Wienfilter: $F_{elektrisch} = F_{Lorentz}$

$$e \cdot E = e \cdot B \cdot v \Rightarrow v = \frac{E}{B} \quad (*)$$

Kräftebilanz im Magnetfeld: $F_{Zentral} = F_{Lorentz}$

$$\frac{m \cdot v^2}{r} = e \cdot B \cdot v \Rightarrow v = \frac{e}{m} \cdot B \cdot r \quad (**)$$

(*) und (**):

$$\frac{E}{B} = \frac{e}{m} \cdot B \cdot r \Rightarrow \frac{e}{m} = \frac{E}{B^2 \cdot r}$$

Der Kreisbahnradius wird durch geometrische Daten der Versuchsanordnung ausgedrückt.

Δ EDF ist nach dem Thalessatz rechtwinklig.

Daher lässt sich der Höhensatz verwenden:

$$s^2 = \left(2 \cdot r - \frac{d}{2}\right) \cdot \frac{d}{2} = r \cdot d - \frac{d^2}{4}$$

$$\Rightarrow \; r = \frac{s^2 + \frac{d^2}{4}}{d}$$

Eingesetzt in die Beziehung für $\frac{e}{m}$ erhält man:

$$\frac{e}{m} = \frac{E \cdot d}{B^2 \cdot \left(s^2 + \frac{d^2}{4}\right)}$$

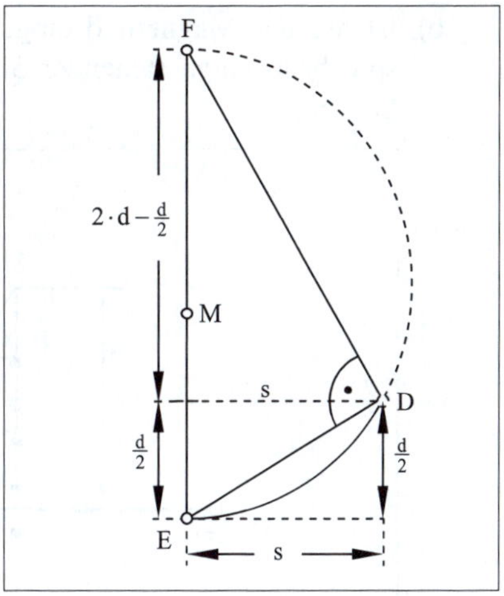

✷ 5. Der Versuch von Kaufmann

a) Ist nur das elektrische Feld eingeschaltet, treffen die Elektronen entsprechend nebenstehender Skizze im Punkt P_1 $(0 \mid a)$ auf den Schirm.

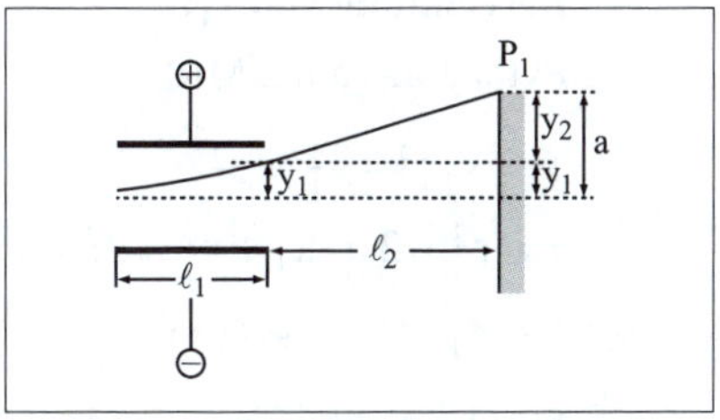

Mit t_1 bzw. t_2 werden die Zeiten bezeichnet, die ein Elektron Zum Zurücklegen der Strecken ℓ_1 bzw. ℓ_2 benötigt, mit v bzw. v_y die Beträge der Elektronengeschwindigkeit senkrecht bzw. parallel zu den Feldlinien des elektrischen Felds.

Berechnung von y_1:

$$y_1 = \frac{1}{2} \cdot a_y \cdot t_1^2 = \frac{1}{2} \cdot \frac{e \cdot E}{m} \cdot t_1^2$$

Berechnung von y_2:

$$\left.\begin{array}{l} v_y = a_y \cdot t_1 = \frac{e \cdot E}{m} \cdot t_1 \\ y_2 = v_y \cdot t_2 \\ t_1 = \frac{\ell_1}{v} \\ t_2 = \frac{\ell_2}{v} \end{array}\right\} \Rightarrow y_2 = \frac{e \cdot E}{m} \cdot \frac{\ell_1}{v} \cdot \frac{\ell_2}{v} = \frac{e \cdot E \cdot \ell_1 \cdot \ell_2}{m \cdot v^2}$$

Berechnung von a:

$$a = y_1 + y_2 = \frac{e \cdot E \cdot \ell_1}{m \cdot v^2} \cdot \left(\frac{\ell_1}{2} + \ell_2\right)$$

b) Ist nur das Magnetfeld eingeschaltet, so bewegt sich das Elektron entsprechend unten stehender Skizze und trifft im Punkt P_2 (b | 0) auf den Schirm.

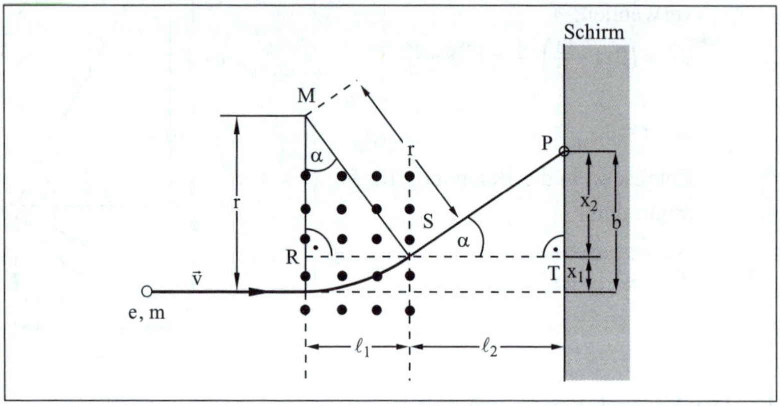

Berechnung von x_1:

Pythagoras am ΔMRS

$$(r - x_1)^2 + \ell_1^2 = r^2$$

$$\Rightarrow r^2 - 2 \cdot r \cdot x_1 + x_1^2 + \ell_1^2 = r^2$$

$$\Rightarrow x_1^2 + \ell_1^2 = 2 \cdot r \cdot x_1$$

Mit der Näherung $x_1 \ll \ell_1 \Rightarrow x_1^2 + \ell_1^2 \approx \ell_1^2$ ergibt sich $x_1 \approx \frac{\ell_1^2}{2 \cdot r}$

Berechnung von x_2:

$$\left.\begin{array}{l} \Delta SPT: \tan\alpha = \frac{x_2}{\ell_2} \Rightarrow x_2 = \ell_2 \cdot \tan\alpha \\ \left.\begin{array}{l} \Delta MRS: \tan\alpha = \frac{\ell_1}{r - x_1} \\ x_1 \ll r \Rightarrow r - x_1 \approx r \end{array}\right\} \Rightarrow \tan\alpha \approx \frac{\ell_1}{r} \end{array}\right\} \Rightarrow x_2 \approx \frac{\ell_1 \cdot \ell_2}{r}$$

Berechnung von b:

$$b = x_1 + x_2 = \frac{\ell_1}{r} \cdot \left(\frac{\ell_1}{2} + \ell_2 \right) \quad (*)$$

Berechnung von r:

$$B \cdot e \cdot v = \frac{m \cdot v^2}{r} \Rightarrow r = \frac{m \cdot v}{B \cdot e} \quad (**)$$

Einsetzen von (**) in (*): $b = \frac{e \cdot B \cdot \ell_1}{m \cdot v} \cdot \left(\frac{\ell_1}{2} + \ell_2 \right)$

c) Sind beide Felder eingeschaltet, so trifft das Elektron im Punkt P(b | a) auf den Schirm. Mit den Ergebnissen der Teilaufgaben a und b ergibt sich:

$$\left.\begin{aligned} a = y_P &= \frac{e \cdot E \cdot \ell_1}{m \cdot v^2} \cdot \left(\frac{\ell_1}{2} + \ell_2\right) \\ b = x_P &= \frac{e \cdot B \cdot \ell_1}{m \cdot v} \cdot \left(\frac{\ell_1}{2} + \ell_2\right) \end{aligned}\right\} \Rightarrow \frac{y_P}{x_P^2} = \frac{E \cdot m}{e \cdot B^2 \cdot \ell_1 \cdot \left(\frac{\ell_1}{2} + \ell_2\right)}$$

$$\Rightarrow y_P = \frac{m}{e} \cdot \frac{E}{B^2} \cdot \frac{1}{\ell_1 \cdot \left(\frac{\ell_1}{2} + \ell_2\right)} \cdot x_P^2$$

d) Je größer v, desto kleiner sind nach den ersten beiden Teilaufgaben a und b. Daher treffen Elektronen mit größerem Geschwindigkeitsbetrag näher am Parabelscheitel auf den Schirm.

e) Der Koeffizient

$$\frac{m}{e} \cdot \frac{E}{B^2} \cdot \frac{1}{\ell_1 \cdot \left(\frac{\ell_1}{2} + \ell_2\right)}$$

in der Parabelgleichung aus Teilaufgabe c nimmt mit der Masse m bei wachsender Geschwindigkeit zu. Dort, wo die Elektronen mit hoher Geschwindigkeit auf den Schirm treffen, also in der Nähe des Parabelscheitels, verläuft die von Kaufmann gemessene Kurve **über** der Parabel, die man mit dem Ergebnis aus Teilaufgabe c für eine konstante Elektronenmasse erhält.

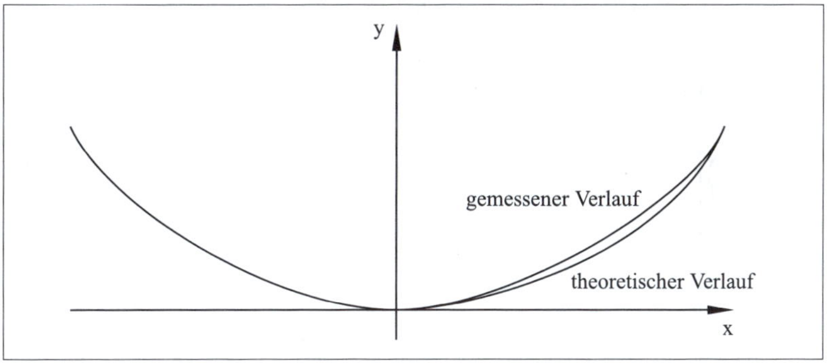

✷ 6. Präzisionsmessung zur Geschwindigkeitsabhängigkeit der Masse

Bewegung im Magnetfeld

$F_{zentral} = F_{Lorentz}$

$$\frac{m \cdot v^2}{r_M} = B \cdot e \cdot v \qquad (1)$$

Bewegung im elektrischen Feld

$F_{zentral} = F_{elektrisch}$

$$\frac{m \cdot v^2}{r_E} = e \cdot E \qquad (2)$$

$$(1):(2) \qquad \frac{\frac{m \cdot v^2}{r_M}}{\frac{m \cdot v^2}{r_E}} = \frac{B \cdot e \cdot v}{e \cdot E} \Rightarrow v = \frac{E \cdot r_E}{B \cdot r_M}$$

Setzt man diese Beziehung z. B. in (2) ein, so ergibt sich für die Masse:

$$\frac{m \cdot \frac{E^2 \cdot r_E^2}{B^2 \cdot r_M^2}}{r_E} = e \cdot E \Rightarrow m = \frac{e \cdot B^2 \cdot r_{M^2}}{E \cdot r_E}$$

7. Relativistische Masse

a) Aufgrund zahlreicher Versuche (vgl. Aufgaben 4, 5, 6) weiß man, dass die Masse eines Körpers mit wachsender Geschwindigkeit zunimmt.
Die Masse m, die der Körper bei der Geschwindigkeit v besitzt, heißt relativistische Masse.
Die Ruhemasse m_0 ist die Masse des Körpers bei v = 0.
Zwischen m und m_0 besteht folgende Beziehung:

$$m = \frac{m_0}{\sqrt{1 - \frac{v^2}{c^2}}}$$

b)

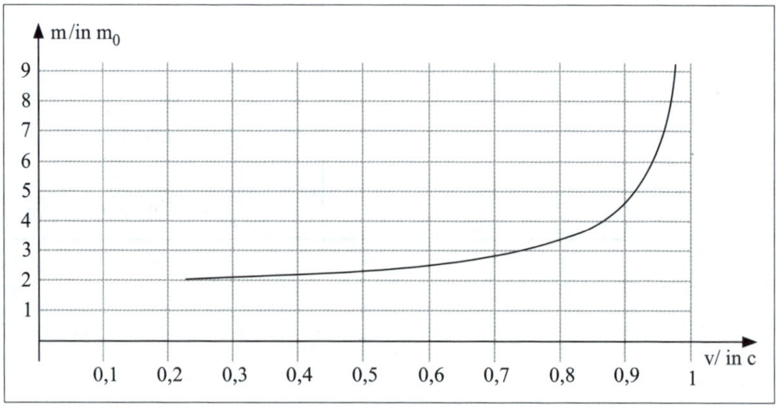

c) $\frac{m-m_0}{m_0} > 0{,}01 \Leftrightarrow \frac{m}{m_0} - 1 > 0{,}01 \quad \Leftrightarrow \frac{m}{m_0} > 1{,}01 \quad \Leftrightarrow \frac{\frac{m_0}{\sqrt{1-\frac{v^2}{c^2}}}}{m_0} > 1{,}01$

$$\Leftrightarrow \frac{1}{\sqrt{1-\frac{v^2}{c^2}}} > 1{,}01 \quad \Leftrightarrow \sqrt{1-\frac{v^2}{c^2}} < \frac{1}{1{,}01} \Leftrightarrow 1-\frac{v^2}{c^2} < \frac{1}{1{,}01^2}$$

$$\Leftrightarrow 1-\frac{1}{1{,}01^2} < \frac{v^2}{c^2} \quad \Leftrightarrow v^2 > \left(1-\frac{1}{1{,}01^2}\right)\cdot c^2$$

$$\Leftrightarrow v > \sqrt{1-\frac{1}{1{,}01^2}}\cdot c \Leftrightarrow v > 0{,}14\cdot c$$

d) Wenn $v > 0{,}1\cdot c$, wenn also die Teilchengeschwindigkeit mehr als 10 % der Vakuumlichtgeschwindigkeit beträgt, muss für die Teilchenmasse die relativistische Masse verwendet werden.

8. Relativistischer Impuls

a) Unter dem relativistischen Impuls versteht man das Produkt aus relativistischer Masse und Geschwindigkeit:

$$p = m\cdot v = \frac{m_0}{\sqrt{1-\frac{v^2}{c^2}}}\cdot v$$

b) Das 2. Newton'sche Gesetz der klassischen Mechanik lässt sich unter Verwendung des Impulses schreiben als:

$F = m_0\cdot a = m_0\cdot\dot{v} = (m_0\cdot v)^{\dot{}} = \dot{p}$

Diese Beziehung zwischen Kraft und Impuls gilt auch dann, wenn man statt m_0 die relativistische Masse setzt.

$$F = \dot{p} = \left(\frac{m_0\cdot v}{\sqrt{1-\frac{v^2}{c^2}}}\right)^{\bullet} = \left(m_0\cdot v\cdot\left(1-\frac{v^2}{c^2}\right)^{-\frac{1}{2}}\right)^{\bullet}$$

(Anwendung der Produkt- und Kettenregel)

$$= m_0\cdot v\cdot\left(-\frac{1}{2}\cdot\left(1-\frac{v^2}{c^2}\right)^{-\frac{3}{2}}\right)\cdot\left(-2\cdot\frac{v}{c^2}\cdot\dot{v}\right) + m_0\cdot\dot{v}\cdot\left(1-\frac{v^2}{c^2}\right)^{-\frac{1}{2}}$$

(Ausklammern)

$$= m_0\cdot\dot{v}\cdot\left(1-\frac{v^2}{c^2}\right)^{-\frac{1}{2}}\cdot\left[\frac{v^2}{c^2}\cdot\left(1-\frac{v^2}{c^2}\right)^{-1}+1\right]$$

$$\left[\text{Nebenrechnung: } \frac{v^2}{c^2}\cdot\left(1-\frac{v^2}{c^2}\right)^{-1}+1=\frac{v^2}{c^2}\cdot\frac{1}{1-\frac{v^2}{c^2}}+1 = \frac{v^2}{c^2-v^2}+1=\frac{v^2+c^2-v^2}{c^2-v^2} = \frac{c^2}{c^2-v^2}=\frac{1}{1-\frac{v^2}{c^2}}=\left(1-\frac{v^2}{c^2}\right)^{-1}\right]$$

$$= m_0\cdot\dot{v}\cdot\left(1-\frac{v^2}{c^2}\right)^{-\frac{1}{2}}\cdot\left(1-\frac{v^2}{c^2}\right)^{-1}=m_0\cdot\dot{v}\cdot\left(1-\frac{v^2}{c^2}\right)^{-\frac{3}{2}}$$

$$=\frac{m_0\cdot\dot{v}}{\sqrt{\left(1-\frac{v^2}{c^2}\right)^3}}=\frac{m_0\cdot a}{\sqrt{\left(1-\frac{v^2}{c^2}\right)^3}}$$

9. Einfache Rechenaufgaben (1. Teil)

a) Wegen $v>\frac{c}{10}$ ist ein relativistischer Ansatz erforderlich. In der Kräftebilanz $F_{Lorentz} = F_{zentral}$ ist daher m_0 durch m zu ersetzen:

$$\left.\begin{array}{l} e\cdot v\cdot B=\frac{m\cdot v^2}{r} \Rightarrow r=\frac{m\cdot v}{B\cdot e} \\ m=\frac{m_0}{\sqrt{1-\frac{v^2}{c^2}}}\end{array}\right\} \Rightarrow r=\frac{m_0\cdot v}{\sqrt{1-\frac{v^2}{c^2}}\cdot B\cdot e}$$

$$=\frac{9{,}1\cdot 10^{-31}\,\text{kg}\cdot 2{,}5\cdot 10^8\,\frac{\text{m}}{\text{s}}}{\sqrt{1-\frac{\left(2{,}5\cdot 10^8\,\frac{\text{m}}{\text{s}}\right)^2}{\left(3{,}0\cdot 10^8\,\frac{\text{m}}{\text{s}}\right)^2}}\cdot 4{,}55\cdot 10^{-3}\,\text{T}\cdot 1{,}6\cdot 10^{-19}\,\text{A}\cdot\text{s}}=0{,}57\text{ m}$$

b) **Berechnung der Geschwindigkeit:**

Da man zunächst nicht weiß, ob ein relativistischer Ansatz erforderlich ist, beginnt man mit dem weniger aufwendigen klassischen Ansatz:

$$\frac{m_0\cdot v^2}{r}=B\cdot e\cdot v \Rightarrow v=B\cdot\frac{e}{m_0}\cdot r=4{,}55\cdot 10^{-3}\,\text{T}\cdot 1{,}76\cdot 10^{11}\,\frac{\text{A}\cdot\text{s}}{\text{kg}}\cdot 1{,}00\text{ m}$$
$$=8{,}01\cdot 10^8\,\frac{\text{m}}{\text{s}}$$

Leider zeigt das unsinnige Ergebnis $v>c$, dass doch relativistisch gerechnet werden muss! Wie in Teilaufgabe a erhält man:

$$r=\frac{m_0\cdot v}{\sqrt{1-\frac{v^2}{c^2}}\cdot B\cdot e} \Rightarrow \frac{v}{\sqrt{1-\frac{v^2}{c^2}}}=B\cdot\frac{e}{m_0}\cdot r$$

Setzt man abkürzend A: $= B \cdot \frac{e}{m_0} \cdot r$, so ergibt sich weiter:

$$\frac{v}{\sqrt{1-\frac{v^2}{c^2}}} = A \Rightarrow v = A \cdot \sqrt{1-\frac{v^2}{c^2}} \Rightarrow v^2 = A^2 \cdot \left(1-\frac{v^2}{c^2}\right)$$

$$\Rightarrow v^2 \cdot \left(1+\frac{A^2}{c^2}\right) = A^2 \Rightarrow v = \frac{A}{\sqrt{1+\frac{A^2}{c^2}}} \Rightarrow$$

$$v = \frac{B \cdot \frac{e}{m_0} \cdot r}{\sqrt{1+\left(\frac{B \cdot \frac{e}{m_0} \cdot r}{c}\right)^2}} = \frac{4{,}55 \cdot 10^{-3}\,\mathrm{T} \cdot 1{,}76 \cdot 10^{11}\,\frac{\mathrm{A \cdot s}}{\mathrm{kg}} \cdot 1{,}00\,\mathrm{m}}{\sqrt{1+\left(\frac{4{,}55 \cdot 10^{-3}\,\mathrm{T} \cdot 1{,}76 \cdot 10^{11}\,\frac{\mathrm{A \cdot s}}{\mathrm{kg}} \cdot 1{,}00\,\mathrm{m}}{3{,}00 \cdot 10^{8}\,\frac{\mathrm{m}}{\mathrm{s}}}\right)^2}} = 2{,}81 \cdot 10^{8}\,\frac{\mathrm{m}}{\mathrm{s}}$$

Berechnung des Impulses:

Der Impuls ergibt sich wesentlich einfacher aus der Kräftebilanz:

$$\frac{m \cdot v^2}{r} = B \cdot e \cdot v \Rightarrow p = m \cdot v = B \cdot e \cdot r$$

$$= 4{,}55 \cdot 10^{-3}\,\mathrm{T} \cdot 1{,}60 \cdot 10^{-19}\,\mathrm{A \cdot s} \cdot 1{,}00\,\mathrm{m}$$

$$= 7{,}28 \cdot 10^{-22}\,\mathrm{N \cdot s}$$

10. Einfache Rechenaufgaben (2. Teil)

a) Beschleunigung für $v = 2{,}0 \cdot 10^8\,\frac{\mathrm{m}}{\mathrm{s}}$:

Aufgabe 8:
$$\left.\begin{aligned} F &= \frac{m_0 \cdot a}{\sqrt{\left(1-\frac{v^2}{c^2}\right)^3}} \\ F &= e \cdot E \end{aligned}\right\} \Rightarrow a = \frac{e}{m_0} \cdot E \cdot \sqrt{\left(1-\frac{v^2}{c^2}\right)^3}$$

$$\Rightarrow a = 1{,}76 \cdot 10^{11}\,\frac{\mathrm{A \cdot s}}{\mathrm{kg}} \cdot 3{,}0 \cdot 10^{6}\,\frac{\mathrm{V}}{\mathrm{m}} \cdot \sqrt{\left(1-\left(\frac{2{,}0 \cdot 10^8\,\frac{\mathrm{m}}{\mathrm{s}}}{3{,}0 \cdot 10^8\,\frac{\mathrm{m}}{\mathrm{s}}}\right)^2\right)^3}$$

$$= 2{,}2 \cdot 10^{17}\,\frac{\mathrm{m}}{\mathrm{s}^2}$$

Beschleunigung für $v = 0\,\frac{\mathrm{m}}{\mathrm{s}}$:

$$m_0 \cdot a = e \cdot E \Rightarrow a = \frac{e}{m_0} \cdot E = 1{,}76 \cdot 10^{11}\,\frac{\mathrm{A \cdot s}}{\mathrm{kg}} \cdot 3{,}0 \cdot 10^{6}\,\frac{\mathrm{V}}{\mathrm{m}} = 5{,}3 \cdot 10^{17}\,\frac{\mathrm{m}}{\mathrm{s}^2}$$

b) Je höher die Geschwindigkeit der Elektronen ist, desto größer ist ihre relativistische Masse, desto kleiner ist die von F bewirkte Beschleunigung.

11. Herleitung der Masse-Energie-Äquivalenz (Schulvariante)

$$\left.\begin{array}{l}\Delta m = m - m_0 = \dfrac{m_0}{\sqrt{1-\frac{v^2}{c^2}}} - m_0 = m_0 \cdot \left(\dfrac{1}{\sqrt{1-\frac{v^2}{c^2}}} - 1\right) \\ v \ll c \Rightarrow \frac{v}{c} \ll 1 \Rightarrow \left(\frac{v}{c}\right)^2 \ll 1\end{array}\right\} \Rightarrow$$

$$\Rightarrow \Delta m \approx m_0 \cdot \left(1 + \frac{1}{2} \cdot \frac{v^2}{c^2} - 1\right) = m_0 \cdot \frac{1}{2} \cdot \frac{v^2}{c^2} = E_{kin} \cdot \frac{1}{c^2}$$

Hinweis:
Diese übersichtliche und kurze Herleitung hat leider den Nachteil, dass sie nur für Geschwindigkeiten gilt, die wesentlich kleiner als die Vakuumlichtgeschwindigkeit sind.

✱ 12. Herleitung der Masse-Energie-Äquivalenz (Einsteins Weg)

Die Nummern über den Gleichheitszeichen verweisen auf Erläuterungen im anschließenden Hinweisteil

a) $$W_{Beschl} \overset{(1)}{=} \int_0^{s_0} F(s)ds \overset{(2)}{=} \int_0^{s_0} \frac{m_0 \cdot a}{\sqrt{\left(1-\frac{v^2}{c^2}\right)^3}} ds \overset{(3)}{=} \int_0^{s_0} \frac{m_0 \cdot \frac{dv}{dt}}{\sqrt{\left(1-\frac{v^2}{c^2}\right)^3}} ds \overset{(4)}{=} \int_0^{v_0} \frac{m_0 \cdot v}{\sqrt{\left(1-\frac{v^2}{c^2}\right)^3}} dv$$

b) $$\frac{d}{dv}\left(\frac{m_0 \cdot c^2}{\sqrt{1-\frac{v^2}{c^2}}}\right) \overset{(5)}{=} \frac{-m_0 \cdot c^2 \cdot \frac{1}{2} \cdot \left(1-\frac{v^2}{c^2}\right)^{-\frac{1}{2}} \cdot \left(-2 \cdot \frac{v}{c^2}\right)}{1-\frac{v^2}{c^2}} = \frac{m_0 \cdot v}{\sqrt{\left(1-\frac{v^2}{c^2}\right)^3}}$$

c) $$W_{Beschl} \overset{(6)}{=} \left[\frac{m_0 \cdot c^2}{\sqrt{1-\frac{v^2}{c^2}}}\right]_0^{v_0} = \frac{m_0 \cdot c^2}{\sqrt{1-\frac{v_0^2}{c^2}}} - m_0 \cdot c^2 = m \cdot c^2 - m_0 \cdot c^2$$

Hinweise:

1. $\vec{F}$ ist eine beliebige, zum Weg $\vec{s}$ parallele Kraft, die an verschiedenen Wegstellen verschiedene Beträge annehmen kann. Da die Beziehung „Arbeit = Kraft mal Weg" nur für konstante, zum Weg parallele Kräfte gilt, müssen zur Berechnung der Beschleunigungsarbeit die infinitesimal kleinen Beschleunigungsarbeiten $dW_{Beschl} = Fds$ mit dem Integral aufsummiert werden.
2. Nach Teilaufgabe 8 b
3. Die Beschleunigung erhält man als Ableitung der Zeit-Geschwindigkeitsfunktion nach der Zeit: $a = \dot{v} = \frac{dv}{dt}$
4. Da die Geschwindigkeit sich als Ableitung der Zeit-Wegfunktion nach der Zeit ergibt, $v = \dot{s} = \frac{ds}{dt}$, gilt: $\frac{dv}{dt} \cdot ds = dv \cdot \frac{ds}{dt} = dv \cdot v$. Außerdem werden die Integrationsgrenzen an die neue Integrationsvariable v angepasst.
5. Anwendung von Quotienten- und Kettenregel.
6. Nach den Teilaufgabe a und b ist: $W_{Beschl} = \left[\frac{m_0 \cdot c^2}{\sqrt{1-\frac{v^2}{c^2}}}\right]$ Stammfunktion von $\frac{m_0 \cdot v}{\sqrt{\left(1-\frac{v^2}{c^2}\right)^3}}$

13. Relativistische Energien

a) Die Beziehung $W_{Beschl} = m \cdot c^2 - m_0 \cdot c^2$ lässt sich nach der Umformung $\frac{W_{Beschl}}{c^2} = m - m_0$ so deuten:
Durch Zuführen der Energie W_{Beschl} hat sich die Masse des Körpers um $\frac{W_{Beschl}}{c^2}$ vergrößert. Die dem Körper zugeführte Beschleunigungsenergie besitzt demnach Masse. Einstein verallgemeinerte dieses Ergebnis zu der Aussage:

Jede Energie E hat die Masse $m = \frac{E}{c^2}$.

b) $E_0 = m_0 \cdot c^2$ heißt **Ruheenergie**. Zur Ruheenergie eines Körpers gehören nicht nur die Ruheenergien seiner Teilchen, sondern auch die Energien der Wechselwirkungen zwischen diesen Teilchen oder die aus der Wärmebewegung der Teilchen resultierenden kinetischen Energien.
$E = m \cdot c^2$ heißt **relativistische Energie**. Sie ergibt sich aus der Ruheenergie durch Addition der kinetischen Energie und ist die Gesamtheit aller im Körper gespeicherten Energien.
Die **relativistische kinetische Energie** ist die am Körper verrichtete Beschleunigungsarbeit, also $E_{kin} = m \cdot c^2 - m_0 \cdot c^2$

c) $$E_{kin} = m \cdot c^2 - m_0 \cdot c^2 = \frac{m_0 \cdot c^2}{\sqrt{1 - \frac{v^2}{c^2}}} - m_0 \cdot c^2$$
$$\approx m_0 \cdot c^2 \cdot \left(1 + \frac{1}{2} \cdot \frac{v^2}{c^2}\right) - m_0 \cdot c^2 = \frac{1}{2} \cdot m_0 \cdot v^2$$

14. Wichtige Ruheenergien

Elektron: $$E_0 = m_0 \cdot c^2 = 9{,}11 \cdot 10^{-31}\,\text{kg} \cdot \left(3{,}00 \cdot 10^8\,\frac{\text{m}}{\text{s}}\right)^2 = 8{,}19 \cdot 10^{-14}\,\text{J} = 0{,}512\,\text{MeV}$$

Proton: $$E_0 = m_0 \cdot c^2 = 1{,}67 \cdot 10^{-27}\,\text{kg} \cdot \left(3{,}00 \cdot 10^8\,\frac{\text{m}}{\text{s}}\right)^2 = 1{,}50 \cdot 10^{-10}\,\text{J} = 939\,\text{MeV}$$

Alphateilchen: $$E_0 = m_0 \cdot c^2 = 6{,}64 \cdot 10^{-27}\,\text{kg} \cdot \left(3{,}00 \cdot 10^8\,\frac{\text{m}}{\text{s}}\right)^2 = 5{,}98 \cdot 10^{-10}\,\text{J} = 3{,}74\,\text{GeV}$$

Neutron: $$E_0 = m_0 \cdot c^2 = 1{,}67 \cdot 10^{-27}\,\text{kg} \cdot \left(3{,}00 \cdot 10^8\,\frac{\text{m}}{\text{s}}\right)^2 = 1{,}50 \cdot 10^{-10}\,\text{J} = 939\,\text{MeV}$$

Hinweis:
Diese Werte für die Ruheenergien finden Sie auch in Ihrer Formelsammlung.

15. Wann ist ein relativistischer Ansatz erforderlich?

Ein klassischer Ansatz ist nach Teilaufgabe 7 d zulässig, wenn $v < \frac{c}{10}$.
Die Schwellwerte sind demnach die kinetischen Energien der Teilchen für $v = \frac{c}{10}$.

Elektron: $E_{kin} = \frac{1}{2} \cdot 9{,}11 \cdot 10^{-31}\,kg \cdot \left(0{,}1 \cdot 3{,}00 \cdot 10^8\,\frac{m}{s}\right)^2 = 4{,}10 \cdot 10^{-16}\,J = 2{,}56\,keV$

Proton: $E_{kin} = \frac{1}{2} \cdot 1{,}67 \cdot 10^{-27}\,kg \cdot \left(0{,}1 \cdot 3{,}00 \cdot 10^8\,\frac{m}{s}\right)^2 = 7{,}52 \cdot 10^{-13}\,J = 4{,}70\,MeV$

Alphateilchen: $E_{kin} = \frac{1}{2} \cdot 6{,}64 \cdot 10^{-27}\,kg \cdot \left(0{,}1 \cdot 3{,}00 \cdot 10^8\,\frac{m}{s}\right)^2 = 2{,}99 \cdot 10^{-12}\,J = 18{,}7\,MeV$

Neutron: $E_{kin} = \frac{1}{2} \cdot 1{,}67 \cdot 10^{-27}\,kg \cdot \left(0{,}1 \cdot 3{,}00 \cdot 10^8\,\frac{m}{s}\right)^2 = 7{,}52 \cdot 10^{-13}\,J = 4{,}70\,MeV$

16. Relativistische Beschleunigung im homogenen elektrischen Längsfeld

a) Energiesatz im elektrischen Längsfeld (relativistischer Ansatz):

$$E_{pot,\,elektrisch} = E_{kin}$$

$$e \cdot U = m \cdot c^2 - m_0 \cdot c^2 = \frac{m_0 \cdot c^2}{\sqrt{1-\frac{v^2}{c^2}}} - m_0 \cdot c^2 = m_0 \cdot c^2 \cdot \left(\frac{1}{\sqrt{1-\frac{v^2}{c^2}}} - 1\right)$$

$$\Rightarrow \frac{1}{\sqrt{1-\frac{v^2}{c^2}}} - 1 = \frac{e \cdot U}{m_0 \cdot c^2} \Rightarrow \frac{1}{\sqrt{1-\frac{v^2}{c^2}}} = 1 + \frac{e \cdot U}{m_0 \cdot c^2}$$

$$\Rightarrow \sqrt{1-\frac{v^2}{c^2}} = \frac{1}{1+\frac{e \cdot U}{m_0 \cdot c^2}} \Rightarrow 1 - \frac{v^2}{c^2} = \frac{1}{\left(1+\frac{e \cdot U}{m_0 \cdot c^2}\right)^2}$$

$$\Rightarrow v = \sqrt{1 - \frac{1}{\left(1+\frac{e \cdot U}{m_0 \cdot c^2}\right)^2}} \cdot c = \sqrt{1 - \frac{1}{\left(1+\frac{300\,keV}{511\,keV}\right)^2}} \cdot c$$

$$= 0{,}777 \cdot c = 2{,}33 \cdot 10^8\,\frac{m}{s}$$

b) Energiesatz im elektrischen Längsfeld (klassischer Ansatz):

$$E_{pot,elektrisch} = E_{kin}$$

$$e \cdot U = \frac{1}{2} \cdot m_0 \cdot v^2$$

$$\Rightarrow v = \sqrt{2 \cdot \frac{e}{m_0} \cdot U} = \sqrt{2 \cdot 1{,}76 \cdot 10^{11} \frac{C}{kg} \cdot 3{,}00 \cdot 10^5\, V} = 3{,}25 \cdot 10^8 \frac{m}{s}$$

$v > c$! Bereits bei $v > \frac{c}{10}$ ist ein klassischer Ansatz nicht mehr zulässig.

c) Aufgabe 8: $\left.\begin{array}{l} F = \dfrac{m_0}{\sqrt{\left(1-\frac{v^2}{c^2}\right)^3}} \cdot a \\ F = e \cdot E \end{array}\right\} \Rightarrow \quad a = \dfrac{e}{m_0} \cdot \sqrt{\left(1-\frac{v^2}{c^2}\right)^3} \cdot E$

$$\Rightarrow \frac{a_{Ende}}{a_{Anfang}} = \frac{\frac{e}{m_0} \cdot \sqrt{\left(1-\frac{v^2}{c^2}\right)^3} \cdot E}{\frac{e}{m_0} \cdot E} = \sqrt{\left(1-\frac{v^2}{c^2}\right)^3}$$

$$= \sqrt{\left(1-\frac{(0{,}777 \cdot c)^2}{c^2}\right)^3} = 0{,}249$$

Am Ende der Beschleunigungsstrecke erfährt das Elektron also nur noch 24,9 % der Anfangsbeschleunigung.

✸ 17. Herleitung der relativistischen Energie-Impuls-Beziehung

$\left.\begin{array}{ll} \text{Relativistische Gesamtenergie:} & E = \dfrac{m_0 \cdot c^2}{\sqrt{1-\frac{v^2}{c^2}}} \ (1) \\ \text{Relativistischer Impuls:} & p = \dfrac{m_0 \cdot v}{\sqrt{1-\frac{v^2}{c^2}}} \ (2) \end{array}\right\} \overset{(1):(2)}{\Rightarrow} \dfrac{E}{p} = \dfrac{c^2}{v} \Rightarrow v = \dfrac{p \cdot c^2}{E}$

$$\overset{\text{Einsetzen in (1)}}{\Rightarrow} E = \frac{m_0 \cdot c^2}{\sqrt{1-\frac{p^2 \cdot c^4}{c^2 \cdot E^2}}} = \frac{E_0}{\sqrt{1-\frac{p^2 \cdot c^2}{E^2}}} \Rightarrow E \cdot \sqrt{1-\frac{p^2 \cdot c^2}{E^2}} = E_0$$

$$\Rightarrow \quad E^2 \cdot \left(1-\frac{p^2 \cdot c^2}{E^2}\right) = E_0^2 \Rightarrow E^2 - p^2 \cdot c^2 = E_0^2 \Rightarrow E^2 = E_0^2 + p^2 \cdot c^2$$

Hinweis:
Diese Formel spart bei manchen Aufgaben viel Rechen- und Umformungsarbeit. Sie sollten daher Ihre Anwendung sicher beherrschen!

18. Relativistisches Elektron im homogenen Magnetfeld

Aus den gegebenen Daten kann man nicht unmittelbar ersehen, ob ein relativistischer Ansatz erforderlich ist. Man beginnt, da weniger aufwendig, mit einem klassischen Ansatz.

$$\frac{m_0 \cdot v^2}{r} = B \cdot e \cdot v \Rightarrow v = B \cdot \frac{e}{m_0} \cdot r = 5{,}0 \cdot 10^{-3}\,T \cdot 1{,}76 \cdot 10^{11}\,\frac{A \cdot s}{kg} \cdot 1{,}00\,m$$
$$= 8{,}8 \cdot 10^8\,\frac{m}{s}$$

Leider ist wegen v > c doch ein relativistischer Ansatz erforderlich!

$$\left.\begin{array}{l} \frac{m \cdot v^2}{r} = B \cdot e \cdot v \Rightarrow m \cdot v = B \cdot e \cdot r \Rightarrow p = B \cdot e \cdot r \\ E^2 = E_0^2 + p^2 \cdot c^2 \end{array}\right\} \Rightarrow E = \sqrt{E_0^2 + (B \cdot e \cdot r \cdot c)^2}$$

$$\Rightarrow E_{kin} = E - E_0 = \sqrt{E_0^2 + (B \cdot e \cdot r \cdot c)^2} - E_0$$

$$= \sqrt{(511 \cdot 10^3 \cdot 1{,}6 \cdot 10^{-19}\,J)^2 + \left(5{,}0 \cdot 10^{-3}\,T \cdot 1{,}6 \cdot 10^{-19}\,A \cdot s \cdot 1{,}00\,m \cdot 3{,}0 \cdot 10^8\,\frac{m}{s}\right)^2}$$
$$- 511 \cdot 10^3 \cdot 1{,}6 \cdot 10^{-19}\,J$$

$$= 2{,}54 \cdot 10^{-13}\,J - 8{,}18 \cdot 10^{-14}\,J = 1{,}1\,MeV$$

Hinweis:
Selbstverständlich kann man, wie in Teilaufgabe 9 b, ohne Verwendung der relativistischen Energie-Impuls-Beziehung zunächst die Geschwindigkeit des Elektrons, hieraus seine relativistische Masse und dann seine relativistische Gesamtenergie berechnen. Der Rechenaufwand ist aber bedeutend größer.

19. Relativistisches Zyklotron

a) Solange sich die relativistische Massenzunahme nicht bemerkbar macht, kann ein Zyklotron mit einer Wechselspannung konstanter Frequenz betrieben werden, da für die Umlaufdauer T gilt:

$$T = \frac{2 \cdot m \cdot \pi}{B \cdot q}$$

Wenn m aber infolge zunehmender Geschwindigkeit wächst, f aber unverändert bleibt, erreichen die Teilchen aufgrund der längeren Umlaufdauer das elektrische Feld im Duandenspalt nicht mehr rechtzeitig in der richtigen Polung und fallen so schnell aus dem Takt.

b) Dieses „Aus-dem-Takt-Fallen" lässt sich verhindern, wenn man entweder die Flussdichte $\vec{B}$ des Magnetfelds oder die Frequenz f der Wechselspannung der sich ändernden Umlaufdauer anpasst.

Hinweis:
Wiederholen Sie das „Klassische Zyklotron": Aufgabe 131 im Band Nr. 94308 „Elektrisches und magnetisches Feld".

20. Relativistisches Elektron im elektrischen und magnetischen Feld

Berechnung des Elektronenimpulses:

Energiebilanz im el. Feld: $E - E_0 = e \cdot U \Rightarrow E = e \cdot U + E_0$

$$p^2 \cdot c^2 = E^2 - E_0^2 \Rightarrow p^2 = \frac{E^2 - E_0^2}{c^2} \quad \Rightarrow$$

$$\Rightarrow p = \sqrt{\frac{(e \cdot U + E_0)^2 - E_0^2}{c^2}}$$

$$\Rightarrow p = \frac{\sqrt{e^2 \cdot U^2 + 2 \cdot e \cdot U \cdot E_0}}{c} \quad (*)$$

Kräftebilanz im Magnetfeld:

$F_{zentral} = F_{Lorentz}$

$$\frac{m \cdot v^2}{r} = B \cdot e \cdot v$$

$$\Rightarrow r = \frac{m \cdot v}{B \cdot e} = \frac{p}{B \cdot e} \overset{(*)}{=} \frac{\sqrt{e^2 \cdot U^2 + 2 \cdot e \cdot U \cdot E_0}}{B \cdot e \cdot c} = \frac{\sqrt{(400\,\text{keV})^2 + 2 \cdot 400\,\text{keV} \cdot 511\,\text{keV}}}{4{,}0 \cdot 10^{-3}\,\text{T} \cdot 1{,}6 \cdot 10^{-19}\,\text{A} \cdot \text{s} \cdot 3{,}0 \cdot 10^8\,\frac{\text{m}}{\text{s}}}$$

$$= \frac{754\,\text{keV}}{1{,}9 \cdot 10^{-13}\,\frac{\text{J}}{\text{m}}} = \frac{1{,}2 \cdot 10^{-13}\,\text{J}}{1{,}9 \cdot 10^{-13}\,\frac{\text{J}}{\text{m}}} = 0{,}63\,\text{m}$$

21. Materie als Energiespeicher

$$E = m \cdot c^2 \Rightarrow m = \frac{E}{c^2} = \frac{539 \cdot 10^9\,\text{kWh}}{\left(3{,}00 \cdot 10^8\,\frac{\text{m}}{\text{s}}\right)^2} = \frac{539 \cdot 10^9 \cdot 3{,}60 \cdot 10^6\,\text{J}}{\left(3{,}00 \cdot 10^8\,\frac{\text{m}}{\text{s}}\right)^2} = 21{,}6\,\text{kg}$$

Man benötigt also nur 21,6 kg irgendeines Stoffes, um den Jahresstrombedarf zu decken!

22. Wie viel Masse verliert die Sonne?

E bezeichnet die von der Sonne pro Sekunde allseitig abgestrahlte Energie, r_{EB} den Abstand der Erde von der Sonne.

Dann strömt durch eine Kugel vom Radius r_{EB}, in deren Mittelpunkt sich die Sonne befindet, pro Sekunde die Energie E. Auf eine Fläche A auf dieser Kugel entfällt davon der Anteil $\frac{E}{4 \cdot r_{EB}^2 \cdot \pi} \cdot A$.

$$S = \frac{E}{4 \cdot r_{EB}^2 \cdot \pi} \cdot 1\,\text{m}^2 \Rightarrow E = \frac{4 \cdot r_{EB}^2 \cdot \pi \cdot S}{1\,\text{m}^2} = \frac{4 \cdot (1{,}496 \cdot 10^{11}\,\text{m})^2 \cdot \pi \cdot 1{,}36 \cdot 10^3\,\frac{\text{W}}{\text{m}^2}}{1\,\text{m}^2}$$

$$= 3{,}82 \cdot 10^{26}\,\text{W}$$

In einem Jahr strahlt die Sonne daher die Energie

$E_{Jahr} = 3{,}82 \cdot 10^{26}\,\text{W} \cdot 365{,}25 \cdot 24 \cdot 60 \cdot 60\,\text{s} = 1{,}21 \cdot 10^{34}\,\text{J}$ ab.

Massenverlust: $E_{Jahr} = m_{Jahr} \cdot c^2 \Rightarrow m_{Jahr} = \frac{E_{Jahr}}{c^2} = \frac{1{,}21 \cdot 10^{34}\ J}{\left(3{,}00 \cdot 10^8\ \frac{m}{s}\right)^2}$

$= 1{,}34 \cdot 10^{17}\ kg$

Vergleich mit der Erdmasse: $\frac{m_{Jahr}}{m_{Erde}} = \frac{1{,}34 \cdot 10^{17}\ kg}{5{,}977 \cdot 10^{24}\ kg} = 2{,}25 \cdot 10^{-8}$

Die Sonne verliert jährlich also ca. zwei millionstel Prozent der Erdmasse durch Umwandlung von Masse in elektromagnetische Strahlung.

23. Die Dalton'sche Atomhypothese

a)
- Jedes Element besteht aus kleinsten, chemisch nicht weiter zerlegbaren Teilchen, den Atomen.
- Alle Atome eines bestimmten chemischen Elements haben untereinander die gleiche Masse und Größe. Masse und Größe der Atome zweier verschiedener Elemente unterscheiden sich in charakteristischer Weise voneinander.
- Die Atome gleicher oder verschiedener chemischer Elemente können sich zu Verbindungen zusammenlagern.

b) Dalton konnte damit für chemische Reaktionen die Gesetze der Massenerhaltung, der konstanten und der multiplen Proportionen erklären.
- Gesetz von der Erhaltung der Masse: Bei einem chemischen Vorgang bleibt die Gesamtmasse der beteiligten Stoffmengen konstant.
- Gesetz der konstanten Proportionen: Beim Zerlegen einer chemischen Verbindung erhält man die Elemente, aus denen sie besteht, immer in ganz bestimmten, für die Verbindung charakteristischen Massenverhältnissen. Umgekehrt treten bei der Synthese der Verbindung die Elemente stets in diesem Massenverhältnis zusammen.
- Gesetz der multiplen Proportionen: Können zwei Elemente A und B verschiedenartige chemische Verbindungen eingehen, so verbindet sich dabei 1 g des Elements A mit solchen Massen des Elements B, dass sich die Massen des Elements B exakt wie natürliche Zahlen verhalten.

24. Atom- und Molekülbegriff

„Atome“ wurden verstanden als die kleinsten, mit chemischen Mitteln nicht mehr teilbaren Bausteine der Materie, „Moleküle“ als die kleinsten Teilchen einer Substanz, welche noch die gleichen chemischen Eigenschaften wie die gesamte Substanz besitzen.

25. Brown'sche Bewegung

a) Als Brown'sche Bewegung bezeichnet man die ungeordnete, regellose, hin und her zitternde Bewegung kleiner, nur unter einem Mikroskop zu beobachtender Teilchen, die in einer Flüssigkeit oder einem Gas schweben.

b) Ursache sind die unterschiedlichen Trefferzahlen der zu gleicher Zeit an verschiedenen Seiten des Schwebeteilchens stoßenden Moleküle/Atome. Der dadurch bedingte Unterschied in den Druckkräften ergibt als Resultierende eine Kraft, die den eingeschlossenen Fremdkörper in Bewegung setzt und zwar umso rascher, je kleiner dieser Körper ist. Je größer die Masse eines sichtbaren Teilchens ist, desto wahrscheinlicher heben sich die gleichzeitig erfolgenden Stöße im Mittel auf. Die größeren Teilchen legen daher in gleichen Zeiten kleinere Wege zurück als die kleineren.

c) Nach der Erklärung aus Teilaufgabe b ist die Brown'sche Bewegung ein indirekter Hinweis auf die Existenz von Atomen oder Molekülen.

Hinweise:

1. Die Brown'sche Bewegung wurde 1827 von Robert Brown, einem englischen Botaniker, entdeckt.
2. Browns Entdeckung war eine bedeutende Stütze für Daltons Atomhypothese. Mit einem Lichtmikroskop können nämlich zwei Dingpunkte gerade noch erkannt werden, wenn ihr Abstand mindestens $2{,}2 \cdot 10^{-7}$ m beträgt. Da der Atomdurchmesser in der Größenordnung von ca. 10^{-10} m bis 10^{-9} m liegt, eignen sich die zu Daltons Lebzeiten bereits bekannten Lichtmikroskope auf keinen Fall zum Nachweis der von ihm postulierten Atome.

✱ **26. Feldelektronenmikroskop**

a) **Aufbau:** Ein Feldelektronenmikroskopbesteht aus einem evakuierten Glaskolben, in dessen Zentrum eine sehr feine Einkristallspitze aus Wolfram (Krümmungsradius ca. 10^{-7} m) als Kathode K eingeschmolzen ist. Die Wolframspitze ist an einer Wolfram-Drahtschleife befestigt und heizbar. Als Anode A ist seitlich eine zweite Wolframwendel mit einem Bariumvorrat angebracht. Auch die Anode ist heizbar. Gegenüber der Kathode befindet sich auf der vorderen Hälfte des Glaskolbens ein Leuchtschirm.

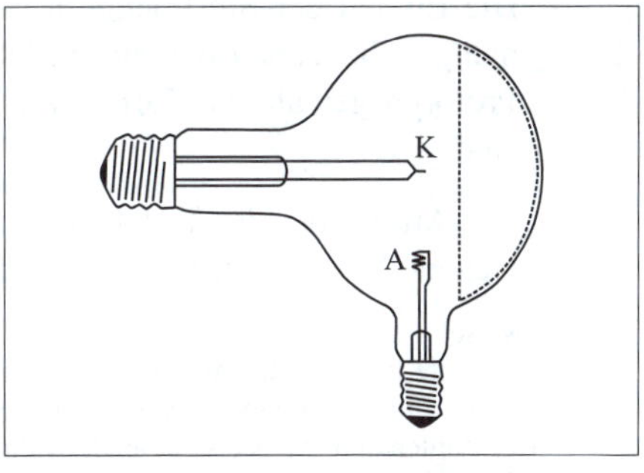

Funktionsweise: Legt man zwischen Kathode und Anode eine Hochspannung (ca. 10 kV), so treten aus der Kathodenspitze Elektronen aus (vgl. Hinweis 2 zu Aufgabe 59). Diese bewegen sich auf stark divergierenden Bahnen auf den Leuchtschirm zu. Dort entsteht so ein millionenfach vergrößertes Bild der Wolframspitze.

b) Heizt man die Anode, so wird Barium verdampft. Einige Bariumatome treffen dabei auch auf die Wolframspitze und werden dort absorbiert. An den Auftreffstellen erhöhen sie die Oberfläche und verändern dort auch das elektrische Feld. Die Elektronen treten an solchen Stellen nicht mehr unmittelbar aus der Kristalloberfläche, sondern aus den Bariumatomen aus und zwar stärker als in der Umgebung wegen des Spitzeneffekts. Auf dem Leuchtschirm sieht man dadurch neue, sehr kleine, helle Scheibchen. Heizt man nun die Spitze K, so führen diese Scheibchen deutlich eine lebhafte Bewegung aus. Dies legt nahe, dass es sich bei den hellen Scheibchen um die Bilder einzelner Bariumatome handelt.

27. Stoffmenge und Avogadrokonstante

a) Die Stoffmenge ist in der Physik eine Grundgröße, mit der man einen beliebigen aus bestimmten unter sich gleichen Teilchen bestehenden Körper nach der Anzahl dieser Teilchen bewerten kann. Von zwei Körpern A und B, von denen jeder für sich aus gleichen Teilchen zusammengesetzt ist (wobei A- und B-Teilchen verschieden sein können), liegt die gleichen Stoffmenge vor, wenn A aus genauso vielen Teilchen besteht wie B.

b) Die Einheit der Stoffmenge n ist das Kilomol (kmol). Das ist die Stoffmenge, die genauso viele Teilchen enthält, wie in dem willkürlich als Prototyp gewählten Körper von genau 12 kg Kohlenstoff $^{12}_{6}C$ enthalten sind.

c) Die Anzahl N_A der Teilchen in einem Kilomol heißt Avogadrokonstante. Genaue Messungen zeigen, dass $N_A = 6{,}0221 \cdot 10^{26} \frac{1}{\text{kmol}}$

Hinweise:
1. Bis heute hat man die Avogadrokonstante auf 13 verschiedene Arten experimentell bestimmt. In den Aufgaben 30, 31, 33 lernen Sie drei davon kennen.
2. Der Zahlenwert für N_A steht auch in Ihrer Formelsammlung. Folgende Angaben veranschaulichen diese wichtige Größe:
   - Könnte man die Moleküle von 1 cm^3 Wasser färben und sie dann gleichmäßig im Bodensee verteilen, so fände man in jedem cm^3 Bodenseewassers immer noch ca. 700 000 „gefärbte" Moleküle.
   - Würde man die in einem Stecknadelkopf enthaltenen Eisenatome aneinander reihen, so ergäbe sich eine Strecke, die länger wäre als die 50-fache Entfernung von der Erde zum Mond.

- Eine Zählmaschine, die in einer Sekunde 1 Million Moleküle registrieren kann, bräuchte ca. 20 Milliarden Jahre, um die Moleküle in einem kmol eines Stoffes zu zählen.

3. Der Grund für die Einführung der Größe „Stoffmenge“ liegt darin, dass man bei den meisten makroskopischen Messungen die Teilchen Zahl N nicht kennt. Multipliziert man aber die durch Wägungen leicht messbare Stoffmenge n mit der Avogadrokonstanten, so erhält man die Teilchenzahl.

28. Atomare Masseneinheit, relative Atom bzw. Molekülmasse

a) Unter der relativen Atom- bzw. Mokülmasse m_r versteht man die auf $\frac{1}{12}$ der Masse eines Kohlenstoffatoms C12 bezogene Masse der Atome oder Moleküle, also den Quotienten:

$$m_r = \frac{\text{Masse eines Atoms bzw. Moleküls}}{\frac{1}{12} \cdot \text{Masse des C12-Atoms}}$$

b) Die atomare Masseneinheit 1u ist $\frac{1}{12}$ der Masse des Atoms des Kohlenstoffisotops $^{12}_{6}C$.

c) Nach den Teilaufgaben a und b gilt für die relative (m_r) und die absolute (m_{abs}) Atom- bzw. Molekülmasse:

$$m_r = \frac{m_{abs}}{u}$$

d) Da 12 kg Kohlenstoff $N_A = 6{,}0221 \cdot 10^{26}$ $^{12}_{6}C$-Atome enthalten, gilt:

$$1u = \frac{1}{12} \cdot \frac{12\,kg}{6{,}0221 \cdot 10^{26}} = 1{,}6605 \cdot 10^{-27}\,kg$$

Hinweise:

1. Leider sagt man statt relativer Atom- bzw. Molekülmasse auch Atom- bzw. Molekulargewicht, obwohl diese Größen keine Gewichte sind.
2. Für C12 ist die relative Atommasse definitionsbedingt exakt eine ganze Zahl, $m_r(C12) = 12$. Da die meisten Elemente aus einem Gemisch von Isotopen verschiedener Massenzahlen bestehen, erhält man aus Wägungen bei chemischen Reaktionen nur den Mittelwert der relativen Atom- bzw. Molekülmasse des Gemischs. Dieser kann erheblich von einer ganzen Zahl abweichen. Sie finden diese Werte im Periodensystem der Elemente.
3. Auch die relativen Atommassen reiner Isotope sind außer für das Isotop C12 ebenfalls nicht ganzzahlig. Die Abweichungen sind aber geringer als $\pm 0{,}1$. Für einige wenige Isotope sind diese Werte in der Formelsammlung aufgeführt.
4. Ein großer Vorteil bei der Verwendung der Einheit u besteht darin, dass die Zehnerpotenzen der absoluten Massenwerte verschwinden und „anschauliche Atommassen“ entstehen.
5. Der Zahlenwert für u steht in der Formelsammlung.

29. Elementare Rechenaufgaben zu m_r, m_{abs} und n

a) Mit den relativen Atommassen aus der Formelsammlung erhält man:

$$\begin{aligned} m_r(H_2CO_3) &= 2\cdot m_r(H) + 1\cdot m_r(C) + 3\cdot m_r(O) \\ &= 2\cdot 1{,}0079u + 12{,}011u + 3\cdot 15{,}999u \\ &= 62{,}024u \end{aligned}$$

b) Teilaufgabe a: $\left.\begin{aligned} m_r(H_2CO_3) &= 62{,}024u \\ 1u &= 1{,}660540\cdot 10^{-27}\,kg \end{aligned}\right\} \Rightarrow$

$$\Rightarrow m_{abs}(H_2CO_3) = 62{,}024\cdot 1{,}660540\cdot 10^{-27}\,kg = 1{,}0299\cdot 10^{-25}\,kg$$

c) $$n = \frac{\text{tatsächliche Masse}}{\text{Masse eines Kilomols}} = \frac{0{,}27\cdot 10^{-3}\,kg}{62{,}024\,\frac{kg}{kmol}} = 4{,}4\cdot 10^{-6}\,kmol$$

d) Man berechnet zunächst die Gesamtzahl der Moleküle, der Na-, der S- und der O-Atome in der Stoffmenge, indem man die jeweilige Gesamtmasse durch die jeweilige Absolutmasse dividiert:

$$\text{Gesamtzahl der Moleküle} = \frac{110{,}352\cdot 10^{-3}\,kg + 76{,}944\cdot 10^{-3}\,kg + 153{,}590\cdot 10^{-3}\,kg}{142{,}036\cdot 1{,}661\cdot 10^{-27}\,kg} = 1{,}445\cdot 10^{24}$$

$$\text{Gesamtzahl der Na-Atome} = \frac{110{,}352\cdot 10^{-3}\,kg}{22{,}99\cdot 1{,}661\cdot 10^{-27}\,kg} = 2{,}890\cdot 10^{24}$$

$$\text{Gesamtzahl der S-Atome} = \frac{76{,}944\cdot 10^{-3}\,kg}{32{,}06\cdot 1{,}661\cdot 10^{-27}\,kg} = 1{,}445\cdot 10^{24}$$

$$\text{Gesamtzahl der O-Atome} = \frac{153{,}590\cdot 10^{-3}\,kg}{15{,}999\cdot 1{,}661\cdot 10^{-27}\,kg} = 5{,}780\cdot 10^{24}$$

Daraus ergibt sich die:

$$\text{Anzahl der Na-Atome im Molekül} = \frac{2{,}890\cdot 10^{24}}{1{,}445\cdot 10^{24}} = 2$$

$$\text{Anzahl der S-Atome im Molekül} = \frac{1{,}445\cdot 10^{24}}{1{,}445\cdot 10^{24}} = 1$$

$$\text{Anzahl der O-Atome im Molekül} = \frac{5{,}780\cdot 10^{24}}{1{,}445\cdot 10^{24}} = 4$$

30. Der Ölfleckversuch

a) Aus einer feinen Tropfpipette wird ein Tropfen von einer unmittelbar vor dem Versuch hergestellten Mischung von Ölsäure und Leichtbenzin auf eine hinreichend große, fettfreie und mit Bärlappsamen bestreute Wasseroberfläche fallen gelassen. Das sich ausbreitende Öl schiebt den Bärlappsamen vor sich her. So entsteht, wenn das Leichtbenzin vollständig verdunstet ist, eine deutlich sichtbare kreisförmige Fläche. Den dünnen Ölfilm selbst sieht man wegen seiner geringen Dicke d nicht. Man misst den Radius dieses Flecks und das Volumen der aufgetropften Ölsäure und kann hieraus d berechnen. Ist die Schicht monomolekular, so stimmt d mit dem Durchmesser eines Ölsäuremoleküls überein.

b) Lässt man anstelle eines Tropfens 2 bzw. 3 bzw. n Tropfen auf die Wasseroberfläche fallen, so bildet sich ein Ölfleck mit der zwei- bzw. drei- bzw. n-fachen Fläche aus. Dieser experimentelle Befund stützt die Annahme, dass sich nur monomolekulare Ölschichten ausbilden.

c) Ölvolumen $V_{\text{Öl}}$ in einem Tropfen:

$$V_{\text{Öl}} = \frac{10 \cdot 10^{-6}\,\text{m}^3}{621} : 2000 = 8{,}1 \cdot 10^{-12}\,\text{m}^3$$

Da der Ölfleck ein Zylinder mit Radius r und Höhe d ist, gilt für sein Volumen:

$V_{\text{Fleck}} = r^2 \cdot \pi \cdot d.$

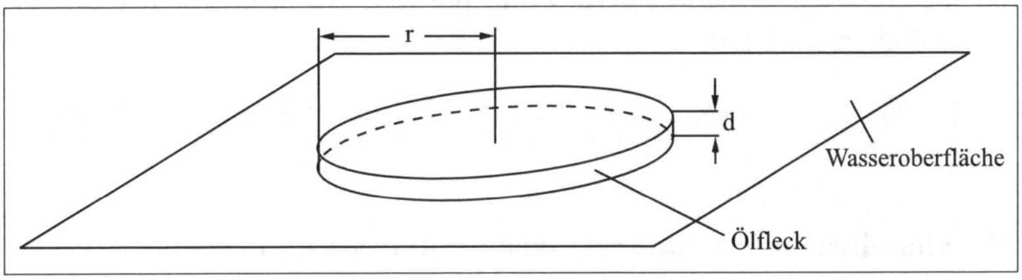

Andererseits gilt aber:

$$V_{\text{Fleck}} = V_{\text{Öl}} \Rightarrow r^2 \cdot \pi \cdot d = V_{\text{Öl}}$$

$$\Rightarrow d = \frac{V_{\text{Öl}}}{r^2 \cdot \pi} = \frac{8{,}1 \cdot 10^{-12}\,\text{m}^3}{(5{,}7 \cdot 10^{-2}\,\text{m})^2 \cdot \pi} = 7{,}9 \cdot 10^{-10}\,\text{m}$$

Der Ölsäuremoleküldurchmesser beträgt also $d = 7{,}9 \cdot 10^{-10}$ m.

d) Da das Ölsäuremolekül aus 54 Atomen besteht, gilt:

$$54 \cdot a^3 = d^3 \Rightarrow a = \frac{d}{\sqrt[3]{54}} = \frac{7{,}9 \cdot 10^{-10}\,\text{m}}{\sqrt[3]{54}} = 2{,}1 \cdot 10^{-10}\,\text{m}$$

e) $N = \frac{V_{Öl}}{d^3} = \frac{8{,}1 \cdot 10^{-12}\,m^3}{(7{,}9 \cdot 10^{-10}\,m)^3} = 1{,}6 \cdot 10^{16}$

Bezeichnet M die Masse eines Kilomols Ölsäure, N_A die Avogadrokonstante und $m_{Öl}$ die Masse des Ölflecks, so ergibt sich für die Masse eines Ölsäuremoleküls einerseits $\frac{M}{N_A}$ und andererseits als $\frac{m_{Öl}}{N}$.

$$\left.\begin{aligned} &\frac{M}{N_A} = \frac{m_{Öl}}{N} \Rightarrow N_A = \frac{M \cdot N}{m_{Öl}} \\ &m_{Öl} = \rho_{Öl} \cdot V_{Öl} = 0{,}89 \cdot 10^3 \frac{kg}{m^3} \cdot 8{,}1 \cdot 10^{-12}\,m^3 = 7{,}2 \cdot 10^{-9}\,kg \\ &M = (18 \cdot 12{,}011 + 34 \cdot 1{,}0079 + 2 \cdot 15{,}999)\frac{kg}{kmol} = 282{,}5\frac{kg}{kmol} \end{aligned}\right\} \Rightarrow$$

$$\Rightarrow N_A = \frac{282{,}5\,\frac{kg}{kmol} \cdot 1{,}6 \cdot 10^{16}}{7{,}2 \cdot 10^{-9}\,kg} = 6{,}3 \cdot 10^{26}\,\frac{1}{kmol}$$

Hinweis:
Die Abweichung des in Teilaufgabe e ermittelten Wertes für N_A vom Tabellenwert um ca. 5 % ist in Anbetracht der Unzulänglichkeiten des Versuchs sehr klein! Oft gelingt beim Ölfleckversuch nur der Nachweis der Größenordnung 10^{26}.

31. Avogadrokonstante und Elektrolyse

Bei der elektrolytischen Abscheidung von einem Kilomol eines z-wertigen Stoffes wird nach dem 2. Faraday'schen Gesetz der Elektrolyse die Ladungsmenge $F = z \cdot 9{,}6485 \cdot 10^7\,A \cdot s$ transportiert. Da in einem Kilomol N_A Ionen enthalten sind, gilt:

$$F = N_A \cdot z \cdot e \Rightarrow N_A = \frac{F}{z \cdot e} = \frac{z \cdot 9{,}6485 \cdot 10^7\,\frac{A \cdot s}{kmol}}{z \cdot 1{,}6022 \cdot 10^{-19}\,A \cdot s} = 6{,}022 \cdot 10^{26}\,\frac{1}{kmol}$$

32. Atomdurchmesser aus relativer Atommasse und Dichte

$$\left.\begin{aligned} &(1)\ \rho_{Au} = 19{,}3\frac{g}{cm^3} = 1{,}93 \cdot 10^4\,\frac{kg}{m^3} \\ &(2)\ m_r(Au) = 196{,}97\,u \\ &(3)\ \rho = \frac{m}{V} \Rightarrow V = \frac{m}{\rho} \end{aligned}\right\} \Rightarrow$$

$\overset{(1),(3)}{\Rightarrow}$ 196,97 kg Gold nehmen das Volumen

$$V = \frac{196{,}97\,kg}{1{,}93 \cdot 10^4\,\frac{kg}{m^3}} = 1{,}02 \cdot 10^{-2}\,m^3 \text{ ein.}$$

Da andererseits 1 kmol Gold nach (2) die Masse 196,97 kg besitzt und aus $N_A = 6{,}0221 \cdot 10^{26}$ Atomen besteht, nimmt ein Goldatom das Volumen

$$V_{Atom} = \frac{1{,}02 \cdot 10^{-2}\,m^3}{6{,}0221 \cdot 10^{26}} = 1{,}69 \cdot 10^{-29}\,m^3$$

ein.

Betrachtet man das Goldatom als Würfel mit der Kantenlänge d, so gilt: $d^3 = V_{Atom}$.

Für den Goldatomdurchmesser d ergibt sich hieraus:

$$d = \sqrt[3]{V_{Atom}} = \sqrt[3]{1{,}69 \cdot 10^{-29}\,m^3} = 2{,}57 \cdot 10^{-10}\,m.$$

33. Avogadrokonstante und Kristalldaten

a) Die Elementarzelle ist ein Würfel. Die Edelgasatome sitzen an seinen Ecken und auf seinen Seitenflächen dort, wo sich die Quadratdiagonalen schneiden.

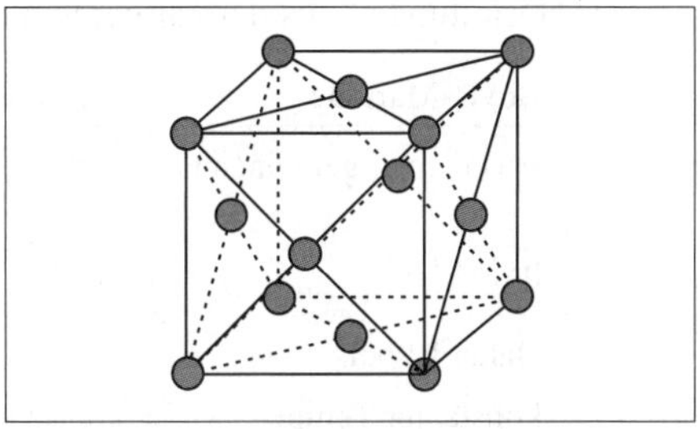

b) Da jedes Würfeleckatom zu 8 Würfeln und jedes Seitenflächenatom zu 2 Würfeln gehört, treffen im Mittel auf eine Elementarzelle $8 \cdot \frac{1}{8} + 6 \cdot \frac{1}{2} = 1 + 3 = 4$ Atome.

Wenn 4 Atome das Volumen a^3 einnehmen, nehmen N_A Atome das Volumen

$V_{kmol} = \frac{a^3}{4} \cdot N_A$ (*) ein.

Aus

$$\rho = \frac{M_{kmol}}{V_{kmol}} \overset{(*)}{=} \frac{M_{kmol}}{\frac{a^3}{4} \cdot N_A} = 4 \cdot \frac{M_{kmol}}{a^3 \cdot N_A}$$ ergibt sich durch Auflösen nach N_A:

$$N_A = 4 \cdot \frac{M_{kmol}}{\rho \cdot a^3}$$

c) Sitzen die Edelgasatome in der Elementarzelle nur an den Würfelecken, trifft im Mittel ein Atom auf eine Elementarzelle. Analog zur Herleitung in Teilaufgabe b ergibt sich dann:

$$N_A = \frac{M_{kmol}}{\rho \cdot a^3}$$

34. Ideales Gas – Begriffswiederholung aus der Mittelstufenphysik

Zustandsgrößen sind Größen, die den Zustand einer abgegrenzten Menge eines Gases charakterisieren und nicht davon abhängen, auf welchem Weg das Gas in den bestehenden Zustand gebracht worden ist.
Zahlreiche experimentelle Befunde zeigen, dass zur Beschreibung des Zustands einer abgeschlossenen Gasmenge die drei Zustandsgrößen Druck p, Volumen V, absolute Temperatur T ausreichen.
Ein Gas heißt ideal, wenn es hinsichtlich dieser Zustandsgrößen das allgemeine Gasgesetz $\frac{p \cdot V}{T} = \text{konst.}$ befolgt.

35. Die Gasgesetze von Boyle-Mariotte, Gay-Lussac und Amonton-Charles als Sonderfälle des allgemeinen Gasgesetzes

a) Herleitungen aus dem allgemeinen Gasgesetz:

Boyle-Mariotte	Gay-Lussac	Amonton
Aus dem allgemeinen Gasgesetz $\frac{p \cdot V}{T} = C$, wobei C eine Konstante ist, folgt:		
$p \cdot V = C \cdot T$	$\frac{V}{T} = \frac{C}{p}$	$\frac{p}{T} = \frac{C}{V}$
Daher ist bei:		
konstanter Temperatur T	konstantem Druck p	konstantem Volumen V
das Produkt aus Druck und Volumen konstant.	der Quotient aus Volumen und absoluter Temperatur konstant.	der Quotient aus Druck und absoluter Temperatur konstant.
Mit anderen Worten ist dann wegen	Mit anderen Worten ist dann wegen	Mit anderen Worten ist dann wegen
$p = \frac{\text{konst.}}{V}$	$V = \text{konst.} \cdot T$	$p = \text{konst.} \cdot T$
der Druck umgekehrt proportional zum Volumen.	das Volumen direkt proportional zur absoluten Temperatur.	der Druck direkt proportional zur absoluten Temperatur.

b) Grafische Veranschaulichung:

Gesetz von Boyle-Mariotte

Aus der allgemeinen Gasgleichung ergibt sich: $p = \frac{C \cdot T}{V}$. Bei konstanter T ist p eine Funktion von V. Der zugehörige Graph ist eine Hyperbel, die umso weiter von den Koordinatenachsen entfernt ist, je größer T ist.

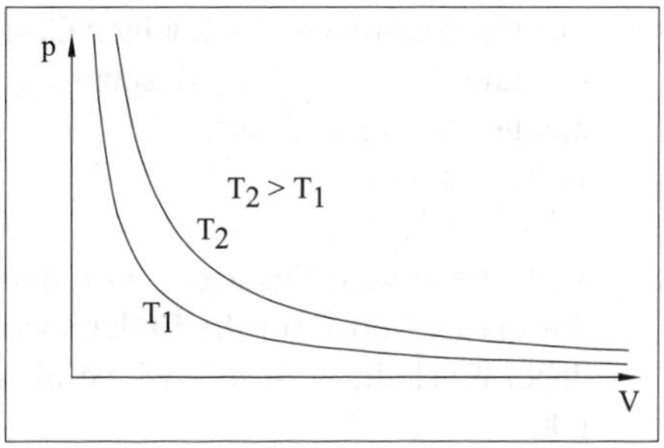

Gesetz von Gay-Lussac

Aus der allgemeinen Gasgleichung ergibt sich: $V = \frac{C}{p} \cdot T$. Bei konstantem p ist V eine Funktion von T. Der zugehörige Graph ist eine Ursprungsgerade, deren Steigung umso kleiner ist, je größer p ist.

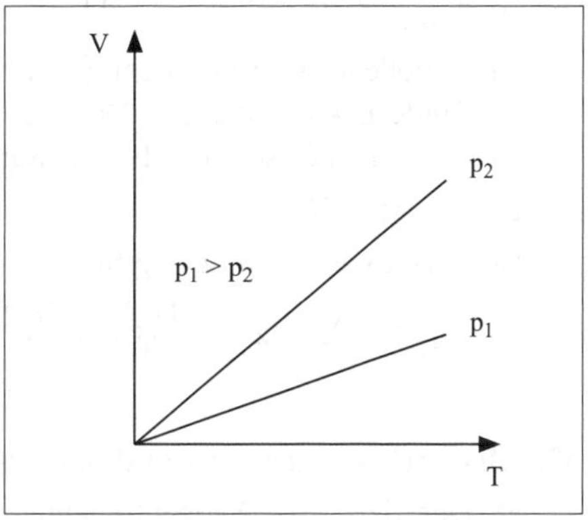

Gesetz von Amonton-Charles

Aus der allgemeinen Gasgleichung ergibt sich: $p = \frac{C \cdot T}{V}$. Bei konstantem V ist p eine Funktion von T. Der zugehörige Graph ist eine Ursprungsgerade, deren Steigung umso kleiner ist, je größer V ist.

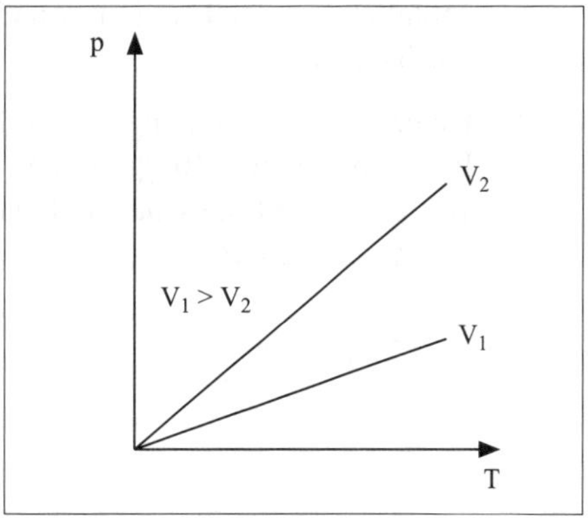

Hinweis:
Zustandsänderungen, bei denen

die Temperatur		isotherm
der Druck	der Gasmenge konstant bleiben, heißen	isobar
das Volumen		isochor.

✷ 36. Deduktive Herleitung des allgemeinen Gasgesetzes

Zur Herleitung des allgemeinen Gasgesetzes ist für zwei beliebige Zustände – Zustand 1 (p_1, V_1, T_1), Zustand 2 (p_2, V_2, T_2) – einer abgeschlossenen Gasmenge zu zeigen, dass

$$\frac{p_1 \cdot V_1}{T_1} = \frac{p_2 \cdot V_2}{T_2}$$

Ausgehend vom Zustand 1 wird dazu in einem ersten Schritt die Temperatur des Gases isobar auf die Endtemperatur T_2 gebracht. Das Volumen, das sich dabei einstellt, wird mit V* bezeichnet. Nach dem Gesetz von Gay-Lussac gilt:

$$\frac{V^*}{T_2} = \frac{V_1}{T_1} \Rightarrow V^* = \frac{V_1 \cdot T_2}{T_1} \qquad (1)$$

Anschließend wird in einem zweiten Schritt der Druck isotherm von p_1 auf den Enddruck p_2 gebracht. Das Gas nimmt danach auch das Endvolumen V_2 an. Nach dem Gesetz von Boyle-Mariotte gilt:

$$p_1 \cdot V^* = p_2 \cdot V_2 \qquad (2)$$

Einsetzen von (1) in (2) ergibt:

$$p_1 \cdot \frac{V_1 \cdot T_2}{T_1} = p_2 \cdot V_2 \Rightarrow \frac{p_1 \cdot V_1}{T_1} = \frac{p_2 \cdot V_2}{T_2}$$

37. Allgemeines Gasgesetz und universelles Gasgesetz

a) Der Satz von Avogadro lautet: Gleiche Volumina gasförmiger Körper enthalten bei gleichem Druck und gleicher Temperatur die gleiche Anzahl von Teilchen.

b) Unter Normalbedingungen, also bei der Temperatur $T_0 = 273$ K und beim Druck $p_0 = 1{,}013 \cdot 10^5 \frac{N}{m^2}$, nimmt 1 kmol eines idealen Gases unabhängig von der Gasart stets das Volumen 22,4 m^3 ein. Bezeichnet n die Stoffmenge des Gases und V_0 sein Volumen unter Normalbedingungen, so gilt:

$$V_0 = n \cdot 22{,}4 \frac{m^3}{kmol}$$

c) allgemeines Gasgesetz:

$$\frac{p \cdot V}{T} = \frac{p_0 \cdot V_0}{T_0} \Rightarrow \frac{p \cdot V}{T} = \frac{1{,}013 \cdot 10^5 \frac{N}{m^2} \cdot n \cdot 22{,}4 \frac{m^3}{kmol}}{273\,K}$$

$$= n \cdot 8{,}31 \cdot 10^3 \,\frac{N \cdot m}{K \cdot kmol}$$

Mit dem Wert für die universelle Gaskonstante $R = 8{,}31 \cdot 10^3 \frac{J}{K \cdot kmol}$ ergibt sich hieraus:

$$\frac{p \cdot V}{T} = n \cdot R \quad \text{oder} \quad p \cdot V = n \cdot R \cdot T \qquad (1)$$

Die Boltzmannkonstante k ist als universelle Gaskonstante definiert, die auf ein Teilchen bezogen ist:

$$k = \frac{R}{N_A} \Rightarrow R = k \cdot N_A$$

$$\Rightarrow n \cdot R = n \cdot k \cdot N_A = k \cdot n \cdot N_A = k \cdot N$$

Einsetzen in (1) ergibt:

$$p \cdot V = N \cdot k \cdot T \qquad (2)$$

38. Einfache Rechenaufgabe zur universellen Gasgleichung

a) Berechnung der Anzahl N aller N_2-Moleküle:

$$N = \frac{\text{Gesamtmasse des Gases}}{\text{Masse eines Moleküls}} = \frac{1{,}60 \cdot 10^{-3}\,kg}{2 \cdot 14{,}0 \cdot 1{,}66 \cdot 10^{-27}\,kg} = 3{,}44 \cdot 10^{22}$$

Einsetzen in universelle Gasgleichung:

$$p_1 \cdot V_1 = N \cdot k \cdot T_1 \Rightarrow p_1 = \frac{N \cdot k \cdot T_1}{V_1}$$

$$= \frac{3{,}44 \cdot 10^{22} \cdot 1{,}38 \cdot 10^{-23} \frac{J}{K} \cdot 300\,K}{1{,}50 \cdot 10^{-3}\,m^3} = 9{,}49 \cdot 10^4\,Pa$$

b) Allgemeine Gasgleichung:

$$\frac{p_2 \cdot V_2}{T_2} = \frac{p_1 \cdot V_1}{T_1} \overset{T_1 = T_2}{\Rightarrow} V_2 = \frac{p_1 \cdot V_1}{p_2} = \frac{p_1 \cdot 1{,}50 \cdot 10^{-3}\,m^3}{1{,}35 \cdot p_1} = \frac{1{,}50 \cdot 10^{-3}\,m^3}{1{,}35}$$

$$= 1{,}11 \cdot 10^{-3}\,m^3$$

c) Allgemeine Gasgleichung:

$$\frac{p_2 \cdot V_2}{T_2} = \frac{p_1 \cdot V_x}{T_x} \overset{V_2 = V_x}{\Rightarrow} T_x = \frac{p_1}{p_2} \cdot T_2 = \frac{p_1}{1{,}35 \cdot p_1} \cdot 300\,K = \frac{300\,K}{1{,}35} = 222\,K$$

Die Temperatur muss also um 78 K gesenkt werden.

39. Hydrostatischer Druck

a) In der Tiefe h unter der Wasseroberfläche wirkt zusätzlich zum äußeren Luftdruck p_L noch der hydrostatische Druck p_W des Wassers. Bezeichnet m die Masse der über einer Fläche A stehenden Wassersäule der Höhe h, so gilt:

$$p_W = \frac{m \cdot g}{A} = \frac{\rho_{Wasser} \cdot V \cdot g}{A} = \frac{\rho_{Wasser} \cdot A \cdot h \cdot g}{A} = \rho_{Wasser} \cdot h \cdot g$$

Für den Gesamtdruck p_1 in 24 m Wassertiefe gilt also:

$$p_1 = p_W + p_L = \rho_{Wasser} \cdot h \cdot g + p_L$$

$$= 1{,}0 \cdot 10^3 \,\frac{kg}{m^3} \cdot 24\,m \cdot 9{,}81 \frac{m}{s^2} + 1{,}013 \cdot 10^5 \,\frac{N}{m^2} = 3{,}4 \cdot 10^5 \,\frac{N}{m^2}$$

Im Weiteren werden die Zustandsgrößen in 24 m Wassertiefe mit 1, die an der Wasseroberfläche mit 2 indiziert.

Universelle Gasgleichung:

$$\left.\begin{array}{l} p_1 \cdot V_1 = N \cdot k \cdot T_1 \\ p_2 \cdot V_2 = N \cdot k \cdot T_2 \end{array}\right\} \Rightarrow \frac{p_1 \cdot V_1}{p_2 \cdot V_2} = \frac{T_1}{T_2} \Rightarrow \frac{V_2}{V_1} = \frac{p_1 \cdot T_2}{p_2 \cdot T_1} \qquad (1)$$

Kugelförmige Gasblase: $\frac{V_2}{V_1} = \frac{\frac{4}{3} \cdot r_2^3 \cdot \pi}{\frac{4}{3} \cdot r_1^3 \cdot \pi} = \left(\frac{r_2}{r_1}\right)^3 \Rightarrow \frac{r_2}{r_1} = \sqrt[3]{\frac{V_2}{V_1}}$ (2)

(1) und (2): $\frac{r_2}{r_1} = \sqrt[3]{\frac{p_1 \cdot T_2}{p_2 \cdot T_1}} = \sqrt[3]{\frac{3{,}4 \cdot 10^5 \frac{N}{m^2} \cdot 291\,K}{1{,}013 \cdot 10^5 \frac{N}{m^2} \cdot 277\,K}} = 1{,}5 \Rightarrow r_2 = 1{,}5 \cdot r_1$

Der Radius nimmt also um ca. 50 % zu.

b) Universelle Gasgleichung:

$$p_1 \cdot V_1 = N \cdot k \cdot T_1 \Rightarrow N = \frac{p_1 \cdot V_1}{k \cdot T_1} = \frac{3{,}4 \cdot 10^5 \frac{N}{m^2} \cdot \frac{4}{3} \cdot (0{,}9 \cdot 10^{-3}\,m)^3 \cdot \pi}{1{,}38 \cdot 10^{-23} \frac{J}{K} \cdot 277\,K} = 2{,}7 \cdot 10^{17}$$

40. Der Molzahltrick

Bezeichnen n_1 bzw. n_2 die Anzahl der Mole in der Pressluftflasche vor bzw. nach dem Füllvorgang und n_3 die Anzahl der Mole im aufgeblasenen Schlauchboot, so gilt:

$$n_1 = n_2 + n_3 \qquad (1)$$

universelles Gasgesetz: $p_i \cdot V_i = n_i \cdot R \cdot T_i \Rightarrow n_i = \frac{p_i \cdot V_i}{R \cdot T_i}$ (2)

(2) in (1): $\frac{p_1 \cdot V_1}{R \cdot T_1} = \frac{p_2 \cdot V_2}{R \cdot T_2} + \frac{p_3 \cdot V_3}{R \cdot T_3} \Rightarrow V_3 = \left(\frac{p_1 \cdot V_1}{R \cdot T_1} - \frac{p_2 \cdot V_2}{R \cdot T_2}\right) \cdot \frac{R \cdot T_3}{p_3}$

$$= \left(\frac{p_1 \cdot V_1}{T_1} - \frac{p_2 \cdot V_2}{T_2}\right) \cdot \frac{T_3}{p_3} \qquad (3)$$

$p_1 = (97{,}0 + 1{,}0)\,\text{bar} = 98{,}0\,\text{bar};$	$V_1 = 35 \cdot 10^{-3}\,\text{m}^3;$	$T_1 = (20 + 273)\,\text{K} = 293\,\text{K}$
$p_2 = (8{,}0 + 1{,}0)\,\text{bar} = 9{,}0\,\text{bar};$	$V_2 = 35 \cdot 10^{-3}\,\text{m}^3;$	$T_2 = (273 + 7)\,\text{K} = 280\,\text{K}$
$p_3 = (2{,}0 + 1{,}0)\,\text{bar} = 3{,}0\,\text{bar};$	$V_3 = ?$	$T_3 = (273 + 19)\,\text{K} = 292\,\text{K}$

Einsetzen in (3) ergibt:

$$V_3 = \left(\frac{98{,}0\,\text{bar} \cdot 35 \cdot 10^{-3}\,\text{m}^3}{293\,\text{K}} - \frac{9{,}0\,\text{bar} \cdot 35 \cdot 10^{-3}\,\text{m}^3}{280\,\text{K}}\right) \cdot \frac{292\,\text{K}}{3{,}0\,\text{bar}} = 1{,}0\ \text{m}^3$$

41. Dichteänderungen

universelle Gasgleichung:

$$p \cdot V = N \cdot k \cdot T \;\Rightarrow\; V = \frac{N \cdot k \cdot T}{p} \qquad (1)$$

$$\rho = \frac{m}{V} \overset{(1)}{=} \frac{m}{\frac{N \cdot k \cdot T}{p}} = \frac{m}{N \cdot k} \cdot \frac{p}{T} \qquad (2)$$

Indiziert man die Größen im Ausgangszustand mit 1 und im Endzustand mit 2, so ergibt sich mit (2):

$$\frac{\rho_2}{\rho_1} \overset{(2)}{=} \frac{\frac{m}{N \cdot k} \cdot \frac{p_2}{T_2}}{\frac{m}{N \cdot k} \cdot \frac{p_1}{T_1}} = \frac{p_2 \cdot T_1}{p_1 \cdot T_2} \qquad (3)$$

- isobare Zustandsänderung:

  $$p_1 = p_2 \overset{(3)}{\Rightarrow} \frac{\rho_2}{\rho_1} = \frac{T_1}{T_2}$$

  Die Dichten verhalten sich also umgekehrt wie die absoluten Temperaturen.

- isotherme Zustandsänderung:

  $$T_1 = T_2 \overset{(3)}{\Rightarrow} \frac{\rho_2}{\rho_1} = \frac{p_2}{p_1}$$

  Die Dichten verhalten sich also wie die Drücke.

- isochore Zustandsänderung:

  $$V_1 = V_2 \Rightarrow \rho_1 = \rho_2$$

  Die Dichte ändert sich nicht.

42. Gasgemisch I

a) Bei einem Gasgemisch ist der Gesamtdruck die Summe der Partialdrücke. Der Partialdruck einer Gasart ist der Druck, den diese Gasart haben würde, wenn sie allein ohne die anderen Komponenten des Gemisches bei derselben Temperatur in demselben Volumen vorhanden wäre. Also gilt:

$$p_{ges} = p_W + p_{Ne} \qquad (1)$$

$$\left.\begin{array}{l} V \cdot p_W = n_W \cdot R \cdot T \Rightarrow p_W = \dfrac{n_W \cdot R \cdot T}{V} \\ V \cdot p_{Ne} = n_{Ne} \cdot R \cdot T \Rightarrow p_{Ne} = \dfrac{n_{Ne} \cdot R \cdot T}{V} \end{array}\right\} \overset{(1)}{\Rightarrow} p_{ges} = \frac{n_W \cdot R \cdot T}{V} + \frac{n_{Ne} \cdot R \cdot T}{V}$$

$$\Rightarrow \frac{n_W \cdot R \cdot T}{V} = p_{ges} - \frac{n_{Ne} \cdot R \cdot T}{V}$$

$$\Rightarrow n_W = \frac{p_{ges} \cdot V}{R \cdot T} - n_{Ne} = \frac{1{,}04 \cdot 10^5\,\text{Pa} \cdot 2{,}00 \cdot 10^{-3}\,\text{m}^3}{8{,}31 \cdot 10^3 \frac{\text{J}}{\text{K} \cdot \text{kmol}} \cdot 313\,\text{K}} - 7{,}69 \cdot 10^{-5}\,\text{kmol}$$

$$= 3{,}07 \cdot 10^{-6}\,\text{kmol}$$

$$m_W = 3{,}07 \cdot 10^{-6} \cdot (2 \cdot 1{,}0079\,\text{kg} + 15{,}999\,\text{kg}) = 5{,}53 \cdot 10^{-5}\,\text{kg} \approx 55{,}3\,\text{mg}$$

b) Wie in Teilaufgabe a gilt für die Stoffmenge n_W des gasförmig vorhandenen Wassers:

$$n_W = \frac{p_{ges} \cdot V}{R \cdot T} - n_{Ne} = \frac{9{,}17 \cdot 10^4\,\text{Pa} \cdot 2{,}00 \cdot 10^{-3}\,\text{m}^3}{8{,}31 \cdot 10^3 \frac{\text{J}}{\text{K} \cdot \text{kmol}} \cdot 283\,\text{K}} - 7{,}69 \cdot 10^{-5}\,\text{kmol}$$

$$= 1{,}09 \cdot 10^{-6}\,\text{kmol}$$

$$m_W\,(\text{gasförmig}) = 1{,}09 \cdot 10^{-6}\,\text{kmol} \cdot (2 \cdot 1{,}0079\,\text{kg} + 15{,}999\,\text{kg})$$
$$= 1{,}96 \cdot 10^{-5}\,\text{kg}$$

Nach Teilaufgabe a liegen demnach
$5{,}53 \cdot 10^{-5}\,\text{kg} - 1{,}96 \cdot 10^{-5}\,\text{kg} = 3{,}57 \cdot 10^{-5}\,\text{kg}$ Wasser in flüssiger Form vor.

Hinweis:
Bereits Dalton (1766–1844) wies nach, dass der Druck feuchter Luft sich additiv aus dem Dampfdruck des Wassers und dem Druck der trockenen Luft zusammensetzt.

43. Gasgemisch II

a) Die Trennwand ändert ihre Lage nicht mehr, wenn $p_1 = p_2$.

universelle Gasgleichung:

$$\left.\begin{aligned} p_1 \cdot V_1 = n_1 \cdot R \cdot T \Rightarrow p_1 = \frac{n_1 \cdot R \cdot T}{V_1} \\ p_2 \cdot V_2 = n_2 \cdot R \cdot T \Rightarrow p_2 = \frac{n_2 \cdot R \cdot T}{V_2} \end{aligned}\right\} \overset{(p_1=p_2)}{\Rightarrow} \frac{n_1 \cdot R \cdot T}{V_1} = \frac{n_2 \cdot R \cdot T}{V_2}$$

$$\Rightarrow V_1 = \frac{n_1}{n_2} \cdot V_2 \qquad (1)$$

$$V = V_1 + V_2 \overset{(1)}{=} \frac{n_1}{n_2} \cdot V_2 + V_2 = \left(\frac{n_1}{n_2} + 1\right) \cdot V_2 = \frac{n_1 + n_2}{n_2} \cdot V_2$$

$$\Rightarrow V_2 = \frac{n_2}{n_1 + n_2} \cdot V \qquad (2)$$

$$V_1 = V - V_2 \overset{(2)}{=} V - \frac{n_2}{n_1 + n_2} \cdot V = \left(1 - \frac{n_2}{n_1 + n_2}\right) \cdot V = \frac{n_1}{n_1 + n_2} \cdot V \qquad (3)$$

b) $$p_1 \cdot V_1 = n_1 \cdot R \cdot T \Rightarrow p_1 = \frac{n_1 \cdot R \cdot T}{V_1} \overset{(3)}{=} \frac{n_1 \cdot R \cdot T}{\frac{n_1}{n_1 + n_2} \cdot V} = (n_1 + n_2) \cdot \frac{R \cdot T}{V}$$

$$p_2 \cdot V_2 = n_2 \cdot R \cdot T \Rightarrow p_2 = \frac{n_2 \cdot R \cdot T}{V_2} \overset{(2)}{=} \frac{n_2 \cdot R \cdot T}{\frac{n_2}{n_1 + n_2} \cdot V} = (n_1 + n_2) \cdot \frac{R \cdot T}{V}$$

c) Nach Durchmischung der Gase nimmt jedes das Volumen V ein. Für die Partialdrücke p_1, p_2 gilt daher:

$p_1 = \frac{n_1 \cdot R \cdot T}{V}$ bzw. $p_2 = \frac{n_2 \cdot R \cdot T}{V}$

Der Gesamtdruck p_{ges} ergibt sich als Summe der Partialdrücke:

$$p_{ges} = p_1 + p_2 = \frac{n_1 \cdot R \cdot T}{V} + \frac{n_2 \cdot R \cdot T}{V} = (n_1 + n_2) \cdot \frac{R \cdot T}{V}$$

Der Druck im Behälter ändert sich also durch Entfernung der Trennwand nicht.

44. Die Modellannahmen für ein einatomiges ideales Gas

- Das Volumen der Gasteilchen ist im Vergleich zu ihren gegenseitigen Abständen verschwindend gering.
- Die Gasteilchen üben außer im Augenblick des Zusammenstoßes untereinander oder mit der Wand keine anziehenden oder abstoßenden Kräfte aufeinander aus.
- Für den Stoß zwischen zwei Gasteilchen oder einem Gasteilchen und der Gefäßwand gelten die Gesetze des vollelastischen Stoßes.

- Es gilt das Prinzip der idealen Unordnung, d. h. bei gleich bleibender Temperatur erfolgt die Bewegung der Gasteilchen im Gas völlig regellos, keine Richtung im Raum wird bevorzugt. Zu jedem Geschwindigkeitsvektor gibt es in jedem Augenblick einen gleich großen mit entgegengesetzter Richtung.

45. Bernoullis Idee

a) Stößt ein Gasteilchen gegen eine Wandfläche A, so übt es nach den Stoßgesetzen für eine sehr kurze Zeit Δt auf A eine Kraft aus. Diese ist aber zeitlich nicht konstant und hängt davon ab, mit welchem Geschwindigkeitsbetrag und unter welchem Winkel es auf A trifft. Es ist daher unmöglich, zu einem bestimmten Zeitpunkt die Einzelkräfte aller gegen A stoßenden Moleküle exakt zu erfassen. Aufgrund der großen Stoßzahl gleichen sich aber die zeitlich, richtungs- und geschwindigkeitsbetragbedingten Unterschiede der Einzelkräfte gegenseitig aus, ihre Summe ergibt einen konstanten Wert. Teilt man ihn durch A, so erhält man den Druck des Gases auf die Fläche A.

b) Der Teller einer Briefwaage wird mit einem gewölbten Glas abgedeckt. Darüber hält man einen mit sehr vielen kleinen, elastischen Stahlkügelchen gefüllten Trichter, dessen Öffnung mit einem Reagenzglas verschlossen wird. Die Zahl der Kugeln, die den Trichter verlassen, hängt davon ab, wie hoch man das Reagenzglas anhebt. Treffen nur wenige Kugeln auf, so schwankt der Ausschlag der Briefwaage. Bei einem gleichmäßigen Strom aus vielen Kugeln beobachtet man einen konstanten Zeigerausschlag der Briefwaage.

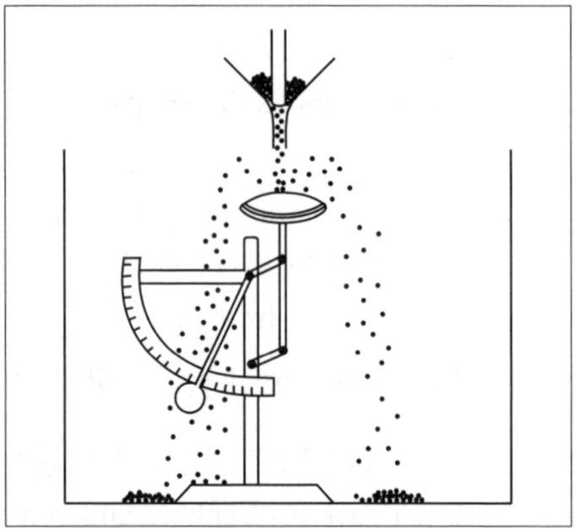

46. Herleitung der Grundgleichung der kinetischen Gastheorie

a) In der Zeitspanne Δt erreichen nur die Gasteilchen die Wand BCFG, die höchstens $v \cdot \Delta t$ von ihr entfernt sind und sich auf BCFG zu bewegen. Diese Bedingungen erfüllen $\frac{1}{6}$ aller Gasteilchen im Quader ABCDEFGH.

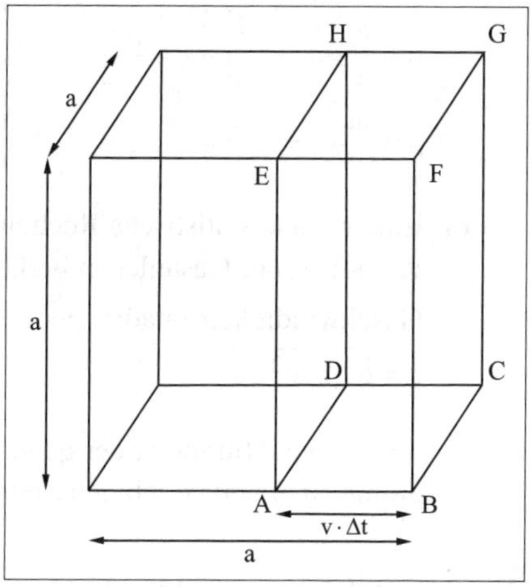

Im Würfel vom Volumen a^3 sind N Gasteilchen. Im Quader ABCDEFGH vom Volumen $v \cdot \Delta t \cdot a^2$ sind dann $\frac{N}{a^3} \cdot v \cdot \Delta t \cdot a^2$ Gasatome.

Also:

$$z = \frac{1}{6} \cdot \frac{N}{a^3} \cdot v \cdot \Delta t \cdot a^2 = \frac{N \cdot v \cdot \Delta t}{6 \cdot a} \qquad (1)$$

b) Bezeichnet m_T die Masse eines Gasteilchens, so gilt entsprechend nebenstehender Skizze für den Betrag Δp_T der Impulsänderung **eines** Teilchens beim vollelastischen Stoß mit der Wand:

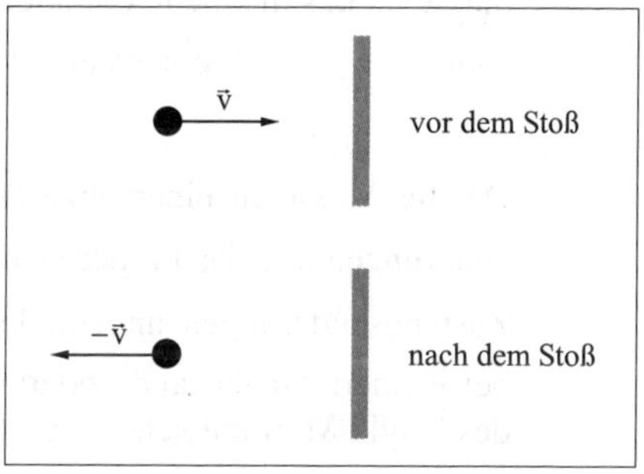

$$\Delta p_T = p_{T,\,vor} - p_{T,\,nach} = m_T \cdot v - (-m_T \cdot v) = 2 \cdot m_T \cdot v$$

Ein auf die Wandfläche stoßendes Gasteilchen überträgt daher während der Zeit Δt den Kraftstoß:

$$F_T \cdot \Delta t = \Delta p_T = 2 \cdot m_T \cdot v \qquad (2)$$

Alle auf die Wandfläche stoßenden Gasatome übertragen dann während der Zeit Δt nach (1) und (2) den Kraftstoß:

$$F_{ges} \cdot \Delta t = z \cdot F_T \cdot \Delta t \underset{(2)}{\overset{(1)}{=}} \frac{N \cdot v \cdot \Delta t}{6 \cdot a} \cdot 2 \cdot m_T \cdot v = \frac{N \cdot m_T \cdot v^2}{3 \cdot a} \cdot \Delta t$$

$$\Rightarrow F_{ges} = \frac{N \cdot m_T \cdot v^2}{3 \cdot a} \qquad (3)$$

Berechnung des Gasdrucks:

$$\left.\begin{array}{l} p = \dfrac{F_{ges}}{a^2} \overset{(3)}{=} \dfrac{\frac{N \cdot m_T \cdot v^2}{3 \cdot a}}{a^2} = \dfrac{N \cdot m_T \cdot v^2}{3 \cdot a^3} \\ \rho = \dfrac{m_{ges}}{V} = \dfrac{N \cdot m_T}{a^3} \end{array}\right\} \Rightarrow p = \tfrac{1}{3} \cdot \rho \cdot v^2$$

c) Eine genaue statistische Rechnung zeigt, dass man die Geschwindigkeitsverteilung der Gasteilchen berücksichtigt, wenn man v^2 durch das mittlere Geschwindigkeitsquadrat $\overline{v^2}$ ersetzt:

$p = \frac{1}{3} \cdot \rho \cdot \overline{v^2}$

$\overline{v^2}$ ist der Mittelwert der quadrierten Geschwindigkeitsbeträge aller Gasatome zu einem beliebigen Zeitpunkt.

47. Grundgleichung und Boyle-Mariotte'sches Gesetz

a) Setzt man den Ausdruck $\rho = \frac{m}{V}$ für die Dichte eines Gases der Gesamtmasse m, das in einem Volumen V eingeschlossen ist, in die Grundgleichung $p = \frac{1}{3} \cdot \rho \cdot \overline{v^2}$ ein, so erhält man $p = \frac{1}{3} \cdot \frac{m}{V} \cdot \overline{v^2}$ und hieraus

$p \cdot V = \frac{1}{3} \cdot m \cdot \overline{v^2}$.

Da die Masse m einer abgeschlossenen Gasmenge bei allen Zustandsänderungen und das mittlere Geschwindigkeitsquadrat $\overline{v^2}$ bei isothermen Zustandsänderungen unverändert bleiben, ist $\frac{1}{3} \cdot m \cdot \overline{v^2}$ und damit $p \cdot V$ bei isothermen Zustandsänderungen konstant. Genau das ist die Aussage des Boyle-Mariotte'schen Gesetzes.

b) Die theoretische Herleitung des experimentell verifizierten Gesetzes von Boyle-Mariotte aus der Grundgleichung und damit aus den vier Modellannahmen für ein einatomiges ideales Gas stützt die Richtigkeit der vier Grundannahmen.

48. Grundgleichung und Gasdiffusion

Nach der Grundgleichung verhalten sich die mittleren Geschwindigkeitsquadrate zweier Gase bei gleichen Bedingungen umgekehrt wie ihre Dichten:

$$\left.\begin{aligned} p_1 &= \frac{1}{3}\cdot\rho_1\cdot\overline{v_1^2} \\ p_2 &= \frac{1}{3}\cdot\rho_2\cdot\overline{v_2^2} \end{aligned}\right\} \overset{p_1=p_2}{\Rightarrow} \frac{1}{3}\cdot\rho_1\cdot\overline{v_1^2} = \frac{1}{3}\cdot\rho_2\cdot\overline{v_2^2} \Rightarrow \frac{\overline{v_1^2}}{\overline{v_2^2}} = \frac{\rho_2}{\rho_1}$$

Luft besteht zu etwa 21 % aus O_2 und zu 79 % aus N_2. Da das Dichteverhältnis von Sauerstoff bzw. Stickstoff zu Wasserstoff etwa 16 : 1 bzw. 14 : 1 beträgt, verhalten sich die mittleren Geschwindigkeiten der jeweiligen Gasmoleküle in etwa wie 4 : 1 bzw. 3,7 : 1.

a) Sobald der Wasserstoff einströmt, entsteht außerhalb des Tongefäßes ein Mangel an Luft- und ein Überschuss an Wasserstoffmolekülen. Innen liegen die Verhältnisse gerade umgekehrt. Luftmoleküle diffundieren also nach außen und Wasserstoffmoleküle nach innen. Wegen ihrer größeren Geschwindigkeit diffundieren die Wasserstoffmoleküle aber schneller als die Luftmoleküle (vgl. Hinweis!). Kurzfristig nimmt also die Teilchenzahl und dadurch der Druck im Tongefäß zu. Hat sich auf beiden Seiten der porösen Tonwand ein neuer Gleichgewichtszustand zwischen den Molekülen eingestellt, herrscht im Tongefäß kein Überdruck mehr.

b) Beim Entfernen des Becherglases ist es gerade umgekehrt. Die Wasserstoffmoleküle diffundieren schneller aus dem Tongefäß heraus als die Luftmoleküle hinein.

Hinweis:
Eine poröse Tonwand kann man sich als eine Vielzahl von parallelen Kapillarröhren vorstellen. Die Gasmoleküle treffen auf eine Öffnung einer Kapillare und fliegen in diese hinein. Nach mehrfachen Reflexionen an den Wänden verlassen sie die Kapillare am anderen Ende. Treffen sie in der Kapillare nicht mit anderen Molekülen zusammen, so ist die Zeit, die sie zum Passieren benötigen, proportional zu ihrer mittleren Geschwindigkeit.

49. Die Maxwell'sche Geschwindigkeitsverteilung

a) Die Geschwindigkeitsbeträge der Moleküle eines Gases ändern sich durch Stöße laufend. Trotzdem gibt es stets eine konstante Anzahl ΔN von Molekülen, deren Geschwindigkeitsbeträge in einem Intervall der Länge Δv von v_0 bis $v_0 + \Delta v$ liegen. ΔN hängt von v_0, Δv und der Gesamtzahl N aller Gasmoleküle ab und lässt sich mithilfe der von Maxwell gefundenen Verteilungsfunktion f(v) schreiben als:

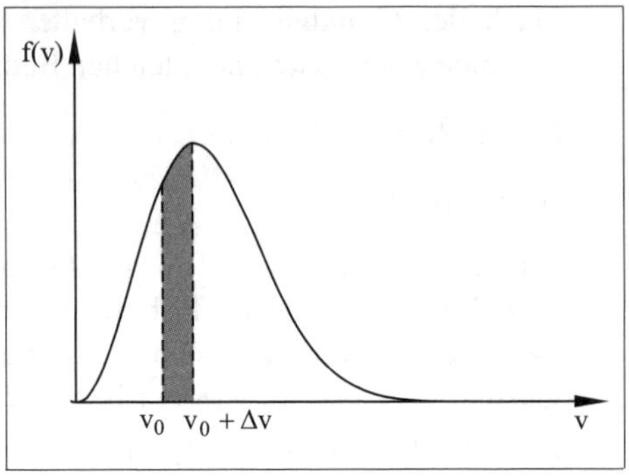

$\Delta N = N \cdot f(v_0) \cdot \Delta v$

Der Bruchteil $\frac{\Delta N}{N}$, der die Wahrscheinlichkeit (eigentlich die relative Häufigkeit) dafür ist, dass der Geschwindigkeitsbetrag eines Moleküls im Intervall $[v_0; v_0 + \Delta v]$ liegt, kann geometrisch als Inhalt der in der Skizze schraffierten Fläche veranschaulicht werden.
Die Verteilungsfunktion gestattet keine Aussage über die Anzahl der Moleküle, die exakt die Geschwindigkeit v_0 besitzen.

b) Je höher die Temperatur eines idealen Gases, desto flacher und breiter verläuft die Verteilungsfunktion.
Ihr relatives Maximum verschiebt sich mit steigender Temperatur zu höheren Geschwindigkeiten hin.

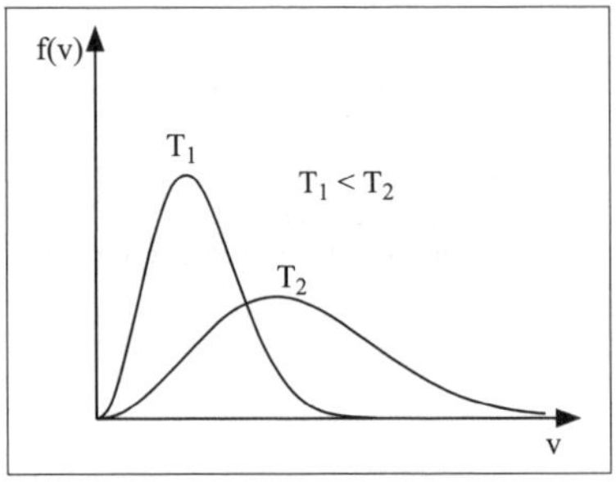

Je größer die Masse der Moleküle eines idealen Gases ist, desto schmaler und höher verläuft die Verteilungsfunktion.
Ihr relatives Maximum verschiebt sich mit abnehmender Molekülmasse zu höheren Geschwindigkeiten hin.

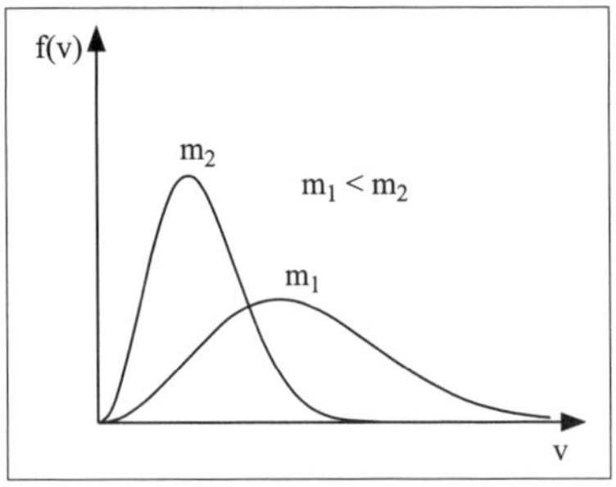

50. Verschiedene Geschwindigkeiten

a) Die Geschwindigkeit, bei der die Maxwell'sche Verteilungsfunktion ein Maximum aufweist, ist die wahrscheinlichste Geschwindigkeit v_w.

b) Die Graphen aus Aufgabe 49 zeigen, dass die Verteilungsfunktion nicht symmetrisch zu ihrem Maximum liegt. Es gibt mehr Moleküle, deren Geschwindigkeitsbeträge größer als v_w sind als Moleküle mit kleineren Geschwindigkeitsbeträgen. Daher ist $\overline{v} > v_w$!

c) $v_w < \overline{v} < \sqrt{\overline{v^2}}$

d) $\overline{v} = 0{,}92 \cdot \sqrt{\overline{v^2}}$

Hinweise:

1. Die Beziehung $\overline{v} = 0{,}92 \cdot \sqrt{\overline{v^2}}$ wird in einigen Abituraufgaben gefordert und gehört daher zum abrufbaren Wissen!
2. Genaue Rechnungen liefern:
   - $v_w = \sqrt{\frac{2 \cdot k \cdot T}{m}}$, wobei m die Molekülmasse bezeichnet.
   - $\overline{v} = 1{,}13 \cdot v_w$
   - $\sqrt{\overline{v^2}} = 1{,}22 \cdot v_w$

51. Grundgleichung und Molekülgeschwindigkeiten

Grundgleichung:

$$\left.\begin{array}{l} p = \frac{1}{3} \cdot \rho \cdot \overline{v^2} \Rightarrow \overline{v^2} = \frac{3 \cdot p}{\rho} \\ \overline{v} = 0{,}92 \cdot \sqrt{\overline{v^2}} \end{array}\right\} \Rightarrow \overline{v} = 0{,}92 \cdot \sqrt{\frac{3 \cdot p}{\rho}} \qquad (*)$$

Da ein Kilomol H_2-Gas die Masse $m_{Kilomol} = 2 \cdot 1{,}0079\,kg = 2{,}0158\,kg$ besitzt und nach dem Satz von Avogadro unter Normalbedingungen das Volumen $V_0 = 22{,}414\,m^3$ einnimmt, ergibt sich für seine Dichte ρ_0 unter Normalbedingungen:

$$\rho_0 = \frac{m_{Kilomol}}{V_0} = \frac{2{,}0158\,kg}{22{,}414\,m^3} = 8{,}993 \cdot 10^{-2}\,\frac{kg}{m^3}$$

Einsetzen der Werte von ρ_0 und $p_0 = 1{,}013 \cdot 10^5\,\frac{N}{m^2}$ in (*) ergibt:

$$\overline{v} = 0{,}92 \cdot \sqrt{\frac{3 \cdot 1{,}013 \cdot 10^5\,\frac{N}{m^2}}{8{,}993 \cdot 10^{-2}\,\frac{kg}{m^3}}} = 1691\,\frac{m}{s}$$

52. Der Versuch von Stern

a) Zwei Metallzylinder mit den Innenradien r und R werden starr und konzentrisch zueinander angeordnet. Längs ihrer gemeinsamen Achse a wird ein beheizbarer, versilberter Platindraht D gespannt. Der innere Zylinder weist eine schmale, zu D parallele Schlitzöffnung S auf. Nachdem die Zylinder gut evakuiert worden sind, wird der Platindraht geheizt. Einige der dabei abgedampften Silberatome gelangen durch den Schlitz und schlagen sich auf der Innenwand des äußeren Zylinders als relativ scharf begrenzter Streifen bei A nieder. Die Heizung wird abgeschaltet und erst nachdem die Zylinder in schnelle Rotation um a versetzt worden sind, wieder eingeschaltet. Je nach Drehsinn entstehen dann Niederschläge bei B (Drehung gegen den Uhrzeigersinn) oder bei C (Drehung im Uhrzeigersinn), die im Vergleich zum Niederschlag bei ruhender Anordnung relativ verwaschen sind.

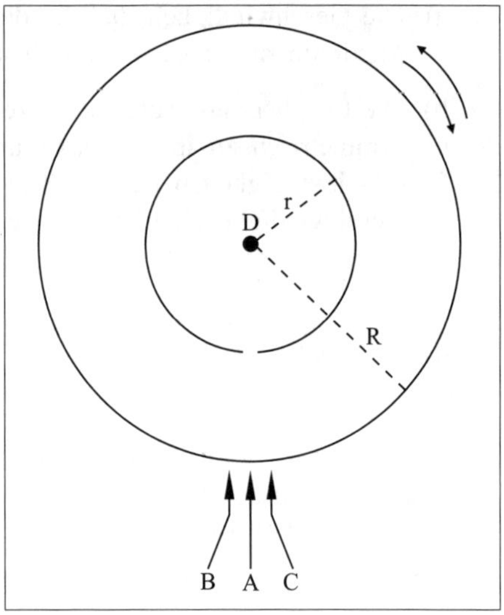

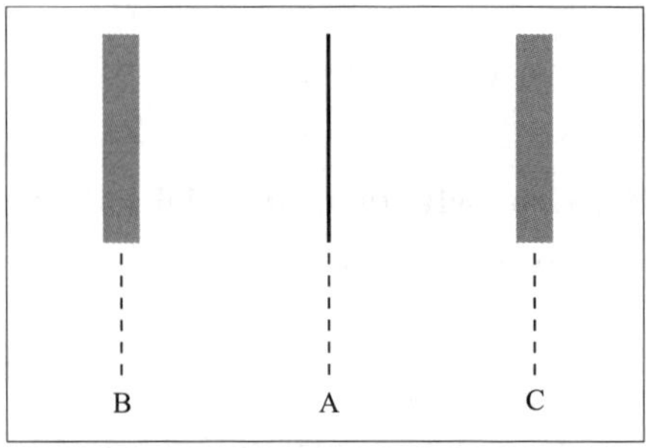

b) Gemessen werden r, R, $\overline{BC}$ und die Rotationsfrequenz f der Zylinder. Ein Silberatom mit dem Geschwindigkeitsbetrag v legt die Strecke R − r in der Zeit

$$\Delta t = \frac{R - r}{v} \qquad (1)$$

zurück. In der gleichen Zeit bewegt sich ein Punkt auf dem Außenzylinder mit der Bahngeschwindigkeit $v_{Bahn} = R \cdot \omega = R \cdot 2 \cdot \pi \cdot f$ um die Strecke $\frac{\overline{BC}}{2}$ weiter. Daher gilt andererseits:

$$\Delta t = \frac{\frac{\overline{BC}}{2}}{R \cdot 2 \cdot \pi \cdot f} = \frac{\overline{BC}}{4 \cdot R \cdot \pi \cdot f} \qquad (2)$$

Setzt man (1) und (2) gleich, so erhält man:

$$\frac{R-r}{v} = \frac{\overline{BC}}{4 \cdot R \cdot \pi \cdot f} \Rightarrow v = \frac{(R-r) \cdot 4 \cdot R \cdot \pi \cdot f}{\overline{BC}}$$

53. Messung von Atomgeschwindigkeiten mit einer Chopperanordnung

a) Ein Atom kann beide Schlitze ungestört durchfliegen, wenn es zum Zurücklegen der Strecke s zwischen den beiden Scheiben die gleiche Zeit Δt benötigt, die für die Drehung einer Scheibe um den Winkel φ erforderlich ist.

$$\left.\begin{aligned} \varphi &= \omega \cdot \Delta t = 2 \cdot \pi \cdot f \cdot \Delta t \\ \Delta t &= \frac{s}{v^*} \end{aligned}\right\} \Rightarrow \varphi = 2 \cdot \pi \cdot f \cdot \frac{s}{v^*} \Rightarrow v^* = \frac{2 \cdot \pi \cdot f \cdot s}{\varphi}$$

b) Ein Atom kann beide Schlitze auch dann ungestört durchfliegen, wenn sich eine Scheibe in der Zeit Δt, die das Atom zum Zurücklegen der Strecke s benötigt, um den Winkel $\varphi + k \cdot 2 \cdot \pi$, $k = 1, 2, 3, \ldots$ dreht.

Analog zur Herleitung in Teilaufgabe a haben solche Atome den Geschwindigkeitsbetrag

$$v = \frac{2 \cdot \pi \cdot f \cdot s}{\varphi + k \cdot 2 \cdot \pi}$$

54. Kinetische Deutung der Temperatur

a) Für die mittlere kinetische Energie $\overline{E_{kin}}$ eines Gasmoleküls der Masse m_0 gilt:

$$\overline{E_{kin}} = \overline{\frac{1}{2} \cdot m_0 \cdot v^2} = \frac{1}{2} \cdot m_0 \cdot \overline{v^2} \Rightarrow m_0 \cdot \overline{v^2} = 2 \cdot \overline{E_{kin}} \qquad (1)$$

Aus der Grundgleichung der kinetischen Gastheorie ergibt sich für ein Gas der Gesamtmasse m, bei dem N Teilchen das Volumen V einnehmen:

$$p = \frac{1}{3} \cdot \rho \cdot \overline{v^2} = \frac{1}{3} \cdot \frac{m}{V} \cdot \overline{v^2} = \frac{1}{3} \cdot \frac{N \cdot m_0}{V} \cdot \overline{v^2} \Rightarrow p \cdot V = \frac{1}{3} \cdot N \cdot m_0 \cdot \overline{v^2} \qquad (2)$$

(1) und (2): $p \cdot V = \frac{2}{3} \cdot N \cdot \overline{E_{kin}}$ (3)

Setzt man (3) in das universelle Gasgesetz $p \cdot V = N \cdot k \cdot T$ ein, so ergibt sich: $\frac{2}{3} \cdot N \cdot \overline{E_{kin}} = N \cdot k \cdot T$ und hieraus durch Auflösen nach $\overline{E_{kin}}$:

$$\overline{E_{kin}} = \frac{3}{2} \cdot k \cdot T$$

b) Bei $T = 0\,K$ wird die mittlere kinetische Energie $\overline{E_{kin}}$ eines Gasmoleküls null, alle Teilchen sind dann in Ruhe. Da die kinetische Energie keine negativen Werte annehmen kann, ist damit für $\overline{E_{kin}}$ und wegen $T = \frac{2 \cdot \overline{E_{kin}}}{3 \cdot k}$ auch für T der kleinste überhaupt mögliche Wert erreicht.

c) Für ein einzelnes oder sehr wenige Teilchen verlieren alle zur Herleitung der Beziehung $\overline{E_{kin}} = \frac{3}{2} \cdot k \cdot T$ gemachten Ansätze ihren Sinn. Die Temperatur, die als phänomenologische Größe den Grad der Erwärmung eines Körpers charakterisiert, ist nur durch die Bewegung der vielen Teilchen eines Gases bestimmt und in diesem Sinne, wie der Druck auch, eine statistische Größe.

Hinweis:
Die in Teilaufgabe b gemachten Aussagen sind unter folgenden Gesichtspunkten zu relativieren:

- Die Beziehung $\overline{E_{kin}} = \frac{3}{2} \cdot k \cdot T$ wurde unter den Modellannahmen des idealen Gase hergeleitet. Diese sind nahe des absoluten Temperaturnullpunktes aber für alle Gase unzulässig!
- Quantenmechanische Betrachtungen (vgl. Aufgabe 133) zeigen, dass die Teilchen eines Gases auch am absoluten Temperaturnullpunkt eine von null verschiedene kinetische Energie besitzen.

55. Einfache Rechenaufgaben zur statistischen Deutung der Temperatur

a) (1) mittlere kinetische Energie eines Heliumatoms:

$$\overline{E_{kin}} = \frac{3}{2} \cdot k \cdot T = 1{,}5 \cdot 1{,}38 \cdot 10^{-23}\,\frac{J}{K} \cdot (273 - 50)\,K = 4{,}62 \cdot 10^{-21}\,J$$

(2) mittlere Geschwindigkeit eines Heliumatoms:

$$\left.\begin{array}{l} \frac{1}{2} \cdot m_{He} \cdot \overline{v^2} = \frac{3}{2} \cdot k \cdot T \Rightarrow \overline{v^2} = \frac{3 \cdot k \cdot T}{m_{He}} \\ \overline{v} = 0{,}92 \cdot \sqrt{\overline{v^2}} \end{array}\right\} \Rightarrow$$

$$\Rightarrow \overline{v} = 0{,}92 \cdot \sqrt{\frac{3 \cdot k \cdot T}{m_{He}}} = 0{,}92 \cdot \sqrt{\frac{3 \cdot 1{,}38 \cdot 10^{-23}\,\frac{J}{K} \cdot 223\,K}{4{,}00 \cdot 1{,}66 \cdot 10^{-27}\,kg}} = 1{,}08 \cdot 10^3\,\frac{m}{s}$$

(3) mittlerer Impuls eines Heliumatoms:

$$\overline{p} = \overline{m_{He} \cdot v} = m_{He} \cdot \overline{v} = 4{,}00 \cdot 1{,}66 \cdot 10^{-27}\,kg \cdot 1{,}08 \cdot 10^3\,\frac{m}{s}$$
$$= 7{,}17 \cdot 10^{-24}\,N \cdot s$$

(4) mittlerer Kraftstoß:

$$F \cdot \Delta t = \Delta p = 2 \cdot \overline{p} = 2 \cdot 7{,}17 \cdot 10^{-24}\,N \cdot s = 1{,}43 \cdot 10^{-23}\,N \cdot s$$

(5) im Gas aufgrund der Wärmebewegung gespeicherter Energiebetrag:

$$E_{ges} = N \cdot \overline{E_{kin}} = n \cdot N_A \cdot \overline{E_{kin}} = 3{,}7 \cdot 6{,}02 \cdot 10^{23} \cdot 4{,}62 \cdot 10^{-21}\,J$$
$$= 1{,}0 \cdot 10^4\,J$$

(6) Dichte des Heliumgases:

Grundgleichung: $p = \frac{1}{3} \cdot \rho \cdot \overline{v^2} \Rightarrow \rho = \frac{3 \cdot p}{\overline{v^2}} = \frac{3 \cdot p}{\frac{3 \cdot k \cdot T}{m_{He}}} = \frac{p \cdot m_{He}}{k \cdot T}$

$$= \frac{870 \frac{N}{m^2} \cdot 4{,}00 \cdot 1{,}66 \cdot 10^{-27}\,kg}{1{,}38 \cdot 10^{-23} \frac{J}{K} \cdot 223\,K}$$

$$= 1{,}88 \cdot 10^{-3} \frac{kg}{m^3}$$

b) Eine Temperaturzunahme von 223 K bedeutet eine Verdoppelung der Temperatur.

(1) Die mittlere kinetische Energie eines Heliumatoms verdoppelt sich, da:

$$\overline{E_{kin\,neu}} = \frac{3}{2} \cdot k \cdot T_{neu} = \frac{3}{2} \cdot k \cdot 2 \cdot T_{alt} = 2 \cdot \overline{E_{kin\,alt}}$$

(2) Die mittlere Geschwindigkeit eines Heliumatoms nimmt um den Faktor $\sqrt{2}$ zu, da:

$$\overline{v}_{neu} = 0{,}92 \cdot \sqrt{\frac{3 \cdot k \cdot T_{neu}}{m_{He}}} = 0{,}92 \cdot \sqrt{\frac{3 \cdot k \cdot 2 \cdot T_{alt}}{m_{He}}} = \sqrt{2} \cdot 0{,}92 \cdot \sqrt{\frac{3 \cdot k \cdot T_{alt}}{m_{He}}}$$
$$= \sqrt{2} \cdot \overline{v}_{alt}$$

(3) Der mittlere Impuls eines Heliumatoms nimmt um den Faktor $\sqrt{2}$ zu, da :

$$\overline{p}_{neu} = m_{He} \cdot \overline{v}_{neu} = m_{He} \cdot \sqrt{2} \cdot \overline{v}_{alt} = \sqrt{2} \cdot m_{He} \cdot \overline{v}_{alt} = \sqrt{2} \cdot \overline{p}_{alt}$$

(4) Der mittlere Kraftstoß nimmt um den Faktor $\sqrt{2}$ zu, da :

$$F \cdot \Delta t_{neu} = 2 \cdot \overline{p}_{neu} = 2 \cdot \sqrt{2} \cdot \overline{p}_{alt} = \sqrt{2} \cdot 2 \cdot \overline{p}_{alt} = \sqrt{2} \cdot F \cdot \Delta t_{alt}$$

(5) Die im Gas aufgrund der Wärmebewegung gespeicherte Energie verdoppelt sich, da

$$E_{ges_{neu}} = N \cdot \overline{E_{kin\,neu}} = N \cdot 2 \cdot \overline{E_{kin\,alt}} = 2 \cdot N \cdot \overline{E_{kin\,alt}} = 2 \cdot E_{ges_{alt}}$$

(6) Da sich Teilchenzahl N, Teilchenmasse m_{He} und Gefäßvolumen V bei der Temperaturerhöhung nicht ändern und $\rho = \frac{N \cdot m_{He}}{V}$, ändert sich die Dichte nicht.

56. Adiabatische Mischung idealer Gase

a) $$\left.\begin{aligned} E_{ges_{vor}} &= n_{He} \cdot N_A \cdot \tfrac{3}{2} \cdot k \cdot T_{He} + n_{Ar} \cdot N_A \cdot \tfrac{3}{2} \cdot k \cdot T_{Ar} \\ E_{ges_{nach}} &= (n_{He} + n_{Ar}) \cdot N_A \cdot \tfrac{3}{2} \cdot k \cdot T_{misch} \end{aligned}\right\} \begin{aligned} E_{ges_{vor}} &= E_{ges_{nach}} \\ &\Rightarrow \end{aligned}$$

$$\Rightarrow n_{He} \cdot N_A \cdot \tfrac{3}{2} \cdot k \cdot T_{He} + n_{Ar} \cdot N_A \cdot \tfrac{3}{2} \cdot k \cdot T_{Ar}$$

$$= (n_{He} + n_{Ar}) \cdot N_A \cdot \tfrac{3}{2} \cdot k \cdot T_{misch}$$

$$\Rightarrow T_{misch} = \frac{n_{He} \cdot T_{He} + n_{Ar} \cdot T_{Ar}}{n_{He} + n_{Ar}} = \frac{(2{,}00 \cdot 200 + 4{,}00 \cdot 350)\,\text{mol} \cdot \text{K}}{(2{,}00 + 4{,}00)\,\text{mol}} = 300\ \text{K}$$

b) Wegen $\overline{v} = 0{,}92 \cdot \sqrt{\dfrac{3 \cdot k \cdot T}{m_{Teilchen}}}$ (vgl. Aufgabe 55) gilt für

Helium: $$\frac{\overline{v_{nach}}}{\overline{v_{vor}}} = \frac{0{,}92 \cdot \sqrt{\dfrac{3 \cdot k \cdot T_{misch}}{m_{He}}}}{0{,}92 \cdot \sqrt{\dfrac{3 \cdot k \cdot T_{He}}{m_{He}}}} = \sqrt{\frac{T_{misch}}{T_{He}}} = \sqrt{\frac{300\ \text{K}}{200\ \text{K}}} = 1{,}22$$

Argon: $$\frac{\overline{v_{nach}}}{\overline{v_{vor}}} = \frac{0{,}92 \cdot \sqrt{\dfrac{3 \cdot k \cdot T_{misch}}{m_{Ar}}}}{0{,}92 \cdot \sqrt{\dfrac{3 \cdot k \cdot T_{Ar}}{m_{Ar}}}} = \sqrt{\frac{T_{misch}}{T_{Ar}}} = \sqrt{\frac{300\ \text{K}}{350\ \text{K}}} = 0{,}93$$

Nach dem Mischvorgang ist mittlere Geschwindigkeit der Helium- bzw. Argonatome um 22 % größer bzw. um 7 % kleiner als vorher.

c) Wegen $\overline{v} = 0{,}92 \cdot \sqrt{\dfrac{3 \cdot k \cdot T}{m_{Teilchen}}}$ (vgl. Aufgabe 55) gilt

(1) Vor der Mischung:

$$\frac{\overline{v_{He}}}{\overline{v_{Ar}}} = \frac{0{,}92 \cdot \sqrt{\dfrac{3 \cdot k \cdot T_{He}}{m_{He}}}}{0{,}92 \cdot \sqrt{\dfrac{3 \cdot k \cdot T_{Ar}}{m_{Ar}}}} = \sqrt{\frac{T_{He} \cdot m_{Ar}}{T_{Ar} \cdot m_{He}}} = \sqrt{\frac{200 \cdot 39{,}95\ \text{u}}{350\ \text{K} \cdot 4{,}00\ \text{u}}} = 2{,}39$$

$$\Rightarrow \overline{v_{He}} = 2{,}39 \cdot \overline{v_{Ar}}$$

(2) Nach der Mischung:

$$\frac{\overline{v_{He}}}{\overline{v_{Ar}}} = \frac{0{,}92 \cdot \sqrt{\dfrac{3 \cdot k \cdot T_{misch}}{m_{He}}}}{0{,}92 \cdot \sqrt{\dfrac{3 \cdot k \cdot T_{misch}}{m_{Ar}}}} = \sqrt{\frac{m_{Ar}}{m_{He}}} = \sqrt{\frac{39{,}95\ \text{u}}{4{,}00\ \text{u}}} = 3{,}16$$

$$\Rightarrow \overline{v_{He}} = 3{,}16 \cdot \overline{v_{Ar}}$$

Vor dem Mischvorgang ist die mittlere Geschwindigkeit der Heliumatome um 139 % größer als die der Argonatome, nachher um 216 %.

57. Der Radiometereffekt

a) Ein Radiometer besteht aus einem vierarmigen Flügelrädchen, das in einer Glaskugel auf einer Nadelspitze drehbar gelagert ist. Jeder Flügel ist auf einer Seite geschwärzt, auf der anderen metallisch blank.

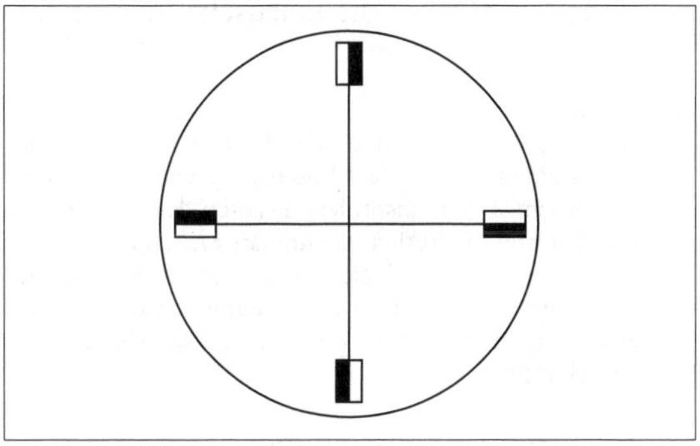

Die Flügel sind entsprechend nebenstehender Querschnittskizze ausgerichtet. Die Glaskugel ist weitgehend evakuiert.

b) Verhalten bei Lichteinfall:
Egal aus welcher Richtung Licht in die Glaskugel trifft, dreht sich das Flügelrädchen in die Richtung, in welche die blanken Flächen zeigen. Das in Teilaufgabe a skizzierte Flügelrad rotiert also gegen den Uhrzeigersinn.

Erklärung:
Das Licht erwärmt die geschwärzten Flächen stärker als die blanken. Daher besitzen die „Flügelmoleküle“ auf der geschwärzten Seite eine höhere Energie und schwingen stärker um ihre Ruhelage. So erfahren Luftmoleküle

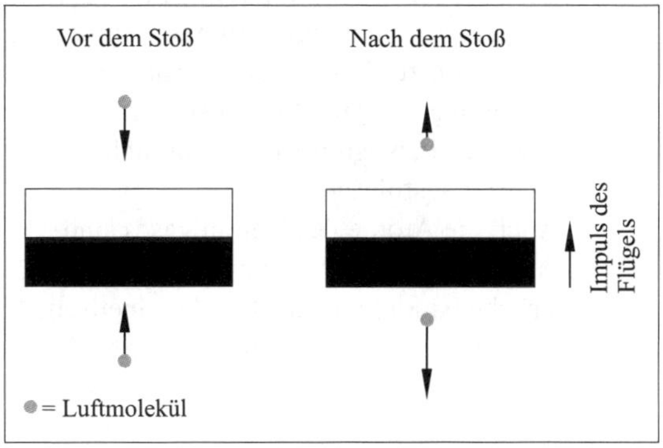

eine größere Impulsänderung, wenn sie auf die geschwärzten Seite auftreffen. Jeder Flügel erhält so einen Gesamtimpuls, der von der geschwärzten zur blanken Fläche gerichtet ist, wenn auf beide Flügelseiten im Mittel gleich viele Gasmoleküle auftreffen. Das skizzierte Rädchen dreht sich gegen den Uhrzeigersinn.

c) Diese Erklärung legt nahe, dass nicht nur bei Gasen, sondern auch bei festen Körpern die kinetische Energie der Moleküle mit steigender Temperatur zunimmt.

Hinweis:
Das Flügelrad erhält auch durch die Wechselwirkung mit den Photonen des einfallenden Lichts einen zusätzlichen Impuls. Sie werden von den blanken Flächen reflektiert und von den geschwärzten absorbiert. Da sich der Gesamtimpuls eines Photons der Wellenlänge λ bei Absorption (Reflexion) um $\Delta p = \lambda$ ($\Delta p = 2 \cdot \lambda$) ändert (vgl. Teilaufgaben 80 c und d), erfährt der Flügel bei gleichmäßigem Lichteinfall auf beiden Seiten einen photonenstoßbedingten Gesamtimpuls in Richtung von der blanken zur geschwärzten Fläche. Dieser ist zwar entgegengerichtet zum molekülstoßbedingten Impuls, betragsmäßig aber vernachlässigbar klein.

✷ 58. Zum Gleichverteilungssatz

a) Die mittlere kinetische Energie eines He-Atoms nimmt mit der Temperatur linear mit konstanter Steigung zu.
Beim Wasserstoffgas gibt es drei durch gestrichelt gezeichnete Übergänge getrennte Temperaturbereiche, in denen die mittlere kinetische Energie der Moleküle zwar linear, aber mit unterschiedlichen Steigungen mit der Temperatur wächst. Die Steigungen nehmen vom niederen über den mittleren zum höheren Temperaturbereich zu.

b) Die Moleküle des zweiatomigen Wasserstoffgases können im mittleren Temperaturbereich zusätzlich zur Translationsbewegung des Molekülschwerpunkts auch Rotationsbewegungen um räumliche Achsen ausführen.
Auch die Atome des Heliumgases sind dazu in der Lage. Wegen der sehr kleinen Trägheitsmomente ist aber die kinetische Energie der Atom- gegenüber der Molekülrotation vernachlässigbar klein. Im mittleren Temperaturbereich ist daher im Wasserstoffmolekül kinetische Energie der Translation und der Rotation „gespeichert", im Heliumatom nur Energie der Translation.
Ein Wasserstoffmolekül kann also aufgrund der Rotation bei gleicher Temperatur mehr Energie aufnehmen als ein Heliumatom.

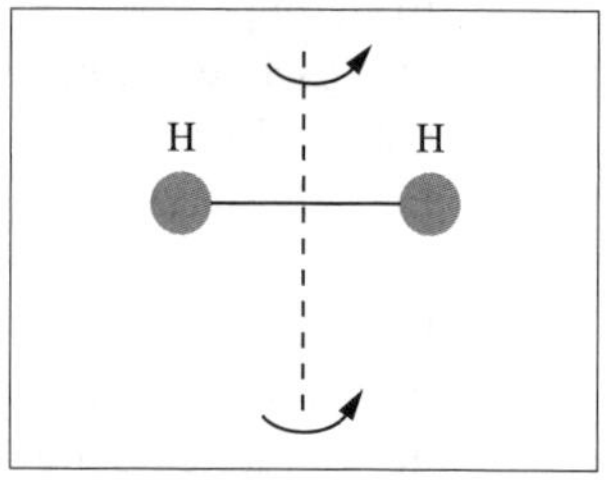

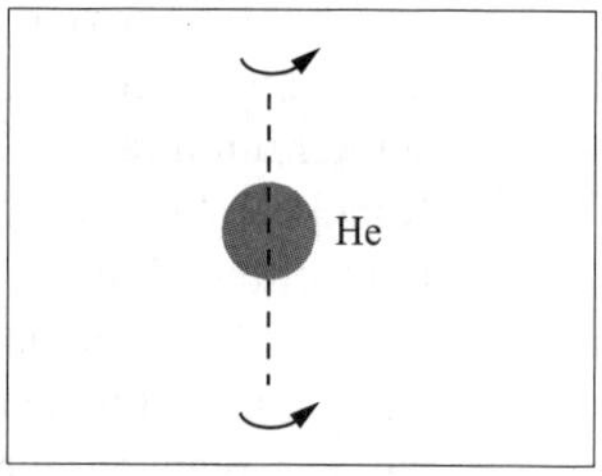

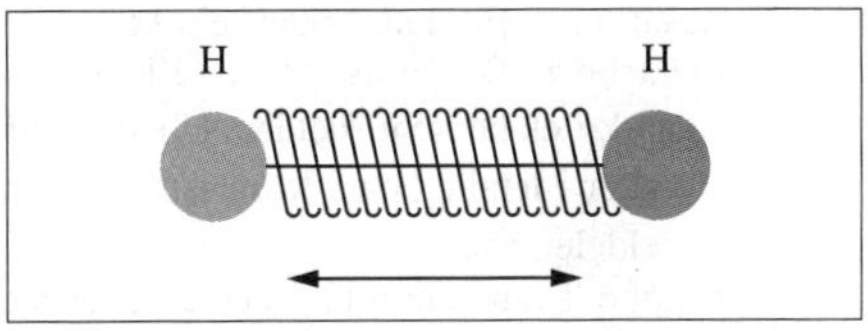

Bei noch höheren Temperaturen verhält sich das zweiatomige Wasserstoffmolekül nicht mehr wie eine starre Hantel, sondern führt längs der Molekülachse Schwingungen aus. Im höheren Temperaturbereich ist daher im Wasserstoffmolekül Energie der Translation, der Rotation und der Schwingung „gespeichert", im Heliumatom nur Energie der Translation.

Hinweis:
Die Anzahl der Koordinaten, die zur Beschreibung der Bewegung eines Körpers unbedingt erforderlich ist, bezeichnet man als Freiheitsgrade. Ein Heliumatom besitzt z. B. nur drei Freiheitsgrade der Translation, ein H_2-Molekül drei Freiheitsgrade der Translation, zwei der Rotation und einen der Schwingung.
Es zeigt sich nun, dass sich die mittlere kinetische Gesamtenergie eines Atoms oder Moleküls stets dann richtig ergibt, wenn man pro Freiheitsgrad den Wert $\frac{1}{2} \cdot k \cdot T$ vergibt.

59. Fotoeffekt

a) Die Auslösung von Elektronen aus Metallen durch Licht hinreichend hoher Frequenz bezeichnet man als Fotoeffekt oder auch als lichtelektrischen Effekt.

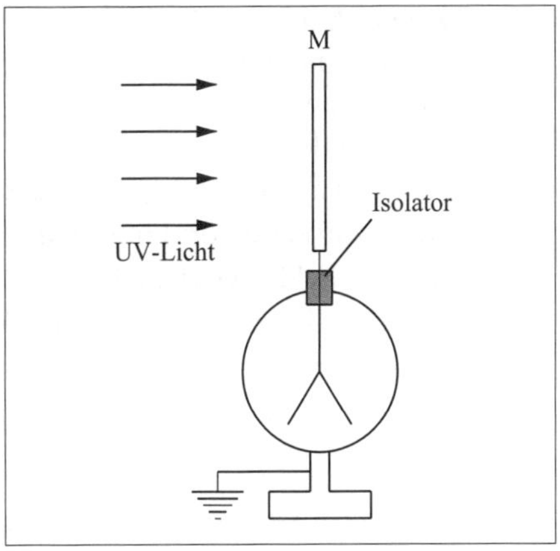

b) Eine frisch geschmirgelte, nach nebenstehender Skizze mit einem Elektroskop verbundene, sonst gut isolierte Metallplatte M wird negativ (positiv) geladen. Bestrahlt man sie dann mit dem ungefilterten Licht einer Quecksilberdampflampe, so geht der Zeigerausschlag rasch zurück (nicht zurück). Diese Beobachtung wird verständlich, wenn man dem auf die Metallplatte treffenden Licht die Fähingkeit zuschreibt, aus der Metalloberfläche Elektronen herauslösen zu können.

Hinweise:
1. Warum benötigt man eine frisch geschmirgelte Metallplatte?
   Beim Abschmirgeln entfernt man eine im Laufe der Zeit entstandene Oxidschicht, welche die Ablösung von Elektronen verhindert (Austrittsarbeit sonst zu groß!).

2. Zusammen mit dem Fotoeffekt kennen sie jetzt drei Möglichkeiten zur Erzeugung freier Elektronen. Die Emission von Elektronen aus Metallen kann man erreichen durch
   - starke elektrische Felder: Überschreitet die elektrische Feldstärke an der Oberfläche kalter Metalle einen Mindestwert vom $10^8\ \frac{V}{m}$, so treten Elektronen aus. Man nennt sie Feldelektronen.
   - hohe Temperaturen: Überschreitet die Temperatur eines Metalls einen Wert von ca. 2000 K, so emittiert es Elektronen (glühelektrischer Effekt oder Edison-Effekt). Man nennt diese Elektronen Glühelektronen.
   - Bestrahlung mit Licht.: Die durch Licht ausgelösten Elektronen heißen Fotoelektronen.
3. Verwendet man bei obigem Versuch ein sehr empfindliches Elektroskop und eine ungeladene Metallplatte, so beobachtet man bei Bestrahlung mit UV-Licht eine positive Aufladung der Platte. (vgl. Aufgabe 66)

60. Lenards Identifizierungsversuch

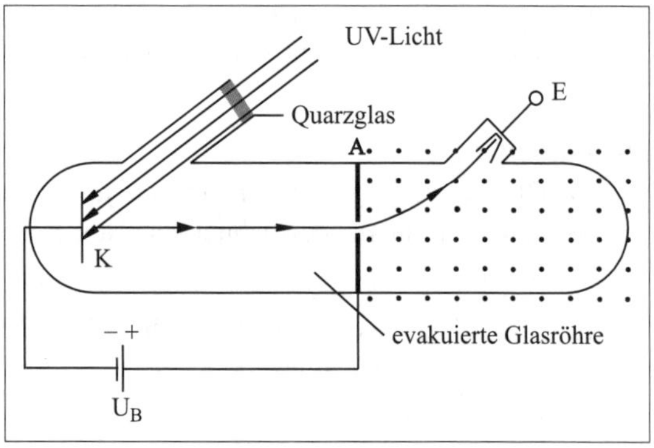

a) In einem hochevakuierten Glaskolben befinden sich entsprechend nebenstehender Skizze zwei plattenförmige Elektroden, eine Kathode K und eine Anode A mit Durchlassöffnung. UV-Licht kann durch einen seitlich angebrachten Stutzen mit Quarzglasfenster so in den Kolben eintreten, dass es auf K trifft und dort Fotoelektronen auslöst. Diese werden in einem elektrischen Feld zwischen K und A beschleunigt. Ein Teil davon tritt anschließend durch die Anodenöffnung senkrecht zu den Feldlinien in ein homogenes Magnetfeld ein und bewegt sich bei passend gewähltem $\vec{B}$ auf einem Kreisbogen zur Auffängerelektrode E. Lenard verwendete hierfür einen Faradaybecher, der mit einem Elektroskop verbunden war.

b) Gemessen wurden die Werte für U_B und $\vec{B}$, bei denen das Elektroskop einen Ausschlag zeigt und der Radius r des Kreisbogens, den die Elektronen durchlaufen haben.

c) Aus den in Teilaufgabe b gemessenen Daten ergibt sich die spezifische Ladung der vom Licht ausgelösten Teilchen folgendermaßen:

Energiesatz im elektrischen Längsfeld zwischen K und A:

$$\frac{1}{2} \cdot m \cdot v^2 = q \cdot U_B$$

$$\Rightarrow \quad v = \sqrt{2 \cdot \frac{q}{m} \cdot U_B} \qquad (1)$$

Kräftebilanz im homogenen Magnetfeld im Raum hinter A:

$$q \cdot v \cdot B = \frac{m \cdot v^2}{r}$$

$$\Rightarrow \quad v = \frac{q}{m} \cdot B \cdot r \qquad (2)$$

(1) und (2):

$$\sqrt{2 \cdot \frac{q}{m} \cdot U_B} = \frac{q}{m} \cdot B \cdot r \Rightarrow 2 \cdot \frac{q}{m} \cdot U_B = \left(\frac{q}{m}\right)^2 \cdot B^2 \cdot r^2$$

$$\Rightarrow \quad \frac{q}{m} = \frac{2 \cdot U_B}{B^2 \cdot r^2}$$

Der so von Lenard für $\frac{q}{m}$ gefundene Wert stimmte mit der spezifischen Elektronenladung überein.

61. Wirkungsweise einer Fotozelle

a) In einem evakuierten Glaskolben steht einer lichtelektrisch empfindlichen Schicht (z. B. aus Cäsium) eine ringförmige Anode A gegenüber. Legt man entsprechend nebenstehender Skizze zwischen Fotokathode K und Anode A eine Gleichspannung U an, so werden die vom auftreffenden Licht bei K ausgelösten Fotoelektronen zum Anodenring gezogen.

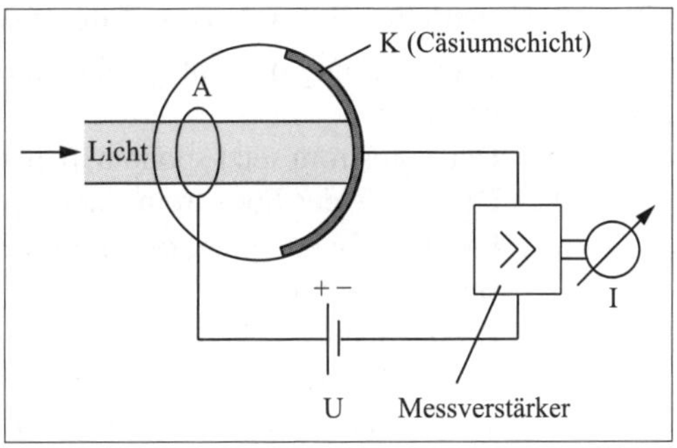

b) Misst man mit der in Teilaufgabe a skizzierten Schaltung die Stärke I des Fotostroms I in Abhängigkeit von der Saugspannung U, so erhält man nebenstehende U-I-Kennlinie.

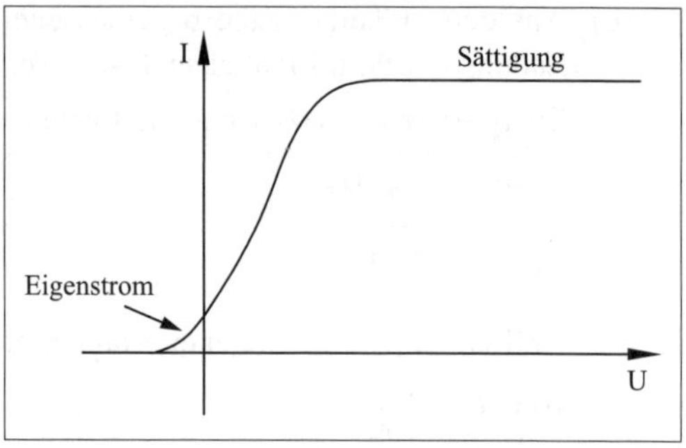

Erklärung des Kennlinienverlaufs:

- Um den Fotostrom auf null abzusenken, benötigt man eine geringe negative Gegenspannung (Größenordnung 1 V), da die Fotoelektronen die Fotoschicht bereits mit einer bestimmten Geschwindigkeit verlassen (Eigenstrom).
- Mit zunehmender positiver Saugspannung U steigt der Fotostrom an, weil pro Zeiteinheit immer mehr Fotoelektronen von K zum Anodenring gelangen.
- Die Sättigung setzt dann ein, wenn die Saugspannung so groß ist, dass alle pro Zeiteinheit ausgelösten Fotoelektronen in der gleichen Zeit zur Anode gelangen.

62. Experimentellen Befunde zum Fotoeffekt

a) Die Untersuchung des Fotoeffekts mit einer Fotozelle führt zu folgenden Ergebnissen:
   (1) Der Fotostrom setzt spontan, d. h. ohne zeitlichen Verzug, ein.
   (2) Die Stärke des Fotostroms ist proportional zur Bestrahlungsstärke.
   (3) Die kinetische Energie der Fotoelektronen ist unabhängig von der Bestrahlungsstärke.
   (4) Erhöht man die Frequenz des eingestrahlten Lichts, so erhöht sich auch die kinetische Energie der Fotoelektronen.
   (5) Es gibt eine Grenzwellenlänge λ_g. Einfallendes Licht der Wellenlänge $\lambda < \lambda_g$ ($\lambda > \lambda_g$) kann (kann keine) Fotoelektronen herauslösen.

b) Mit dem Wellenmodell nicht erklärbar sind die Befunde Nr. 1, 3, 4, 5
   - Begründung zu 1: Die auf die Fotoschicht treffende Energie der Lichtwelle verteilt sich im Wellenmodell gleichmäßig auf die Atome der Schichtoberfläche. Die Energie, die dabei ein potenzielles Fotoelektron erhält, ergibt sich aus der Leistung, die einem Atom durch die Bestrahlung mit Licht zugeführt wird und aus der Zeit t, die seit dem Einsetzen

der Strahlung verstrichen ist. Da die Austrittsarbeit immer einen endlichen Wert hat, kann es hiernach kein spontanes Austreten des Fotoelektrons aus der Schicht geben!

- Begründung zu 3: Bei großer Bestrahlungsstärke sind die Amplituden der elektromagnetischen Lichtwellen im Wellenmodell groß. Es müsste also mehr Energie auf das Elektron übertragen werden, wenn die Beleuchtungsstärke zunimmt. (Hohe Wasserwellen, die an ein Seeufer schlagen, können den dort liegenden Kieselsteinen eine größere Energie übertragen als niedrige Wasserwellen!)
- Begründung zu 4: Die Energie der Lichtwelle, und damit natürlich auch die von der Lichtwelle auf das Fotoelektron übertragene Energie, hängt im Wellenmodell nur von der Wellenamplitude, nicht aber von der Frequenz der Welle ab. (Hochfrequente Wasserwellen kleiner Amplitude, d. h. eine „gekräuselte Wasseroberfläche", können den Kieselsteinen am Seeufer keine größere Energie übertragen als niederfrequente Wasserwellen großer Amplitude, d. h. „schwere Brecher").
- Begründung zu 5: Auch Licht der Wellenlänge $\lambda > \lambda_g$ transportiert Energie auf die Fotoschicht und müsste nach Verstreichen der in (1) besprochenen „Sammelzeit" zur Ablösung von Fotoelektronen führen.

Hinweise:

1. Zum Begriff „Bestrahlungsstärke": Die Bestrahlungsstärke ist eine wohldefinierte physikalische Größe. Sie gibt an, wie viel Energie pro Zeit und Fläche in Form elektromagnetischer Strahlung auf der lichtelektrisch empfindlichen Schicht eintrifft und wird mit E_e bezeichnet. Beachten Sie die Einheit der Bestrahlungsstärke!

   $$[E_e] = \frac{J}{m^2 \cdot s} = \frac{W}{m^2}$$

2. In den Aufgaben 75 und 76 finden Sie konkrete Berechnungen der Zeitdauer, die nach der klassischen Physik zwischen dem Auftreffen des Lichts und dem Austritt des Fotoelektrons verstreichen müsste.

63. Planck'sche Strahlungshypothese

Elektromagnetische Strahlung ist ein Strom von Korpuskeln, den so genannten Photonen oder Lichtquanten, die sich im Vakuum mit Lichtgeschwindigkeit bewegen. Bei monochromatischer, elektromagnetischer Strahlung der Frequenz f trägt jedes Photon die Energie $h \cdot f$. Der Transport von Strahlungsenergie erfolgt also unstetig, da die in der Strahlung enthaltene Energie nicht kontinuierlich, sondern diskret auf die einzelnen Photonen verteilt ist. Auch Aufnahme oder Abgabe von Strahlungsenergie erfolgen unstetig, indem eine diskrete Anzahl von Photonen vom Körper absorbiert oder emittiert wird.

64. Erklärung der experimentellen Befunde zum Fotoeffekt

Ergebnis: Der Fotostrom setzt spontan ein.
Erklärung: Mit dem Auftreffen des Photons auf die Fotokathode wird seine Energie zugleich vollständig auf **ein** Fotoelektron übertragen, das unmittelbar nach der Energieübernahme aus der Fotokathode austritt.

Ergebnis: Die Stärke des Fotostroms ist proportional zur Bestrahlungsstärke.
Erklärung: Die Zahl der pro Zeiteinheit ausgelösten Fotoelektronen und damit die Stärke des Fotostroms ist proportional zur Zahl der pro Zeiteinheit einfallenden Photonen. Diese ist ihrerseits proportional zur Beleuchtungsstärke.

Ergebnis: Die kinetische Energie der Fotoelektronen ist unabhängig von der Bestrahlungsstärke.
Erklärung: Die kinetische Energie eines Fotoelektrons ergibt sich unabhängig von der Bestrahlungsstärke als Differenz zwischen Photonenenergie $h \cdot f$ und Austrittsarbeit W_A:

$$E_{kin} = h \cdot f - W_A$$

Ergebnis: Die kinetische Energie eines Fotoelektrons nimmt mit zunehmender Frequenz des einfallenden Lichts zu.
Erklärung: Da W_A konstant ist und $E_{kin} = h \cdot f - W_A$, hängt E_{kin} in besagter Weise nur von f ab.

Ergebnis: Existenz einer Grenzwellenlänge λ_g.
Erklärung: Je nachdem, ob die Energie $h \cdot f = h \cdot \frac{c}{\lambda}$ des einfallenden Photons größer oder kleiner als die Austrittsarbeit W_A ist, kann es ein Fotoelektron auslösen oder nicht. Die Wellenlänge λ_g ergibt sich demnach aus der Gleichung

$$h \cdot \frac{c}{\lambda_g} = W_A$$

65. Die Einstein-Gleichung

a) Die Gleichung $h \cdot f = \frac{1}{2} \cdot m \cdot v_{max}^2 + W_A$ heißt Einstein-Gleichung.
Dabei bezeichnen m die Elektronenruhemasse, v_{max} den Geschwindigkeitsbetrag der schnellsten Fotoelektronen, W_A die Austrittsarbeit, h das Planck'sche Wirkungsquantum.

b) Der physikalische Inhalt der Einstein-Gleichung lässt sich wie folgt wiedergeben: **Ein** Photon der Energie $h \cdot f$ gibt beim Fotoeffekt seine gesamte Energie an **ein** Elektron ab. Ein Teil dieser Energie, nämlich W_A, wird beim Austritt des Elektrons aus dem Fotokathodenmaterial als Auslösearbeit verbraucht. Der Restbetrag wird dem Elektron als kinetische Energie mitgegeben.

66. Hallwachseffekt

a) Je länger das UV-Licht auf die Metallplatte trifft, desto mehr Fotoelektronen löst es dort aus, desto stärker lädt sich die Platte positiv auf. Wenn die Aufladung schließlich so groß ist, dass selbst die von den energiereichsten Photonen ausgelösten Fotoelektronen nicht mehr die von den positiven Ladungen erzeugte elektrische Anziehungskraft überwinden können, hat die positive Ladung auf der Platte und damit deren Spannung gegen die Erde einen Maximalwert erreicht.

b) Da die den Fotoelektronen übertragene Energie nicht von der Intensität des eingestrahlten Lichts abhängt, ändert sich U_{max} nicht, wenn man die Intensität ändert. Es dauert bei abnehmender Intensität aber länger, bis U_{max} erreicht ist, da dann die Zahl der pro Zeiteinheit ausgelösten Fotoelektronen ebenfalls abnimmt.

c) Einstein-Gleichung $\Rightarrow$ $\left.\begin{array}{l} W_A = \frac{h \cdot c}{\lambda_{min}} - E_{kin,max} \\ E_{kin,max} = e \cdot U_{max} \end{array}\right\} \Rightarrow$

$$\Rightarrow W_A = \frac{h \cdot c}{\lambda_{min}} - e \cdot U_{max} = \frac{4{,}14 \cdot 10^{-15}\,\text{eV} \cdot \text{s} \cdot 3{,}0 \cdot 10^8\,\frac{\text{m}}{\text{s}}}{210 \cdot 10^{-9}\,\text{m}} - 1{,}1\text{eV} = 4{,}8\text{eV}$$

Der Formelsammlung entnimmt man, dass die Platte aus Kupfer oder aus Gold besteht.

Hinweis:
Normale Schul-Elektroskope lassen sich auf mehrere hundert oder einige tausend Volt aufladen. Solche Geräte sind zum Nachweis des Hallwachseffekts ungeeignet.

67. Experimentelle Bestätigung der Einstein-Gleichung

a)

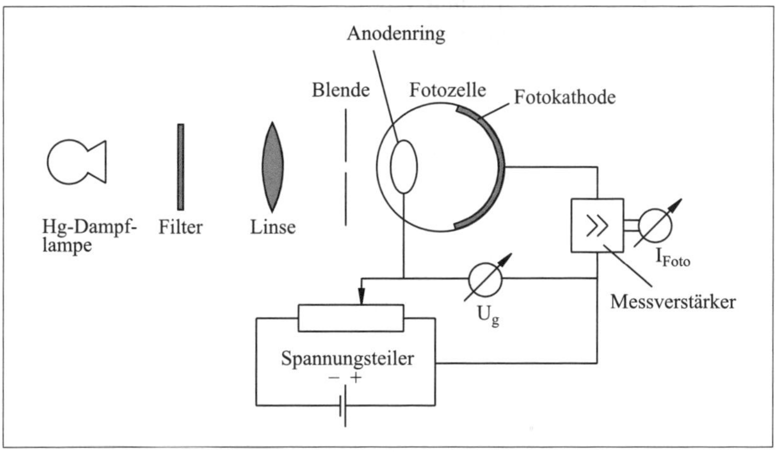

Durchführung: Das Licht einer Quecksilberdampflampe wird durch eine Linse und eine Blende so auf die Fotozelle gelenkt, dass es auf die Fotokathode fällt, ohne die ringförmige Anode zu treffen. Nacheinander werden dann mindestens drei Filter, die jeweils nur Licht einer Wellenlänge des Quecksilberdampflampenlichts passieren lassen, in den Strahlengang gebracht. Jedesmal stellt man mit der Spannungsteilerschaltung die Gegenspannung so ein, dass der Fotostrom gerade zum Erliegen kommt.

Messungen: Mittels der Filter lassen sich die Frequenzen f_1, f_2, f_3, f_4 des einfallenden Lichts und mittels des Voltmeters die eingestellten Gegenspannungen U_1, U_2 ,U_3 ,U_4 bestimmen.

Auswertung: $e \cdot U_g$ ist die kinetische Energie E_{kin} der schnellsten Fotoelektronen unmittelbar nach Verlassen der Fotokathode. In einem f-$e \cdot U_g$-Diagramm werden die Messwertepaare $(f, e \cdot U_g)$ eingetragen. Die Punkte liegen auf einer Geraden. Demnach gilt:

$E_{kin} = m \cdot f + t$,

wobei m die Steigung der Geraden und t ihr y-Achsenabschnitt ist.

Zur Bestätigung der Einstein-Gleichung weist man nun mithilfe des Diagramms $h = m$ und $t = -W_A$ nach.

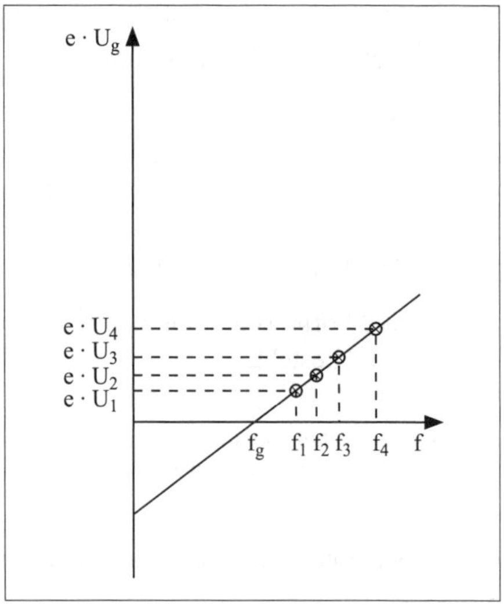

b) Die Grenzfrequenz f_g ergibt sich als Schnittpunkt der Geraden mit der f-Achse. Licht dieser Frequenz verleiht den Fotoelektronen nach nebenstehendem Diagramm die kinetische Energie $E_{kin} = 0\,J$.

Hinweis:
Beachten Sie, wie die Grenzfrequenz f_g das f-e · U_g-Diagramm hinsichtlich der Beobachtbarkeit des Fotoeffekts in zwei Frequenzbereiche teilt!
Beachten Sie ferner, dass man dem f-e · U_g-Diagramm den Betrag der Auslösearbeit entnehmen kann!

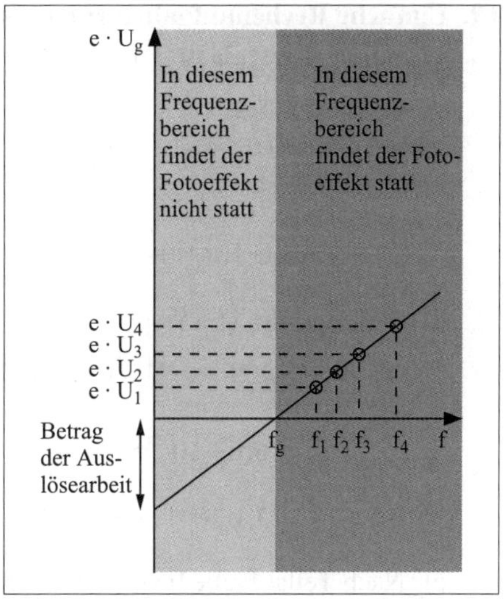

✷ 68. Besonderheiten bei der Messung des Fotostroms

a) Kurvenverlauf zwischen A und B: Die allmähliche Abnahme des Fotostromes hat zwei Ursachen.

- 1. Ursache: Nicht alle Elektronen treten parallel zur Feldrichtung aus der Fotokathode aus. Je schräger ein Elektron die Fotokathode gegen die Feldrichtung verlässt, desto kleiner ist seine Geschwindigkeitskomponente in Feldrichtung. Solche Elektronen können daher die Anode bereits bei kleineren Gegenspannungen nicht mehr erreichen.
- 2. Ursache: Das Licht löst die Fotoelektronen aus unterschiedlichen Tiefen der Fotoschicht aus. Je näher zur Oberfläche die Auslösestelle eines Fotoelektrons liegt, desto größer ist sein Geschwindigkeitsbetrag, desto höher ist die zum vollständigen Abbremsen erforderliche Gegenspannung.

b) Kurvenverlauf zwischen B und C: Von der Kathode ausgehendes Streulicht löst in der Anode Fotoelektronen aus. Diese werden von der Gegenspannung zur Fotokathode hin gezogen, bewegen sich also gerade entgegengesetzt zu den aus der Fotokathode austretenden, gegen die Bremsspannung anlaufenden Fotoelektronen (Strom negativ).
Werden alle pro Zeiteinheit durch Kathodenstreulicht an der Anode ausgelösten Elektronen zur Kathode abgesaugt, so tritt auch für den „Anodenfotostrom“ der Sättigungseffekt ein (Erreichen eines konstanten Wertes).

69. Einfache Rechenaufgaben zur Einstein-Gleichung

a) $\left.\begin{array}{l} h \cdot f_1 = e \cdot U_1 + W_A \\ h \cdot f_2 = e \cdot U_2 + W_A \end{array}\right\} \Rightarrow h \cdot f_1 - h \cdot f_2 = e \cdot U_1 - e \cdot U_2$

$$\Rightarrow h = \frac{e \cdot (U_1 - U_2)}{f_1 - f_2} = \frac{e \cdot (U_1 - U_2)}{\frac{c}{\lambda_1} - \frac{c}{\lambda_2}} = \frac{1{,}6 \cdot 10^{-19}\ \text{A} \cdot \text{s} \cdot (0{,}33\ \text{V} - 0{,}90\ \text{V})}{\frac{3{,}0 \cdot 10^8\ \frac{\text{m}}{\text{s}}}{546 \cdot 10^{-9}\ \text{m}} - \frac{3{,}0 \cdot 10^8\ \frac{\text{m}}{\text{s}}}{436 \cdot 10^{-9}\ \text{m}}}$$

$$= 6{,}6 \cdot 10^{-34}\ \text{J} \cdot \text{s}$$

b) $h \cdot f = e \cdot U + W_A$

$$\Rightarrow W_A = h \cdot f - e \cdot U = h \cdot \frac{c}{\lambda} - e \cdot U$$

$$= 6{,}63 \cdot 10^{-34}\ \text{J} \cdot \text{s} \cdot \frac{3{,}0 \cdot 10^8\ \frac{\text{m}}{\text{s}}}{546 \cdot 10^{-9}\ \text{m}} - 1{,}6 \cdot 10^{-19}\ \text{A} \cdot \text{s} \cdot 0{,}33\text{V}$$

$$= 3{,}1 \cdot 10^{-19}\ \text{J} = 1{,}9\ \text{eV}$$

c) Nach Teilaufgabe b weist die Formelsammlung Cäsium als Fotokathodenmaterial aus.

d) $\frac{1}{2} \cdot m \cdot v^2 = h \cdot f - W_A$

$$\Rightarrow v = \sqrt{\frac{2 \cdot (h \cdot f - W_A)}{m}} = \sqrt{\frac{2}{m} \cdot \left(\frac{h \cdot c}{\lambda} - W_A\right)}$$

$$= \sqrt{\frac{2}{9{,}11 \cdot 10^{-31}\ \text{kg}} \cdot \left(\frac{6{,}63 \cdot 10^{-34}\ \text{J} \cdot \text{s} \cdot 3{,}00 \cdot 10^8\ \frac{\text{m}}{\text{s}}}{546 \cdot 10^{-9}\ \text{m}} - 3{,}1 \cdot 10^{-19}\ \text{J}\right)}$$

$$= 3{,}5 \cdot 10^5\ \frac{\text{m}}{\text{s}}$$

e) Bedingung für die Grenzwellenlänge:

$$\frac{h \cdot c}{\lambda_g} = W_A$$

$$\Rightarrow \lambda_g = \frac{h \cdot c}{W_A} = \frac{6{,}63 \cdot 10^{-34}\ \text{J} \cdot \text{s} \cdot 3{,}00 \cdot 10^8\ \frac{\text{m}}{\text{s}}}{3{,}1 \cdot 10^{-19}\ \text{J}} = 6{,}4 \cdot 10^{-7}\ \text{m}$$

f) Einsteingleichung:

$$e \cdot U = h \cdot f - W_A$$

$$\Rightarrow U = \frac{h \cdot f - W_A}{e} = \frac{h \cdot \frac{c}{\lambda} - W_A}{e} = \frac{6{,}63 \cdot 10^{-34}\ \text{J} \cdot \text{s} \cdot \frac{3{,}00 \cdot 10^8\ \frac{\text{m}}{\text{s}}}{404 \cdot 10^{-9}\ \text{m}} - 3{,}1 \cdot 10^{-19}\ \text{J}}{1{,}60 \cdot 10^{-19}\ \text{A} \cdot \text{s}}$$

$$= 1{,}1\ \text{V}$$

70. Überlegungsaufgabe zum Graph der Einstein-Gleichung

a) Maßentnahme aus der Skizze: $\alpha = 76°$. Von den 3 möglichen Geraden AB, AC, BC durch die Messpunkte kann nur BC der Graph der Einstein-Gleichung sein, denn nur BC hat eine positive Steigung. Da die Maßeinheiten auf beiden Koordinatenachsen gleiche Längen beanspruchen, ergibt sich diese Steigung von BC geometrisch, ohne Berücksichtigung der Einheiten auf den Koordinatenachsen zu: $\tan\alpha = \tan 76° = 4{,}0$
Berücksichtigt man die Einheiten, so erhält man h, die Steigung des Graphen der Einstein-Gleichung

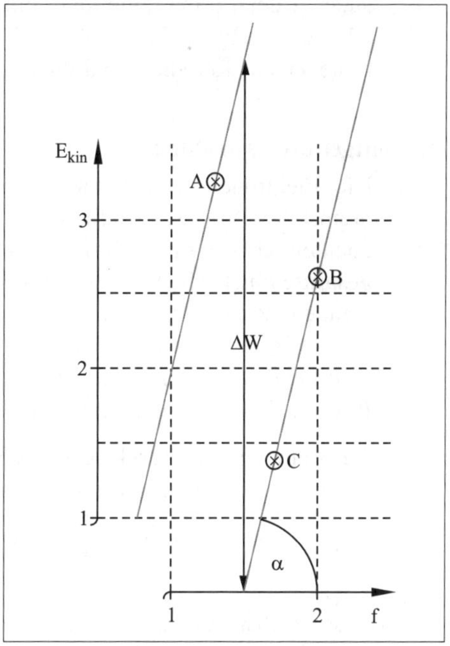

$$h = 4{,}0 \frac{\text{eV}}{10^{15}\frac{1}{\text{s}}} = 4{,}0 \cdot 10^{-15}\,\text{eV} \cdot \text{s}$$

b) Maßentnahme aus der Skizze: $\Delta W \triangleq 3{,}56\,\text{eV}$
ΔW ist die Differenz zwischen den Auslösearbeiten der beiden Fotozellen. Addiert man diesen Wert zu den in der Formelsammlung aufgeführten Auslösearbeiten, so ergibt sich:

2,28 eV	+3,56 eV	=5,84 eV
2,25 eV	+3,56 eV	=5,81 eV
2,13 eV	+3,56 eV	=5,69 eV
1,94 eV	+3,56 eV	=5,50 eV
4,84 eV	+3,56 eV	=8,40 eV
4,83 eV	+3,56 eV	=8,39 eV
5,66 eV	+3,56 eV	=9,22 eV
4,57 eV	+3,56 eV	=8,13 eV

Nur bei der markierten Zeile ergibt sich in der letzten Spalte ein Wert, der auch in der Formelsammlung aufgeführt ist. Daher haben die Auslösearbeiten der Fotozelle die Werte 2,13 eV und 5,69 eV. Die Fotokathoden bestehen aus Rubidium und Platin.

71. Röntgenbremsstrahlung

a) Die Elektronen werden nach dem Auftreffen in der Antikathode gebremst. Ihr Verlust an kinetischer Energie wird in Form von Röntgenquanten abgestrahlt. Wird nun in **einem einzigen** Bremsprozess die **gesamte** kinetische Energie **eines Elektrons** in **ein Röntgenquant** umgewandelt, so besitzt dieses Röntgenphoton die größtmögliche Energie und damit die kleinstmögliche Wellenlänge λ_{min}. Dies stellt quasi eine Umkehrung des Fotoeffekts dar, bei dem die gesamte Energie **eines einzigen Photons** in kinetische Energie **eines Elektrons** umgewandelt wird.

b) Bestimmung des Planck'schen Wirkungsquantums aus der kurzwelligen Grenzwellenlänge des Röntgenbremsspektrums:

$$h \cdot \frac{c}{\lambda_{min}} = e \cdot U_B \Rightarrow h = \frac{e \cdot U_B}{c} \cdot \lambda_{min}$$

Hinweise:

1. Duane und Hunt fanden 1915 auf empirischem Weg ein nach ihnen benanntes Gesetz:
   $\lambda_{min} \cdot U_B = \text{konstant} = 1234{,}6\ \text{V} \cdot \text{nm}$
   Nach Teilaufgabe a lässt sich die Konstante durch Naturkonstante ausdrücken:
   $h \cdot \frac{c}{\lambda_{min}} = e \cdot U \Rightarrow \lambda_{min} \cdot U = \frac{h \cdot c}{e}$
2. Beachten Sie, dass die kurzwellige Grenze des kontinuierlichen Röntgenspektrums neben der Gegenfeldmethode (vgl. Aufgabe 67 a) eine weitere Möglichkeit zur experimentellen Bestimmung des Planck'schen Wirkungsquantums bietet. Sie kennen damit schon zwei Methoden zur Messung von h! Die dritte und im Rahmen der Schulphysik letzte begegnet Ihnen beim Franck-Hertz-Versuch (vgl. Aufgabe 163).
3. Mehr über Röntgenröhren und -emissionspektren erfahren Sie in den Aufgaben 193 und 194.

William Duane (1872–1935), amerik., leistete bahnbrechende Arbeiten zur Anwendung von Röntgenstrahlen in der Medizin und zur Röntgenspektroskopie.

72. Photonenzahl

a) N bezeichnet die Anzahl der pro Sekunde abgestrahlten Photonen, P die Lichtleistung.

$$N \cdot h \cdot f = P \Rightarrow N = \frac{P}{h \cdot f} = \frac{P}{h \cdot \frac{c}{\lambda}} = \frac{P \cdot \lambda}{h \cdot c} = \frac{0{,}50 \cdot 10^{-3}\,\text{J} \cdot \text{s} \cdot 656 \cdot 10^{-9}\,\text{m}}{6{,}63 \cdot 10^{-34}\,\text{J} \cdot \text{s} \cdot 3{,}0 \cdot 10^{8}\,\frac{\text{m}}{\text{s}}}$$

$$= 1{,}6 \cdot 10^{15}\,\frac{1}{\text{s}}$$

In einer Minute werden dann $60\,\text{s} \cdot 1{,}6 \cdot 10^{15}\frac{1}{\text{s}} = 9{,}6 \cdot 10^{16}$ Photonen abgestrahlt.

b)
$$P = N_1 \cdot h \cdot f_1 + N_2 \cdot h \cdot f_2 + N_3 \cdot h \cdot f_3 + N_4 \cdot h \cdot f_4$$
$$= 0{,}15 \cdot N \cdot h \cdot f_1 + 0{,}25 \cdot N \cdot h \cdot f_2 + 0{,}35 \cdot N \cdot h \cdot f_3 + 0{,}25 \cdot N \cdot h \cdot f_4$$
$$= N \cdot h \cdot (0{,}15 \cdot f_1 + 0{,}25 \cdot f_2 + 0{,}35 \cdot f_3 + 0{,}25 \cdot f_4)$$
$$= N \cdot h \cdot c \cdot \left(\frac{0{,}15}{\lambda_1} + \frac{0{,}25}{\lambda_2} + \frac{0{,}35}{\lambda_3} + \frac{0{,}25}{\lambda_4}\right)$$
$$\Rightarrow N = \frac{P}{h \cdot c} \cdot \left(\frac{0{,}15}{\lambda_1} + \frac{0{,}25}{\lambda_2} + \frac{0{,}35}{\lambda_3} + \frac{0{,}25}{\lambda_4}\right)^{-1}$$
$$= \frac{0{,}50 \cdot 10^{-3}\,\frac{\text{J}}{\text{s}}}{6{,}63 \cdot 10^{-34}\,\text{J} \cdot \text{s} \cdot 3{,}0 \cdot 10^{8}\,\frac{\text{m}}{\text{s}}} \cdot \left[\left(\frac{0{,}15}{6{,}56} + \frac{0{,}25}{4{,}86} + \frac{0{,}35}{4{,}34} + \frac{0{,}25}{4{,}10}\right) \cdot \frac{1}{10^{-7}\,\text{m}}\right]^{-1}$$
$$= 1{,}2 \cdot 10^{15}\,\frac{1}{\text{s}}$$

In einer Minute werden dann $60\,\text{s} \cdot 1{,}2 \cdot 10^{15}\frac{1}{\text{s}} = 7{,}2 \cdot 10^{16}$ Photonen abgestrahlt.

73. Fotostromstärke und Bestrahlungsstärke

N_1 bzw. N_2 bezeichnen die Zahl der pro Sekunde auf die Fotoschicht treffenden Photonen mit den Wellenlängen λ_1 bzw. λ_2.
Dann gilt:

a)
$$\left.\begin{aligned} E_{e,1} &= \frac{N_1 \cdot h \cdot f_1}{A} = \frac{N_1 \cdot h \cdot c}{A \cdot \lambda_1} \\ E_{e,2} &= \frac{N_2 \cdot h \cdot f_2}{A} = \frac{N_2 \cdot h \cdot c}{A \cdot \lambda_2} \end{aligned}\right\} \overset{E_{e,1}=E_{e,2}}{\Rightarrow} \frac{N_1 \cdot h \cdot c}{A \cdot \lambda_1} = \frac{N_2 \cdot h \cdot c}{A \cdot \lambda_2}$$

$$\Rightarrow \frac{N_1}{N_2} = \frac{\lambda_1}{\lambda_2} \qquad (1)$$

Da nach Aufgabe 64 $I_1 \sim N_1$ und $I_2 \sim N_2$ gilt:

$$\frac{I_1}{I_2} = \frac{N_1}{N_2} \qquad (2)$$

Aus (1) und (2) folgt:

$$\frac{I_1}{I_2} = \frac{\lambda_1}{\lambda_2}$$

Die Fotostromstärken verhalten sich also wie die zugehörigen Wellenlängen. Bei gleicher Bestrahlungsstärke löst kurzwelligeres Licht einen kleineren Fotostrom aus.

b) $$\left.\begin{array}{l} E_{e,1} = \dfrac{N_1 \cdot h \cdot f_1}{A} = \dfrac{N_1 \cdot h \cdot c}{A \cdot \lambda_1} \\ E_{e,2} = \dfrac{N_2 \cdot h \cdot f_2}{A} = \dfrac{N_2 \cdot h \cdot c}{A \cdot \lambda_2} \end{array}\right\} \Rightarrow \frac{E_{e,1}}{E_{e,2}} = \frac{\frac{N_1 \cdot h \cdot c}{A \cdot \lambda_1}}{\frac{N_2 \cdot h \cdot c}{A \cdot \lambda_2}} = \frac{N_1 \cdot \lambda_2}{N_2 \cdot \lambda_1} \qquad (1)$$

Wie bei Teilaufgabe a:

$$\frac{I_1}{I_2} = \frac{N_1}{N_2} \qquad (2)$$

Aus (1) und (2) folgt:

$$\frac{E_{e,1}}{E_{e,2}} = \frac{I_1 \cdot \lambda_2}{I_2 \cdot \lambda_1}$$

Wegen $I_1 = I_2$ ergibt sich hieraus:

$$\frac{E_{e,1}}{E_{e,2}} = \frac{\lambda_2}{\lambda_1}$$

Die Bestrahlungsstärken verhalten sich also umgekehrt wie die zugehörigen Wellenlängen.

74. Sättigungsstromstärke einer Fotozelle

N bezeichnet die Anzahl der pro Sekunde auf die Fotokathode treffenden Photonen, Z die Zahl der pro Sekunde ausgelösten Fotoelektronen. Dann gilt:

$$\left.\begin{array}{l} N \cdot h \cdot f = P \Rightarrow N = \dfrac{P}{h \cdot f} \\ Z = \dfrac{N}{3{,}00 \cdot 10^7} \end{array}\right\} \Rightarrow Z = \frac{P}{h \cdot f \cdot 3{,}00 \cdot 10^7} \qquad (*)$$

In einer Sekunde wird die Ladungsmenge $Z \cdot e$ aus der Fotokathode ausgelöst. Gelangt diese Ladungsmenge in einer Sekunde vollständig zur Anode, so erreicht der Fotostrom seinen Maximalwert. Für den Sättigungswert I_{max} der Fotostromstärke gilt daher nach (*):

$$I_{max} = Z \cdot e = \frac{P \cdot e}{h \cdot f \cdot 3{,}00 \cdot 10^7} = \frac{1{,}00\,\frac{J}{s} \cdot 1{,}60 \cdot 10^{-19}\,A \cdot s}{6{,}63 \cdot 10^{-34}\,J \cdot s \cdot 5{,}65 \cdot 10^{14}\,\frac{1}{s} \cdot 3{,}00 \cdot 10^7}$$

$$= 1{,}42 \cdot 10^{-8}\,A = 14{,}2\,nA$$

75. Wie lange dauert es, bis der Fotostrom einsetzt? (1. klassischer Ansatz)

a) Die auf die Fotoschicht treffende Energie der Lichtwelle verteilt sich im Wellenmodell gleichmäßig auf die Atome der Schichtoberfläche, in denen die Fotoelektronen gebunden sind. Die Energie, die ein potenzielles Fotoelektron erhält, ergibt sich als Produkt aus der Lichtleistung, die auf ein Atom trifft und der Bestrahlungsdauer t.

b) Berechnung der Auslösezeit t mittels Dreisatz:

- Die von der Lampe abgestrahlte Leistung P durchsetzt gleichmäßig die Oberfläche A einer Kugel vom Radius r, in deren Mittelpunkt sich die Lampe befindet.
- Auf eine Flächeneinheit der Kugeloberfläche trifft demnach die Lichtleistung $\frac{P}{A}$.
- Auf die Querschnittsfläche A' eines Atoms trifft dann die Lichtleistung $P' = \frac{P}{A} \cdot A'$.

$$\left.\begin{array}{l} A = 4 \cdot r^2 \cdot \pi \\ A' = \left(\frac{d}{2}\right)^2 \cdot \pi \end{array}\right\} \Rightarrow P' = \frac{\left(\frac{d}{2}\right)^2 \cdot \pi}{4 \cdot r^2 \cdot \pi} \cdot P = \frac{d^2}{16 \cdot r^2} \cdot P$$

$$W_A = t \cdot 0{,}10 \cdot P' = t \cdot \frac{0{,}10 \cdot d^2}{16 \cdot r^2} \cdot P$$

$$\Rightarrow t = \frac{W_A \cdot 16 \cdot r^2}{0{,}10 \cdot d^2 \cdot P} = \frac{1{,}94 \cdot 1{,}6 \cdot 10^{-19}\,\text{J} \cdot 16 \cdot (0{,}50\,\text{m})^2}{0{,}10 \cdot (0{,}5 \cdot 10^{-10}\,\text{m})^2 \cdot 2{,}2\,\frac{\text{J}}{\text{s}}} = 2{,}3 \cdot 10^3\,\text{s} \approx 38\,\text{min}$$

c) Ersetzt man in der Beziehung $t = \frac{W_A \cdot 16 \cdot r^2}{0{,}10 \cdot d^2 \cdot P}$ aus Teilaufgabe b r durch $\frac{r}{n}$, so ergibt sich:

$$t_{\frac{1}{n}} = \frac{W_A \cdot 16 \cdot \left(\frac{r}{n}\right)^2}{0{,}10 \cdot d^2 \cdot P} = \frac{W_A \cdot 16 \cdot r^2}{0{,}10 \cdot d^2 \cdot P} \cdot \frac{1}{n^2}$$

Die Auslösezeit verringert sich also um das Quadrat des Bruchteils, um den die Entfernung abnimmt.

76. Wie lange dauert es, bis der Fotostrom einsetzt? (2. klassischer Ansatz)

a) N bezeichnet die Anzahl der Na-Atome und damit die Anzahl der freien Elektronen pro cm^3.

$$N = \frac{m_{ges}}{m_{Atom}} = \frac{\rho \cdot V_{ges}}{m_{Atom}} = \frac{971\frac{\text{kg}}{\text{m}^3} \cdot 1 \cdot 10^{-6}\,\text{m}^3}{22{,}99 \cdot 1{,}66 \cdot 10^{-27}\,\text{kg}} = 2{,}5 \cdot 10^{22}$$

b) Bei einer Fläche von 1 cm^2 und einer Eindringtiefe von $1{,}5 \cdot 10^{-8}$ m wird vom Volumen $V = 1{,}5 \cdot 10^{-8}\,m \cdot 1\,cm^2 = 1{,}5 \cdot 10^{-6}\,cm^3$ pro Sekunde die Energie $7{,}0 \cdot 10^{-6}$ J absorbiert.
Nach Teilaufgabe a erhält daher ein Elektron pro Sekunde die Energie

$$E = \frac{7{,}0 \cdot 10^{-6}\,J}{2{,}5 \cdot 10^{22} \cdot 1{,}5 \cdot 10^{-6}} = 1{,}9 \cdot 10^{-22}\,J = 1{,}2 \cdot 10^{-3}\,eV$$

c) Da die Auslösearbeit für Natrium 2,28 eV beträgt, ergibt sich für die klassische Auslösezeit t:

$$t = \frac{2{,}28}{1{,}2 \cdot 10^{-3}}\,s = 1{,}9 \cdot 10^{3}\,s \approx 32\,min$$

77. Ruhemasse eines Photons

Da sich ein Photon mit Lichtgeschwindigkeit bewegt, muss zwischen seiner Ruhemasse m_0 und seiner relativistischen Masse m unterschieden werden. Für m ergibt sich:

$$\left. \begin{array}{l} m = \dfrac{m_0}{\sqrt{1-\frac{v^2}{c^2}}} \\ v = c \end{array} \right\} \Rightarrow m = \frac{m_0}{\sqrt{1-\frac{v^2}{c^2}}} = \frac{m_0}{0} \;!?!$$

m wäre also unendlich groß, wenn ruhende Photonen mit einem endlichen Massenbetrag m_0 existierten. Ordnet man jedoch dem Photon die **Ruhemasse null** zu, so ergibt sich für $m = \frac{0}{0}$, ein unbestimmter Ausdruck, der mit Blick auf die Regeln von de L'Hospital durchaus sinnvoll sein kann.

78. Relativistische Masse eines Photons

$$\left. \begin{array}{l} \text{Spezielle Relativitätsheorie: } E_{Photon} = m \cdot c^2 \\ \text{Photonenmodell: } E_{Photon} = h \cdot f \end{array} \right\} \Rightarrow h \cdot f = m \cdot c^2 \Rightarrow m = \frac{h \cdot f}{c^2}$$

Hinweis:
Die Beziehung $m = \frac{h \cdot f}{c^2}$ finden Sie in der Formelsammlung.

79. Impuls eines Photons

a) Betrachtet man ein Photon als Teilchen der Masse m mit der Geschwindigkeit c, so kommt ihm der Impuls $p = m \cdot c$ zu.

b) $$\left. \begin{array}{l} \text{Definition des Photonenimpulses: } p = m \cdot c \\ \text{Photonenmasse nach Aufgabe 78: } m = \dfrac{h \cdot f}{c^2} \end{array} \right\} \Rightarrow p = \frac{h \cdot f}{c^2} \cdot c = \frac{h \cdot f}{c} = \frac{h}{\lambda}$$

c) $\left.\begin{array}{l} E = h \cdot f \\ p = \frac{h \cdot f}{c} \end{array}\right\} \Rightarrow p = \frac{E}{c}$

Hinweis:
Beide Formeln für den Photonenimpuls

$p = \frac{h \cdot f}{c}$ und $p = \frac{h}{\lambda}$

stehen in der Formelsammlung, die manchmal sehr nützliche Beziehung $p = \frac{E}{c}$ dagegen nicht.

80. Laserlicht trifft auf einen ortsfesten Spiegel

a) N bezeichnet die Zahl der pro Sekunde vom Laser abgestrahlten Photonen.

$P = N \cdot h \cdot f$

$$\Rightarrow N = \frac{P}{h \cdot f} = \frac{P}{h \cdot \frac{c}{\lambda}} = \frac{P \cdot \lambda}{h \cdot c} = \frac{10\,W \cdot 633 \cdot 10^{-9}\,m}{6{,}63 \cdot 10^{-34}\,J \cdot s \cdot 3{,}0 \cdot 10^{8}\,\frac{m}{s}} = 3{,}2 \cdot 10^{19}\,\frac{1}{s}$$

b) $p = \frac{h}{\lambda} = \frac{6{,}63 \cdot 10^{-34}\,J \cdot s}{633 \cdot 10^{-9}\,m} = 1{,}05 \cdot 10^{-27}\,N \cdot s$

c) Für die Impulsänderung Δp eines Photons gilt:

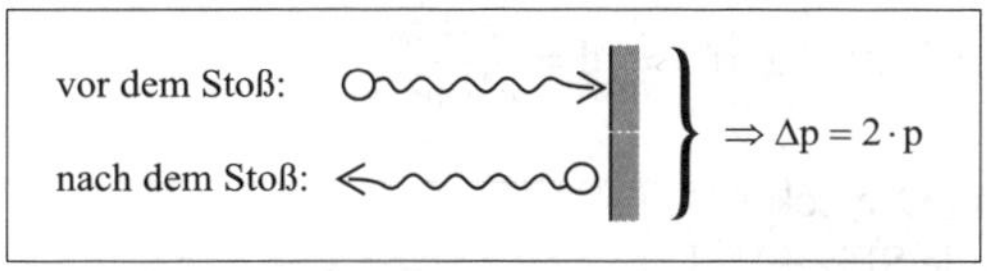

$$F = \frac{\Delta p_{ges}}{\Delta t} = N \cdot \Delta p = 3{,}2 \cdot 10^{19}\,\frac{1}{s} \cdot 2 \cdot 1{,}05 \cdot 10^{-27}\,N \cdot s = 6{,}7 \cdot 10^{-8}\,N$$

d) Wird der Spiegel durch eine ideal absorbierende Fläche ersetzt, so gilt für die Impulsänderung eines Photons

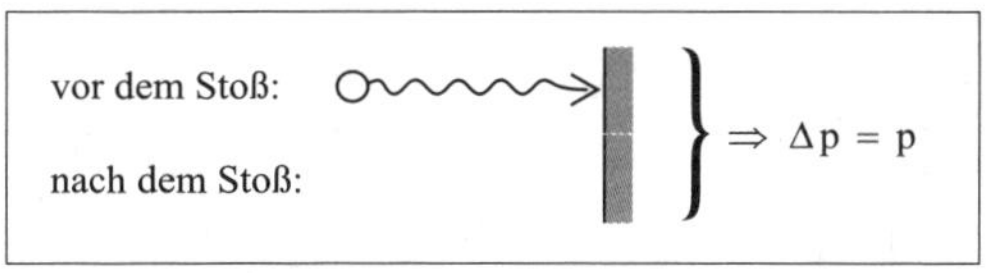

Analog zu Rechnung in Teilaufgabe c erhält man dann für die Kraft:
$F = (6{,}7 \cdot 10^{-8}\,N) : 2 = 3{,}4 \cdot 10^{-8}\,N.$

81. Laserlicht trifft auf ein Spiegelpendel

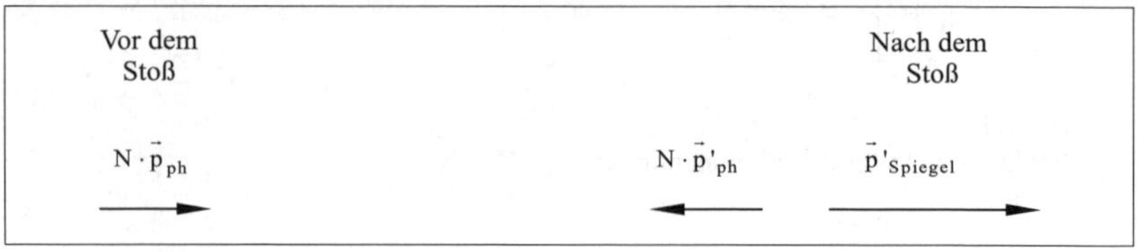

Wegen der idealen Reflexion ist der Impulsbetrag eines Photons vor und nach dem Stoß gleich. Nach dem **Impulserhaltungssatz** gilt daher:

$N \cdot p_{Ph} = -N \cdot p_{Ph} + m \cdot v$

$$\Rightarrow \ m \cdot v = 2 \cdot N \cdot p_{Ph} \overset{\text{Hinweis zu Aufgabe 79}}{=} 2 \cdot N \cdot \frac{E_{Ph}}{c} = 2 \cdot \frac{E_{ges}}{c} \qquad (1)$$

v bezeichnet dabei den Geschwindigkeitsbetrag des Blattgoldstücks unmittelbar nach dem Stoß, E_{Ph} die Energie eines Photons, E_{ges} die Energie des Laserblitzes und N die Anzahl der Photonen im Laserblitz.

Energieerhaltungssatz für das Pendel:

Die kinetische Energie des Pendels im Punkt A hat sich im Punkt B vollständig in potenzielle Energie umgewandelt.

$$\frac{1}{2} \cdot m \cdot v^2 = m \cdot g \cdot d \ \Rightarrow \ (m \cdot v)^2 = 2 \cdot m^2 \cdot g \cdot d \qquad (2)$$

$$\text{(1) und (2):} \ \left(2 \cdot \frac{E_{ges}}{c}\right)^2 = 2 \cdot m^2 \cdot g \cdot d \ \Rightarrow \ d = \frac{2 \cdot E_{ges}^2}{c^2 \cdot m^2 \cdot g} \qquad (3)$$

Nach dem Höhensatz im Dreieck ABD (vgl. nebenstehende Skizze) gilt:

$s^2 = d \cdot (2 \cdot \ell - d)$

Da d wesentlich kleiner als ℓ ist, kann man d^2 gegen $d \cdot 2 \cdot \ell$ vernachlässigen und erhält so:

$$s^2 = 2 \cdot \ell \cdot d \overset{(3)}{=} 2 \cdot \ell \cdot \frac{2 \cdot E_{ges}^2}{c^2 \cdot m^2 \cdot g} \ \Rightarrow$$

$$\Rightarrow \ s = \frac{2 \cdot E_{ges}}{c \cdot m} \cdot \sqrt{\frac{\ell}{g}}$$

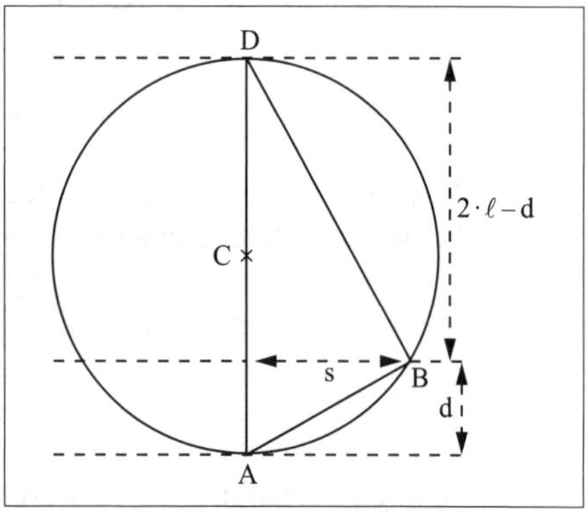

$$= \frac{2 \cdot 0{,}1\,\text{J}}{3{,}0 \cdot 10^8 \frac{\text{m}}{\text{s}} \cdot 15 \cdot 10^{-9}\,\text{kg}} \cdot \sqrt{\frac{2{,}50 \cdot 10^{-2}\,\text{m}}{9{,}81 \frac{\text{m}}{\text{s}^2}}} = 2{,}2 \cdot 10^{-3}\,\text{m}$$

82. Rückstoß einer Laserpistole

a) Da der Gesamtimpuls des Systems Pistole/Blitz vor und nach dem Schuss nach dem Impulserhaltungssatz Null ist, besitzt die Pistole nach dem Schuss einen von null verschiedenen Impuls, der betragsgleich aber antiparallel zum Impuls des Laserblitzes ist.

b) $N \cdot h \cdot f = E \Rightarrow N = \frac{E}{h \cdot f} = \frac{E \cdot \lambda}{h \cdot c} = \frac{100\,\text{J} \cdot 694{,}3 \cdot 10^{-9}\,\text{m}}{6{,}63 \cdot 10^{-34}\,\text{J} \cdot \text{s} \cdot 3{,}00 \cdot 10^{8}\,\frac{\text{m}}{\text{s}}} = 3{,}49 \cdot 10^{20}$

c) Impulserhaltungssatz: $\left.\begin{aligned} p_{Pistole} &= -p_{Blitz} \\ p_{Pistole} &= m \cdot v \\ p_{Blitz} &= N \cdot \frac{h}{\lambda} \end{aligned}\right\} \Rightarrow m \cdot v = -N \cdot \frac{h}{\lambda}$

$$\Rightarrow v = -\frac{N \cdot h}{m \cdot \lambda} \Rightarrow |v| = \frac{3{,}49 \cdot 10^{20} \cdot 6{,}63 \cdot 10^{-34}\,\text{J} \cdot \text{s}}{1{,}00\,\text{kg} \cdot 694{,}3 \cdot 10^{-9}\,\text{m}} = 3{,}33 \cdot 10^{-7}\,\frac{\text{m}}{\text{s}}$$

83. Gravitationsblauverschiebung

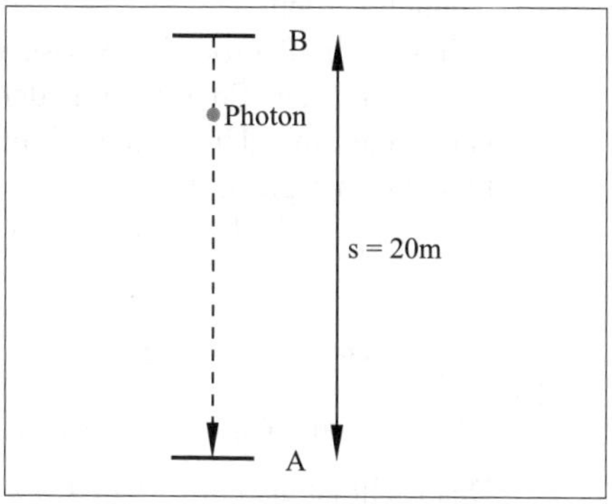

Das Photon besitzt aufgrund seiner Masse m_{Photon} Höhenenergie. Fällt es von B nach A, so wandelt sich die Differenz $m_{Photon} \cdot g \cdot s$ der Höhenenergien in den Punkten B und A in Photonenenergie um. Bezeichnen f_B bzw. f_A die Frequenzen des Photons in den Punkten B bzw. A, so gilt nach dem Energieerhaltungssatz:

$h \cdot f_A = h \cdot f_B + m_{Photon} \cdot g \cdot s$

Einsetzen der Beziehung $m = \frac{h \cdot f}{c^2}$ für die Photonenmasse ergibt:

$$h \cdot f_A = h \cdot f_B + \frac{h \cdot f_B}{c^2} \cdot g \cdot s \Rightarrow \frac{\Delta f}{f} = \frac{f_A - f_B}{f_B} = \frac{g \cdot s}{c^2} = \frac{9{,}81\,\frac{\text{m}}{\text{s}^2} \cdot 20\,\text{m}}{\left(3{,}0 \cdot 10^{8}\,\frac{\text{m}}{\text{s}}\right)^2} = 2{,}2 \cdot 10^{-15}$$

Die prozentuale Änderung der Frequenz beträgt $2{,}2 \cdot 10^{-13}$ %.

Hinweise:

1. Diese winzige Frequenzänderung wurde 1960 von Pound und Rebka mithilfe des Mößbauer-Effekts (siehe Band 94305 Kernphysik, Aufgabe 136) in Harvard experimentell nachgewiesen.

2. Relative Wellenlängen- und Frequenzänderungen stimmen übrigens betragsmäßig überein, es gilt also:
$$\left|\frac{\Delta\lambda}{\lambda}\right| = \left|\frac{\Delta f}{f}\right|$$
Zum Beweis fasst man λ gemäß $\lambda = \frac{c}{f}$ als Funktion von f auf und leitet nach f ab:
$$\left.\begin{array}{l} \lambda(f) = \frac{c}{f} \Rightarrow \frac{\Delta\lambda}{\Delta f} = \lambda'(f) = -\frac{c}{f^2} \\ \frac{c}{f^2} = \frac{1}{f}\cdot\frac{c}{f} = \frac{1}{f}\cdot\lambda = \frac{\lambda}{f} \end{array}\right\} \Rightarrow \frac{\Delta\lambda}{\Delta f} = -\frac{\lambda}{f} \Rightarrow \frac{\Delta\lambda}{\lambda} = -\frac{\Delta f}{f} \Rightarrow \left|\frac{\Delta\lambda}{\lambda}\right| = \left|\frac{\Delta f}{f}\right|$$

84. Gravitationsrotverschiebung

a) Für den Transport eines Körpers der Masse m von der Sternoberfläche ins „Unendliche" muss die Arbeit W
$$W = \int_R^\infty F(r)dr = \int_R^\infty \frac{G\cdot M\cdot m}{r^2}dr = -G\cdot M\cdot m\cdot\left[\frac{1}{r}\right]_R^\infty = \frac{G\cdot M\cdot m}{R}$$
verrichtet werden.
[Im Gegensatz zur Aufgabe 83 ist der Kraftbetrag F hier längs des Weges nicht konstant. Also gilt hier nicht $W = F\cdot s$! muss über das Integral berechnet werden!]
„Fliegt" ein Photon der Masse $m = \frac{h\cdot f}{c^2}$ vom Stern ins „Unendliche", so wird von seiner Energie $h\cdot f$ der Betrag $\frac{G\cdot M\cdot m}{R}$ als „Transportarbeit" aufgebraucht. Im „Unendlichen" besitzt es also die um den Betrag $\frac{G\cdot M\cdot m}{R}$ kleinere Energie $h\cdot f'$:
$$h\cdot f - h\cdot f' = \frac{G\cdot M\cdot m}{R} = \frac{G\cdot M}{R}\cdot\frac{h\cdot f}{c^2} \Rightarrow f - f' = \frac{G\cdot M\cdot f}{R\cdot c^2} \Rightarrow \frac{f-f'}{f} = \frac{G\cdot M}{R\cdot c^2}$$

b) $$\frac{f-f'}{f} = \frac{6{,}67\cdot 10^{-11}\frac{m^3}{kg\cdot s^2}\cdot 2{,}0\cdot 10^{30}\,kg}{1{,}0\cdot 10^7\,m\cdot\left(3{,}0\cdot 10^8\,\frac{m}{s}\right)^2} = 1{,}5\cdot 10^{-4}$$
Das Licht ist also um $1{,}5\cdot 10^{-2}$ % rotverschoben.

85. Waagrechter Wurf auf einem Neutronenstern

a)

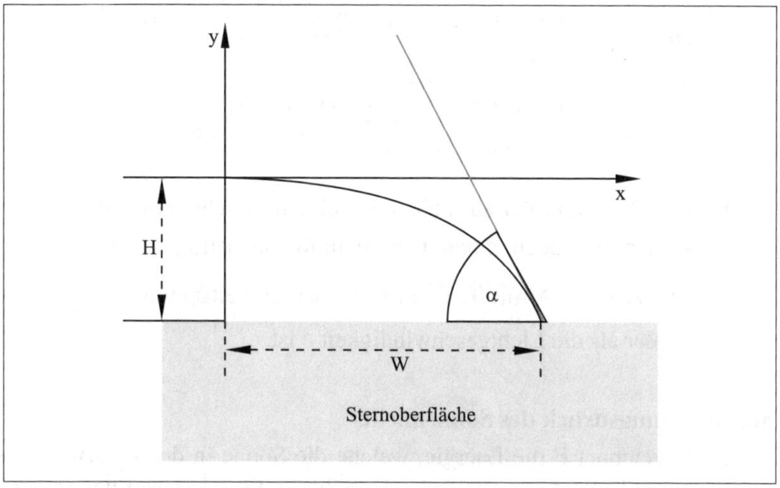

Bezeichnet t_F die Zeitspanne zwischen dem Verlassen der Lichtquelle und dem Auftreffen auf der Sternoberfläche, so gilt unter Beachtung der in der Tabelle zusammengestellten Beziehungen für den waagrechten Wurf:

	Bewegung in x-Richtung	Bewegung in y-Richtung
Beschleunigung	$a_x = 0\,\frac{m}{s^2}$	$m \cdot a_y = G \cdot \frac{m \cdot M}{R^2}$ $\Rightarrow a_y = \frac{G \cdot M}{R^2}$ (1)
Geschwindigkeit	$v_x = c$	$v_y = a_y \cdot t$
Weg	$x = c \cdot t$	$y = -\frac{1}{2} \cdot a_y \cdot t^2$

$$-H = -\frac{1}{2} \cdot a_y \cdot t_F^2 \Rightarrow t_F = \sqrt{\frac{2 \cdot H}{a_y}} \overset{(1)}{=} \sqrt{\frac{2 \cdot H}{\frac{G \cdot M}{R^2}}} = R \cdot \sqrt{\frac{2 \cdot H}{G \cdot M}} \qquad (2)$$

Wurfweite W:

$$W = c \cdot t_F \overset{(2)}{=} c \cdot R \cdot \sqrt{\frac{2 \cdot H}{G \cdot M}}$$

$$= 3{,}0 \cdot 10^8\,\frac{m}{s} \cdot 7{,}0 \cdot 10^4\,m \cdot \sqrt{\frac{2 \cdot 0{,}30\,m}{6{,}67 \cdot 10^{-11}\,\frac{m^3}{kg \cdot s^2} \cdot 4{,}0 \cdot 10^{30}\,kg}} = 1{,}0 \cdot 10^3\,m$$

Auftreffwinkel α:

$$\tan\alpha = \left|\frac{v_y(t_F)}{v_x(t_F)}\right| = \left|\frac{a_y \cdot t_F}{c}\right| \overset{(1)}{\underset{(2)}{=}} \left|\frac{\frac{G\cdot M}{R^2}\cdot R\cdot\sqrt{\frac{2\cdot H}{G\cdot M}}}{c}\right| = \left|\frac{\sqrt{2\cdot H\cdot G\cdot M}}{R\cdot c}\right|$$

$$= \left|\frac{\sqrt{2\cdot 0{,}30\,\text{m}\cdot 6{,}67\cdot 10^{-11}\frac{\text{m}^3}{\text{kg}\cdot\text{s}^2}\cdot 4{,}0\cdot 10^{30}\,\text{kg}}}{7{,}0\cdot 10^4\,\text{m}\cdot 3{,}0\cdot 10^8\,\frac{\text{m}}{\text{s}}}\right| = 6{,}0\cdot 10^{-4} \Rightarrow \alpha = 0{,}035°$$

b) Das Photon erhält zusätzlich zu seinem Geschwindigkeitsbetrag $v_x = c$ in x-Richtung noch einen Geschwindigkeitsbetrag v_y in y-Richtung und besitzt beim Auftreffen den Geschwindigkeitsbetrag $v = \sqrt{v_x^2 + v_y^2}$, der größer als die Lichtgeschwindigkeit c ist.

86. Strahlungsdruck des Sonnenlichts

a) Bezeichnet E die Energie, welche die Sonne in der Zeit Δt senkrecht auf eine Fläche A auf der Erde einstrahlt und wird diese Energie von N_1, N_2, N_3, ... Photonen der Wellenlängen λ_1, λ_2, λ_3, ... „transportiert" so gilt:

$$E = \left(\frac{N_1\cdot h\cdot c}{\lambda_1} + \frac{N_2\cdot h\cdot c}{\lambda_2} + \frac{N_3\cdot h\cdot c}{\lambda_3} + ...\right) = c\cdot\left(N_1\cdot\frac{h}{\lambda_1} + N_2\cdot\frac{h}{\lambda_2} + N_3\cdot\frac{h}{\lambda_3} + ...\right)$$

$$= c\cdot(N_1\cdot p_1 + N_2\cdot p_2 + N_3\cdot p_3 + ...) = c\cdot p_{ges}$$

Daher ergibt sich für den Gesamtimpuls der in der Zeit Δt auftreffenden Photonen:

$$p_{ges} = \frac{E}{c}$$

Wegen der vollständigen Absorption der auftreffenden Photonen gilt für die Gesamtimpulsänderung:

$$\Delta p_{ges} = p_{ges}.$$

Damit ergibt sich die Gesamtkraft F_{ges} zu:

$$F_{ges} = \frac{\Delta p_{ges}}{\Delta t} = \frac{p_{ges}}{\Delta t} = \frac{E}{c\cdot\Delta t}$$

Für den Lichtdruck ergibt sich hieraus:

$$p_L = \frac{F_{ges}}{A} = \frac{E}{c\cdot\Delta t\cdot A} = \frac{S}{c}$$

b) Nummerischer Wert für p_L:

$$p_L = \frac{1{,}36\cdot 10^3\,\frac{\text{J}}{\text{s}\cdot\text{m}^2}}{3{,}00\cdot 10^8\,\frac{\text{m}}{\text{s}}} = 4{,}53\cdot 10^{-6}\,\frac{\text{N}}{\text{m}^2}$$

Nummerischer Wert für p_0:

$$p_0 = 1{,}013\cdot 10^5\,\frac{\text{N}}{\text{m}^2}$$

Wegen

$$\frac{p_L}{p_0} = \frac{4{,}53 \cdot 10^{-6} \frac{N}{m^2}}{1{,}013 \cdot 10^5 \frac{N}{m^2}} = 4{,}47 \cdot 10^{-11}$$

beträgt der Lichtdruck nur ca. 4,5 milliardstel Prozent des Normal-Luftdrucks.

87. Photonengas

a) Im Volumen a^3 befinden sich N Photonen. Davon können in der Zeitspanne Δt nur diejenigen die grau eingefärbte Wand erreichen, deren Abstand von der Wand kleiner oder gleich $c \cdot \Delta t$ ist. Diese Photonen befinden sich im Volumen $c \cdot \Delta t \cdot a^2$.
Wenn aber N Photonen auf das Volumen a^3 entfallen, so treffen auf das Volumen
$c \cdot \Delta t \cdot a^2$
$\frac{N}{a^3} \cdot c \cdot \Delta t \cdot a^2$ Photonen. Davon bewegen sich aber nur $\frac{1}{6}$ auf die Seitenfläche a^2 zu. Also gilt:

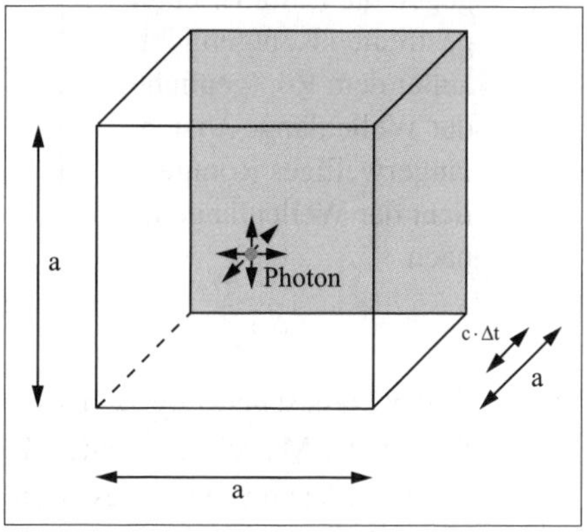

$$z = \frac{1}{6} \cdot \frac{N}{a^3} \cdot c \cdot \Delta t \cdot a^2 = \frac{N \cdot c \cdot \Delta t}{6 \cdot a}$$

b) Verwendet man für den Impuls eines Photons die Beziehung $p_{Ph} = \frac{E_{Ph}}{c}$ (vgl. Hinweis zu Aufgabe 79) und beachtet ferner, dass bei idealer Reflexion für die Impulsänderung eines reflektierten Photons gilt
$\Delta p_{Ph} = 2 \cdot p_{Ph} = 2 \cdot \frac{E_{Ph}}{c}$,
so ergibt sich für die Gesamtkraft:

$$F_{ges} = \frac{\Delta p_{Ph\,ges}}{\Delta t} = z \cdot \frac{2 \cdot \frac{E_{Ph}}{c}}{\Delta t} = \frac{N \cdot c \cdot \Delta t}{6 \cdot a} \cdot \frac{2 \cdot \frac{E_{Ph}}{c}}{\Delta t} = \frac{1}{3} \cdot \frac{N}{a} \cdot E_{Ph}$$

Wegen $p = \frac{F_{ges}}{a^2}$ folgt hieraus für den Druck des Photonengases:

$$p = \frac{\frac{1}{3} \cdot \frac{N}{a} \cdot E_{Ph}}{a^2} = \frac{1}{3} \cdot \frac{N \cdot E_{Ph}}{a^3} = \frac{E}{3 \cdot a^3}$$

Hinweis:
Die in Teilaufgabe b hergeleitete Beziehung gilt auch für ein nicht monoenergetisches Photonengas.

88. Comptoneffekt

a) Wird monochromatische Röntgenstrahlung der Wellenlänge λ an einem geeigneten Körper, z. B. einer kleinen Grafitplatte gestreut, so weist man in dem unter einem Winkel ϑ gegen die Einfallsrichtung gestreuten Röntgenlicht außer dem Röntgenlicht der Wellenlänge λ auch längerwelliges Röntgenlicht der Wellenlänge λ' nach.

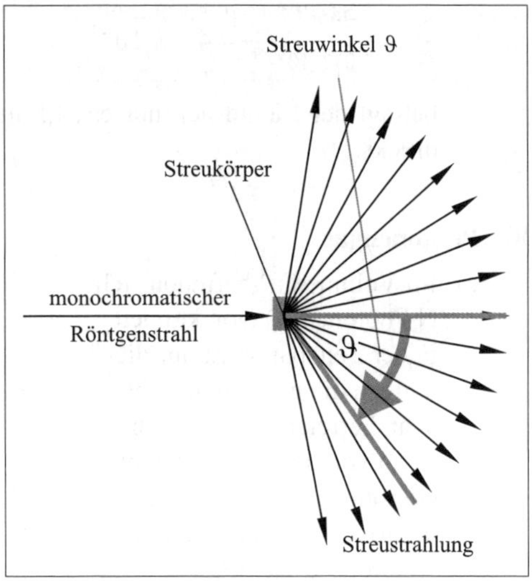

b) In der klassischen Physik hat man von der Streuung elektromagnetischer Wellen an Materie folgende Modellvorstellung: Der periodisch schwingende $\vec{E}$-Vektor einer elektromagnetischen Welle der Frequenz f veranlasst Elektronen im Streukörper zu erzwungenen Schwingungen mit der Frequenz f des einfallenden Lichts. Diese Elektronen stellen kleine Hertz'sche Dipole dar und strahlen nach den Dipolgesetzen nur eine monochromatische, elektromagnetische Welle der Frequenz f ab. Klassisch dürfte die Streustrahlung nur elektromagnetische Wellen der Frequenz f enthalten. Wellen mit kleinerer Frequenz bzw. größerer Wellenlänge sind nicht zu erklären.

89. Modellannahmen

a) Zur Erklärung des Comptoneffekts stellt man sich die einfallende Röntgenstrahlung als Photonenstrom vor. Ein Röntgenphoton führt dann
- mit einem **ungebunden, anfangs ruhenden** Elektron des Streukörpers einen Stoß aus, der
- vollkommen elastisch ist. Für den Stoß sollen also Impuls- und der Energieerhaltungssatz gelten.

b) Das Röntgenphoton überträgt beim Stoß nur einen Teil ΔE seiner Energie E_{Ph} auf das ruhende Elektron. Nach dem Stoß verlassen ein Photon mit der kleineren Energie $E'_{Ph} = E_{Ph} - \Delta E$, also mit einer größeren Wellenlänge, und das gestoßene Elektron mit der kinetischen Energie $E_{kin} = \Delta E$ den Streukörper.

c) Rechtfertigung der Annahmen über die Grafitelektronen:
Grafit besteht vorwiegend aus Kohlenstoff und besitzt somit einen hohen Anteil an Leitungselektronen. Der Grafitstreukörper wirkt daher wie ein Behälter voller Elektronen.
Die Bindungsenergie dieser Leitungselektronen ist um ein Vielfaches kleiner als die Energie der Röntgenphotonen. Man kann sie daher gegenüber der Photonenenergie vernachlässigen und in diesem Sinn die Elektronen als ungebunden ansehen.
Die Photonenenergie ist auch wesentlich größer als die kinetische Energie der Leitungselektronen im Streukörper. Daher lässt sich auch die Bewegungsenergie der Elektronen vernachlässigen, man kann sie in sehr guter Näherung als ruhend annehmen.

90. Herleitung der Comptonformel

a) Da bei einem Comptonprozess die beteiligten Stoßpartner hohe Energien besitzen, sind relativistische Ansätze erforderlich.

	vor dem Stoß	nach dem Stoß
Energie des Photons	$E_{Ph} = h \cdot f = \frac{h \cdot c}{\lambda}$	$E'_{Ph} = h \cdot f' = \frac{h \cdot c}{\lambda'}$
Energie des Elektrons	$E_0 = m_0 \cdot c^2$ m_0 = Ruhemasse	$E'_e = m \cdot c^2$ m = relativistische Masse
Impulsbetrag des Photons	$p_{Ph} = \frac{h}{\lambda} = \frac{E_{Ph}}{c}$	$p'_{Ph} = \frac{h}{\lambda'} = \frac{E'_{Ph}}{c}$
Impulsbetrag des Elektrons	$p_e = 0$	$p'_e = m \cdot v$
Energieerhaltungssatz	$E_{Ph} + E_0 = E'_{ph} + E'_e$	
Impulserhaltungssatz in Vektorform	$\vec{p}_{Ph} = \vec{p}'_{Ph} + \vec{p}'_e$	

Aus dem Impulsdiagramm ergibt sich mithilfe des Kosinussatzes der Impulserhaltungssatz in Betragsform:

$$p_e'^2 = p_{Ph}^2 + p_{Ph}'^2 - 2 \cdot p_{Ph} \cdot p_{Ph}' \cdot \cos\vartheta$$

Hinweis:
Beachten Sie, dass Impulse Vektorgrößen, Energien dagegen skalare Größen sind. Sie begehen also einen schlimmen Fehler, wenn Sie beim Impulserhaltungssatz in Vektorform die Vektorpfeile vergessen!

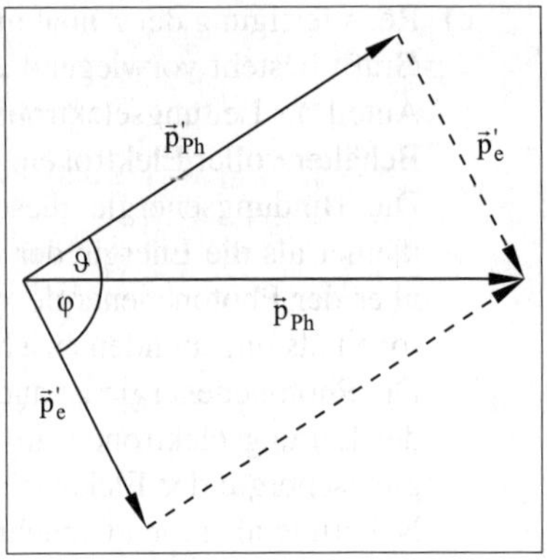

✹ b) Zur Herleitung der Comptonformel wird zunächst die Impulsgleichung umgeformt:

$$p_e'^2 = p_{Ph}^2 + p_{Ph}'^2 - 2 \cdot p_{Ph} \cdot p_{Ph}' \cdot \cos\vartheta \qquad \Big| \cdot c^2$$

$$p_e'^2 \cdot c^2 = p_{Ph}^2 \cdot c^2 + p_{Ph}'^2 \cdot c^2 - 2 \cdot p_{Ph} \cdot c \cdot p_{Ph}' \cdot c \cdot \cos\vartheta$$

Einsetzen von $E_{Ph} = p_{Ph} \cdot c$ (vgl. Hinweis zu Aufgabe 79) ergibt:

$$p_e'^2 \cdot c^2 = E_{Ph}^2 + E_{Ph}'^2 - 2 \cdot E_{Ph} \cdot E_{Ph}' \cdot \cos\vartheta$$

Einsetzen von $p_e'^2 \cdot c^2 = E_e'^2 - E_0^2$ ergibt:

$$E_e'^2 - E_0^2 = E_{Ph}^2 + E_{Ph}'^2 - 2 \cdot E_{Ph} \cdot E_{Ph}' \cdot \cos\vartheta \qquad (1)$$

Umformung der Energiegleichung:

$$E_{Ph} + E_0 = E_{ph}' + E_e' \Rightarrow$$

$$\Rightarrow E_e' = E_{Ph} - E_{Ph}' + E_0 \qquad \Big|^2$$

$$\Rightarrow E_e'^2 = E_{Ph}^2 + E_{Ph}'^2 + E_0^2 - 2 \cdot E_{Ph} \cdot E_{Ph}' + 2 \cdot E_{ph} \cdot E_0 - 2 \cdot E_{Ph}' \cdot E_0$$

$$\Rightarrow E_e'^2 - E_0^2 = E_{Ph}^2 + E_{Ph}'^2 - 2 \cdot E_{Ph} \cdot E_{Ph}' + 2 \cdot E_{ph} \cdot E_0 - 2 \cdot E_{Ph}' \cdot E_0 \qquad (2)$$

Gleichsetzen von (1) und (2):

$$E_{Ph}^2 + E_{Ph}'^2 - 2 \cdot E_{Ph} \cdot E_{Ph}' \cdot \cos\vartheta$$

$$= E_{Ph}^2 + E_{Ph}'^2 - 2 \cdot E_{Ph} \cdot E_{Ph}' + 2 \cdot E_{ph} \cdot E_0 - 2 \cdot E_{Ph}' \cdot E_0 \Rightarrow$$

$$2 \cdot E_{Ph} \cdot E_{Ph}' - 2 \cdot E_{Ph} \cdot E_{Ph}' \cdot \cos\vartheta = 2 \cdot E_{ph} \cdot E_0 - 2 \cdot E_{Ph}' \cdot E_0 \qquad \Big| \cdot \frac{1}{2 \cdot E_{Ph} \cdot E_{Ph}' \cdot E_0}$$

$$\frac{1}{E_0} - \frac{1}{E_0} \cdot \cos\vartheta = \frac{1}{E_{Ph}'} - \frac{1}{E_{Ph}}$$

$$\Rightarrow \frac{1 - \cos\vartheta}{m_0 \cdot c^2} = \frac{\lambda'}{h \cdot c} - \frac{\lambda}{h \cdot c} \Rightarrow \lambda' - \lambda = \frac{h}{m_0 \cdot c} \cdot (1 - \cos\vartheta)$$

Hinweise:

1. Die Beziehung $\lambda' - \lambda = \frac{h}{m_0 \cdot c} \cdot (1 - \cos\vartheta)$ finden Sie in der Formelsammlung.
2. Wie merkt man sich die Herleitung der Comptonformel?
   - In der Impulsgleichung sind sämtliche Impulsgrößen mittels $E_{Ph} = p_{Ph} \cdot c$ bzw. $E'_{Ph} = p'_{Ph} \cdot c$ bzw. $p_e'^2 \cdot c^2 = E_e'^2 - E_o^2$ durch Energien auszudrücken. Dies führt auf Gleichung (1).
   - Die Energiegleichung ist so umzuformen, dass auf einer Seite $E_e'^2 - E_o^2$ zu stehen kommt. Man erhält so Gleichung (2).
   - Aus beiden Gleichungen wird $E_e'^2 - E_o^2$ eliminiert.

91. Comptonwellenlänge

a) Die Größe $\lambda_c = \frac{h}{m_0 \cdot c}$ hat – wie die Wellenlänge – die Dimension einer Länge (siehe Hinweis 1) und heißt Comptonwellenlänge.

b) Wegen

$$m = \frac{h \cdot f}{c^2} = \frac{h \cdot \frac{c}{\lambda_C}}{c^2} = \frac{h}{c \cdot \lambda_C} = \frac{h}{c \cdot \frac{h}{m_0 \cdot c}} = m_0$$

ist die relativistische Masse eines Photons der Wellenlänge λ_C genauso groß wie die Ruhemasse eines Elektrons.

c) $\lambda_C = \frac{h}{m_0 \cdot c} = \frac{6{,}63 \cdot 10^{-34}\,\text{J} \cdot \text{s}}{9{,}1 \cdot 10^{-31}\,\text{kg} \cdot 3{,}0 \cdot 10^8\,\frac{\text{m}}{\text{s}}} = 2{,}4 \cdot 10^{-12}\,\text{m}$

d) Stößt ein Körper K_1 der Masse m_1 zentral und elastisch mit einem ruhenden Körper K_2 der Masse m_2 zusammen, so überträgt K_1 nach den Gesetzen der Mechanik (siehe Hinweis 2) maximal Energie auf K_2, wenn $m_1 = m_2$.
Besitzt also bei einem Comptonstoß das Photon (K_1) die Wellenlänge λ_C, so stimmt nach Teilaufgabe b seine (relativistische) Masse mit der Masse des Stoßpartners Elektron (K_2) überein und der Energieübertrag des Photons auf das Elektron müsste maximal sein.
Auch wenn die Ergebnisse der Mechanik über die Stöße von Makrokörpern nicht bedenkenlos auf Mikrokörper übertragen werden können, ist dennoch zu erwarten, dass der Energieverlust von Photonen beim Comptonstoß groß und damit der Effekt besonders deutlich zu beobachten ist, wenn die Wellenlänge der Photonenstrahlung im Pikometer-Bereich liegt.

Hinweis:

1. Zur Benennung der Comptonwellenlänge:

$$\left[\frac{h}{m_0 \cdot c}\right] = \frac{\text{J} \cdot \text{s}}{\text{kg} \cdot \frac{\text{m}}{\text{s}}} = \frac{\text{N} \cdot \text{m} \cdot \text{s}}{\text{kg} \cdot \frac{\text{m}}{\text{s}}} = \frac{\text{kg} \cdot \frac{\text{m}}{\text{s}^2} \cdot \text{m} \cdot \text{s}}{\text{kg} \cdot \frac{\text{m}}{\text{s}}} = \text{m}$$

2. In Aufgabe 105 (Band 94305, Kernphysik) wird gezeigt, dass für den von K_1 auf K_2 übertragenen Energiebetrag ΔE gilt:

$$\Delta E = \frac{4 \cdot \frac{m_1}{m_2}}{\left(\frac{m_1}{m_2} + \right)^2} \cdot E_{kin,K_1}$$

und dass ΔE für $m_1 = m_2$ maximal wird.

92. Beobachtbarkeit des Comptoneffekts

a) Nach der Comptonformel, gilt für Photonenstreuung unter 90° zunächst allgemein:

$$\left.\begin{array}{l} \lambda' - \lambda = \lambda_C \cdot (1 - \cos\vartheta) \\ \vartheta = 90° \Rightarrow \cos\vartheta = 0 \\ \lambda_C = 2{,}4\,\text{pm} \end{array}\right\} \Rightarrow \lambda' - \lambda = \lambda_C = 2{,}4\,\text{pm}$$

Speziell gilt für die relative Wellenlängenänderung:

$$\frac{\lambda_1' - \lambda_1}{\lambda_1} = \frac{2{,}4\,\text{pm}}{600\,\text{nm}} = 4{,}0 \cdot 10^{-6} \mathrel{\hat{=}} 0{,}0004\,\%$$

$$\frac{\lambda_2' - \lambda_2}{\lambda_2} = \frac{2{,}4\,\text{pm}}{2{,}4\,\text{nm}} = 1 \mathrel{\hat{=}} 100\,\%$$

b) λ_1 bzw. λ_2 sind Wellenlängen im sichtbaren bzw. im harten Röntgenbereich des elektromagnetischen Spektrums. Der Comptoneffekt ist nach den Ergebnissen von Teilaufgabe a nur im Röntgen- und Gammabereich, nicht im sichtbaren oder noch längerwelligen Bereich beobachtbar.

c) Die Wellenlängenzunahme $\lambda' - \lambda$ ist nach der Comptonformel unabhängig von der Wellenlänge der einfallenden Strahlung. Sie hängt nur vom Streuwinkel ab. Je kleiner also die Wellenlänge der einfallenden Strahlung ist, desto größere Werte nimmt der Term $\frac{\lambda' - \lambda}{\lambda}$ an.

93. Comptonelektronen

a) Ein Elektron, das beim Comptoneffekt von einem Photon „gestoßen“ wird, heißt Comptonelektron.

b) Trifft Röntgenstrahlung auf den Streukörper, so kann der Energiebetrag, der für die Auslösung eines Elektrons aufzuwenden ist, gegenüber der Energie E_γ des Photons in sehr guter Näherung vernachlässigt werden.

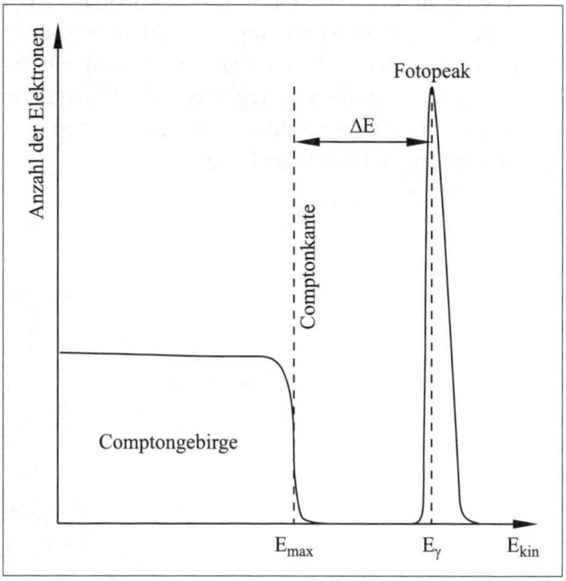

Nach Einsteins Deutung des Fotoeffekts übernimmt dann aber ein **Fotoelektron** die **gesamte Photonenenergie**. Daher besteht das Energiespektrum der Fotoelektronen nur aus einer einzigen Linie, dem Fotopeak, der bei E_γ liegt.
Für die kinetische Energie der Comptonelektronen sind alle Werte zwischen null (bei $\vartheta = 0°$) und einer bestimmten Maximalenergie E_{max} (bei $\vartheta = 180°$) möglich, je nachdem, unter welchem Winkel ϑ das stoßende Photon gestreut wird. Das **Energiespektrum der Comptonelektronen** ist demnach **kontinuierlich** (Comptongebirge).

c) Unterscheidung von Foto- und Comptonelektronen: Fotoelektronen haben alle den gleichen Geschwindigkeitsbetrag, Comptonelektronen weisen unterschiedliche Geschwindigkeitsbeträge auf. Die einheitliche kinetische Energie der Fotoelektronen ist wesentlich höher (entsprechend der Skizze mindestens um den Betrag ΔE) als die der Comptonelektronen.

94. Experimentelle Überprüfung der Comptonformel

Durch das Blendenpaar 1 wird gewährleistet, dass ein monoenergetischer Röntgenstrahl in wohldefinierter Richtung auf den Streukörper trifft. Aus der Streustrahlung wird durch das Blendenpaar 2 ein Strahl unter dem Winkel ϑ gegen die Einfallsrichtung ausgeblendet und trifft anschließend auf einen Einkristall. Kristall und Zählrohr stellen ein Röntgenspektrometer dar, mit dem man nach dem Bragg'schen Drehkristallverfahren die Glanzwinkel für den auftreffenden Strahl bestimmen und daraus die im Strahl vorkommenden Wellenlängen berechnen kann.

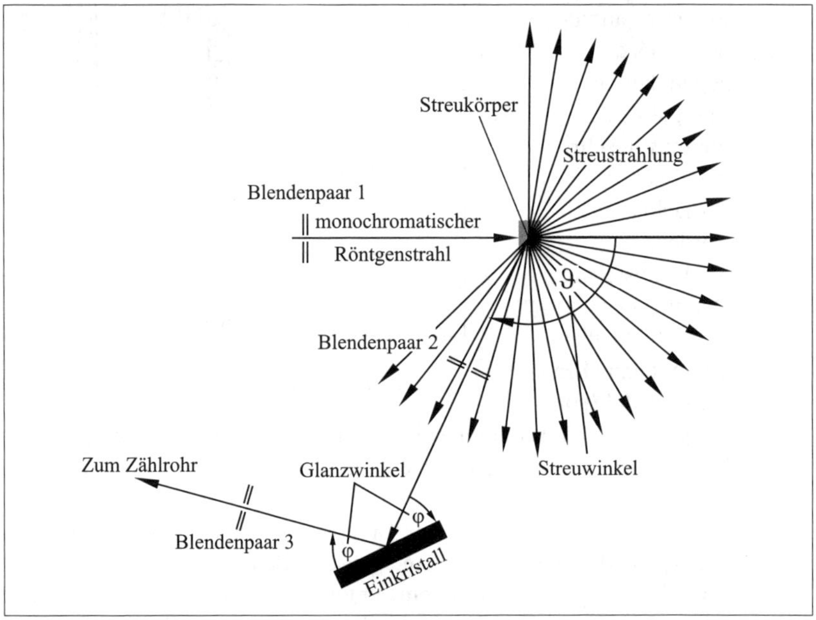

Hinweis:
Das Bragg'sche Drehkristallverfahren können Sie ausführlich in den Aufgaben 105 und 106 wiederholen.

95. Spektrum der Streustrahlung

a)

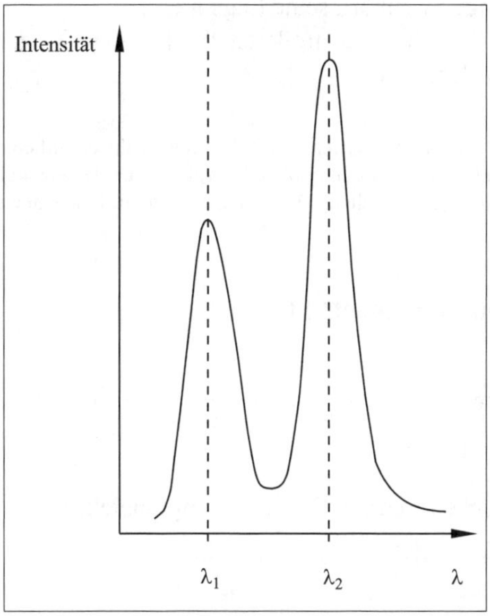

b) Zustandekommen der beiden relativen Extrema:

(1) Treffen Photonen der Wellenlänge λ im Streukörper auf quasifreie, quasiruhende Elektronen, so können sie durch Comptonstöße um den Winkel ϑ gestreut werden. Die Photonen der Streustrahlung besitzen dann die größere Wellenlänge λ_2 und erzeugen das zweite Intensitätsmaximum.
Besonders bei schweren Streukörperatomen sind die inneren Elektronen aber so fest gebunden, dass sie nicht mehr als frei angesehen werden können. Trifft ein Photon der Wellenlänge λ im Streukörper auf solche Elektronen, so tauscht es beim Stoß Energie und Impuls mit dem Atom als Ganzem aus. Da die Masse des Atoms sehr groß ist, ändert sich dabei die Energie und damit auch die Wellenlänge des Photons nicht (Ball-gegen-die-Wand-Effekt). Solche Photonen tragen zum ersten Intensitätsmaximum mit der kürzeren Wellenlänge λ_1 bei.

(2) Mit dem Wellenmodell lässt sich (vgl. Aufgabe 88) das langwelligere, zu λ_2 gehörende Intensitätsmaximum nicht erklären.

(3) Nach der Comptonformel $\Delta\lambda = \lambda_C \cdot (1 - \cos\vartheta)$ beobachtet man den Maximalabstand $\lambda_2 - \lambda_1 = \Delta\lambda = 2 \cdot \lambda_C$, wenn $\vartheta = 180°$.

c) Ändert man den Streuwinkel ϑ, so verändert das Intensitätsmaximum, das zur kürzeren Wellenlänge λ_1 gehört, seine Lage nicht.
Mit zunehmendem ϑ rückt das zur größeren Wellenlänge λ_2 gehörende Intensitätsmaximum nach rechts.

Hinweis:
Über die Höhe der einzelnen Intensitätsmaxima, also über die Wahrscheinlichkeiten für einen Comptonstoß bzw. eine klassische Streuung ohne Energieverlust, lassen sich im Rahmen der Schulphysik keine Aussagen machen. Dies kann nur im Rahmen der Quantenelektrodynamik geschehen.

96. Drei Grundaufgaben zum Comptoneffekt

a) Comptonformel:

$$\Delta\lambda = \lambda_C \cdot (1-\cos\vartheta) \Rightarrow 1-\cos\vartheta = \frac{\Delta\lambda}{\lambda_C} = \frac{1{,}5\cdot\lambda_C - \lambda_C}{\lambda_C} = 0{,}5$$

$$\Rightarrow \cos\vartheta = 0{,}5 \Rightarrow \vartheta = 60°$$

b) Berechnung der kinetischen Energie E_{kin} des Comptonelektrons:

$$E_{kin} = E_{Ph} - E'_{Ph} = \frac{h\cdot c}{\lambda_C} - \frac{h\cdot c}{1{,}5\cdot\lambda_C} = \frac{h\cdot c}{\frac{h}{m_0\cdot c}} - \frac{h\cdot c}{\frac{3}{2}\cdot\frac{h}{m_0\cdot c}}$$

$$= m_0\cdot c^2\cdot\left(1-\frac{2}{3}\right) = \frac{1}{3}\cdot m_0\cdot c^2 \qquad (*)$$

Berechnung der Geschwindigkeit des Comptonelektrons:

$$m\cdot c^2 - m_0\cdot c^2 = E_{kin} \overset{(*)}{=} \frac{1}{3}\cdot m_0\cdot c^2$$

$$\Rightarrow m\cdot c^2 = \frac{4}{3}\cdot m_0\cdot c^2 \Rightarrow m = \frac{4}{3}\cdot m_0 \qquad (**)$$

$$m = \frac{m_0}{\sqrt{1-\left(\frac{v}{c}\right)^2}} \overset{(**)}{\Rightarrow} \frac{4}{3}\cdot m_0 = \frac{m_0}{\sqrt{1-\left(\frac{v}{c}\right)^2}} \Rightarrow \sqrt{1-\left(\frac{v}{c}\right)^2} = \frac{3}{4}$$

$$\Rightarrow 1-\left(\frac{v}{c}\right)^2 = \frac{9}{16} \Rightarrow \left(\frac{v}{c}\right)^2 = \frac{7}{16} \Rightarrow v = \frac{c}{4}\cdot\sqrt{7} = 2{,}0\cdot 10^8\,\frac{m}{s}$$

c) Berechnung der Impulsbeträge:

$$p_{Ph} = \frac{E_{Ph}}{c} = \frac{m_0 \cdot c^2}{c} = m_0 \cdot c$$

$$p'_{Ph} = \frac{E'_{Ph}}{c} = \frac{\frac{2}{3} \cdot m_0 \cdot c^2}{c} = \frac{2}{3} \cdot m_0 \cdot c$$

$$p'_e = m \cdot v = \frac{m_0 \cdot v}{\sqrt{1-\left(\frac{v}{c}\right)^2}}$$

$$= \frac{m_0 \cdot \frac{c}{4} \cdot \sqrt{7}}{\sqrt{1-\left(\frac{\frac{c}{4} \cdot \sqrt{7}}{c}\right)^2}} = \frac{\sqrt{7}}{3} \cdot m_0 \cdot c$$

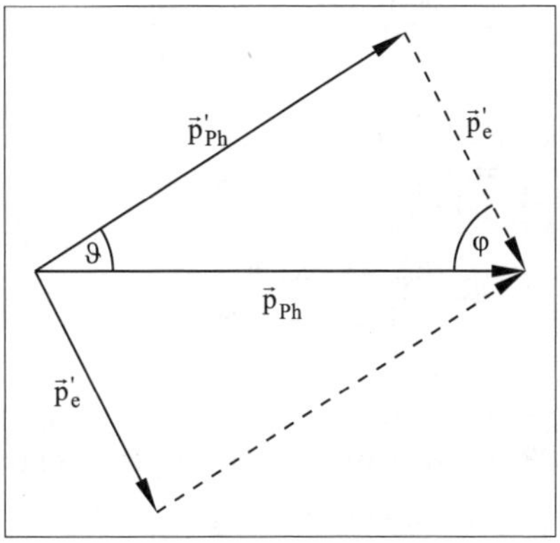

Kosinussatz am Impulsdreieck:

$$p'^2_{Ph} = p^2_{Ph} + p'^2_e - 2 \cdot p'_e \cdot p_{Ph} \cdot \cos\varphi \Rightarrow$$

$$\Rightarrow \left(\frac{2}{3} \cdot m_0 \cdot c\right)^2 = (m_0 \cdot c)^2 + \left(\frac{\sqrt{7}}{3} \cdot m_0 \cdot c\right)^2$$

$$-2 \cdot \frac{\sqrt{7}}{3} \cdot m_0 \cdot c \cdot m_0 \cdot c \cdot \cos\varphi \qquad |:(m_0 \cdot c^2)$$

$$\Rightarrow \frac{4}{9} = 1 + \frac{7}{9} - \frac{2}{3} \cdot \sqrt{7} \cdot \cos\varphi \Rightarrow \cos\varphi = \frac{2}{\sqrt{7}} \Rightarrow \varphi = 40{,}9°$$

✷ 97. Kinetische Energie der Comptonelektronen

$$E_{Ph} + E_0 = E'_{Ph} + E'_e \Rightarrow \qquad \text{Energieerhaltungssatz}$$

$$E_{kin} = E'_e - E_0 = E_{Ph} - E'_{Ph}$$

$$= E_{Ph} - \frac{h \cdot c}{\lambda'}$$

$$= E_{Ph} - \frac{h \cdot c}{\lambda + \frac{h}{m_0 \cdot c} \cdot (1 - \cos\vartheta)} \qquad \lambda' \text{ mit Comptonformel ausgedrückt}$$

$$= E_{Ph} - \frac{h \cdot c}{\lambda + \frac{h \cdot c}{m_0 \cdot c^2} \cdot (1 - \cos\vartheta)} \qquad \text{mit c erweitert}$$

$$= E_{Ph} - \frac{h \cdot c}{\lambda + \frac{h \cdot c}{E_0} \cdot (1 - \cos\vartheta)} \qquad E_0 = m_0 \cdot c^2$$

$$= E_{Ph} - \frac{h \cdot \frac{c}{\lambda}}{1 + \frac{h \cdot c}{E_0 \cdot \lambda} \cdot (1 - \cos\vartheta)} \qquad \text{mit } \frac{1}{\lambda} \text{ erweitert}$$

$$= E_{Ph} - \frac{E_{Ph}}{1 + \frac{E_{Ph}}{E_0} \cdot (1 - \cos\vartheta)} \qquad E_{Ph} = \frac{h \cdot c}{\lambda}$$

$$= \frac{E_{Ph} \cdot \left(1 + \frac{E_{Ph}}{E_0} \cdot (1 - \cos\vartheta)\right) - E_{Ph}}{1 + \frac{E_{Ph}}{E_0} \cdot (1 - \cos\vartheta)}$$ auf Hauptnenner gebracht

$$= \frac{\frac{E_{Ph}^2}{E_0} \cdot (1 - \cos\vartheta)}{1 + \frac{E_{Ph}}{E_0} \cdot (1 - \cos\vartheta)}$$ subtrahiert

$$= \frac{E_{Ph}^2 \cdot (1 - \cos\vartheta)}{E_0 + E_{Ph} \cdot (1 - \cos\vartheta)}$$ mit E_0 erweitert

✷ 98. Streuwinkel der Comptonelektronen

a) Impulserhaltung in Stoßrichtung:

$$p_{Ph} = p'_{Ph} \cdot \cos\vartheta + p'_e \cdot \cos\varphi$$

$$\frac{h}{\lambda} = \frac{h}{\lambda'} \cdot \cos\vartheta + m \cdot v \cdot \cos\varphi \qquad (1)$$

Impulserhaltung senkrecht zur Stoßrichtung:

$$0 = p'_{Ph} \cdot \sin\vartheta - p'_e \cdot \sin\varphi$$

$$0 = \frac{h}{\lambda'} \cdot \sin\vartheta - m \cdot v \cdot \sin\varphi \qquad (2)$$

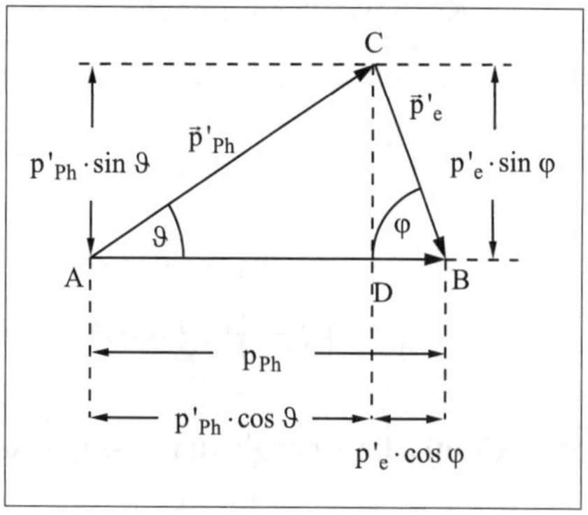

b) $$\cos\varphi = \frac{1}{m \cdot v} \cdot \left(\frac{h}{\lambda} - \frac{h}{\lambda'} \cdot \cos\vartheta\right) \qquad (3)$$ Gleichung (1) nach cos φ auflösen

$$\sin\varphi = \frac{1}{m \cdot v} \cdot \frac{h}{\lambda'} \cdot \sin\vartheta \qquad (4)$$ Gleichung (2) nach sin φ auflösen

$$\tan\varphi = \frac{\frac{h}{\lambda'} \cdot \sin\vartheta}{\frac{h}{\lambda} - \frac{h}{\lambda'} \cdot \cos\vartheta}$$ $\frac{(4)}{(3)}$

$$= \frac{\sin\vartheta}{\frac{\lambda'}{\lambda} - \cos\vartheta}$$ mit λ' erweitert, mit h gekürzt

$$= \frac{\sin\vartheta}{\frac{\lambda + \frac{h}{m_0 \cdot c} \cdot (1 - \cos\vartheta)}{\lambda} - \cos\vartheta}$$ λ' mit Comptonformel ausgedrückt

$$= \frac{\sin\vartheta}{1 + \frac{h}{m_0 \cdot c \cdot \lambda} \cdot (1 - \cos\vartheta) - \cos\vartheta}$$ im Nenner-Minuend mit $\frac{1}{\lambda}$ erweitert

$$= \frac{\sin\vartheta}{1 + \frac{h \cdot c}{m_0 \cdot c^2 \cdot \lambda} \cdot (1 - \cos\vartheta) - \cos\vartheta}$$ im 2. Summand des Nenners mit c erweitert

$$= \frac{\sin\vartheta}{1 + \frac{E_{Ph}}{E_0}\cdot(1-\cos\vartheta) - \cos\vartheta}$$ $E_0 = m_0 \cdot c^2$ und $E_{Ph} = \frac{h \cdot c}{\lambda}$

$$= \frac{\sin\vartheta}{(1-\cos\vartheta)\cdot\left(1 + \frac{E_{Ph}}{E_0}\right)}$$ $(1 - \cos\vartheta)$ ausgeklammert

Hinweis:
Der nebenstehende Graph der Funktion
$\varphi(\vartheta) = \arctan\left(\frac{\sin\vartheta}{1-\cos\vartheta}\cdot\frac{1}{1+\frac{E_{Ph}}{E_0}}\right)$
zeigt, dass φ linear von $\frac{\pi}{2}$ auf 0 abnimmt, wenn ϑ von 0 auf π zunimmt. Der Impuls der Comptonelektronen bildet also mit der Stoßrichtung des einfallenden Photons stets einen spitzen Winkel. Mit anderen Worten: Comptonelektronen werden nur nach vorne weggestoßen.

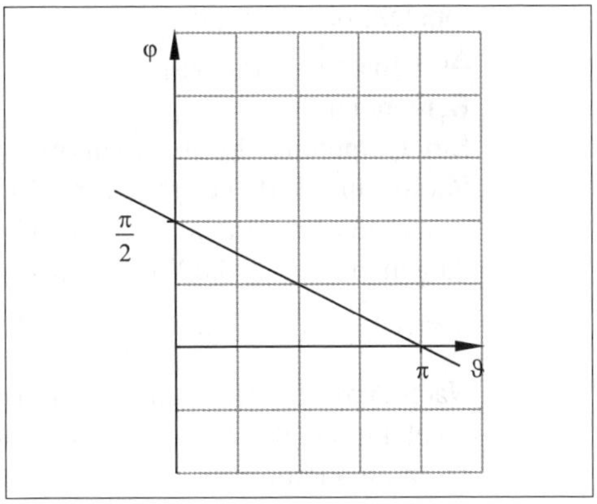

99. Comptonelektronen übernehmen nie die gesamte Photonenenergie

Angenommen, es wäre so, dann wäre nach dem

Energieerhaltungssatz: $h \cdot f + m_0 \cdot c^2 = m \cdot c^2$ (1)

Impulserhaltungssatz: $\frac{h}{\lambda} = m \cdot v$ (2)

$$\left.\begin{aligned}(1) &\Rightarrow h\cdot f = (m-m_0)\cdot c^2 \Rightarrow \frac{h\cdot f}{c} = (m-m_0)\cdot c\\ (2) &\Rightarrow \frac{h\cdot f}{c} = m\cdot v\end{aligned}\right\} \Rightarrow$$

$$\Rightarrow (m-m_0)\cdot c = m\cdot v \Rightarrow m\cdot c - m\cdot v = m_0\cdot c \Rightarrow m\cdot(c-v) = m_0\cdot c$$

Setzt man in die letzte Gleichung die Beziehung $m = \frac{m_0}{\sqrt{1-\frac{v^2}{c^2}}}$ für die relativistische Masse ein, so erhält man:

$$\frac{m_0\cdot(c-v)}{\sqrt{1-\frac{v^2}{c^2}}} = m_0\cdot c \Rightarrow \frac{c-v}{c} = \sqrt{1-\frac{v^2}{c^2}} \Rightarrow \left(1-\frac{v}{c}\right)^2 = 1-\frac{v^2}{c^2}$$

$$\Rightarrow 1-2\cdot\frac{v}{c}+\frac{v^2}{c^2} = 1-\frac{v^2}{c^2} \Rightarrow 2\cdot\frac{v^2}{c^2}-2\cdot\frac{v}{c} = 0 \Rightarrow \frac{v}{c}\cdot\left(\frac{v}{c}-1\right) = 0$$

(1) $\frac{v}{c} = 0 \Rightarrow v = 0$ Widerspruch! Das Elektron kann nach dem Stoß nicht ruhen.

(2) $\frac{v}{c} - 1 = 0 \Rightarrow v = c$ Widerspruch! Das Elektron kann sich nach dem Stoß nicht mit Lichtgeschwindigkeit bewegen.

100. Energielücke zwischen Foto- und Comptonelektronen

a) Da bei Röntgenstrahlung die Auslösearbeit für die Fotoelektronen im Vergleich zur Energie E_{Ph} der einfallenden Photonen vernachlässigbar klein ist, gilt für die kinetische Energie $E_{kin,\,Foto}$ der Fotoelektronen:

$E_{kin,\,Foto} = E_{Ph}$

Bezeichnet $E_{kin,\,Compton}$ die kinetische Energie der **schnellsten** Comptonelektronen, so gilt:

$\Delta E = E_{Ph} - E_{kin,\,Compton}$

Berechnung von $E_{kin,\,Compton}$:

Ein Comptonelektron erhält maximale kinetische Energie, wenn das Photon um 180° gestreut wird. In diesem Fall ist die Wellenlänge des gestreuten Photons λ' nach der Comptonformel um 2 Comptonwellenlängen größer als die Wellenlänge λ des eingestrahlten Photons:

$$\lambda' = \lambda + 2 \cdot \lambda_c = \lambda + 2 \cdot \frac{h}{m_0 \cdot c} = \lambda + 2 \cdot \frac{h \cdot c}{m_0 \cdot c^2} = \lambda + 2 \cdot \frac{h \cdot c}{E_0} \qquad (1)$$

Nach dem Energieerhaltungssatz ist die kinetische Energie eines Comptonelektrons gleich der Differenz der Energien des einfallenden und des gestreuten Photons:

$$E_{kin,Compton} = E_{Ph} - E'_{Ph} = E_{Ph} - \frac{h \cdot c}{\lambda'} \overset{(1)}{=} E_{Ph} - \frac{h \cdot c}{\lambda + 2 \cdot \frac{h \cdot c}{E_0}} \qquad (2)$$

$$\Rightarrow \Delta E = E_{Ph} - E_{kin,Compton} \overset{(2)}{=} \frac{h \cdot c}{\lambda + 2 \cdot \frac{h \cdot c}{E_0}} = \frac{\frac{h \cdot c}{\lambda}}{1 + 2 \cdot \frac{h \cdot c}{E_0 \cdot \lambda}} = \frac{E_{Ph}}{1 + \frac{2 \cdot E_{Ph}}{E_0}}$$

b) $$\lim_{E_{Ph} \to \infty} \Delta E = \lim_{E_{Ph} \to \infty} \frac{1}{\frac{1}{E_{Ph}} + 2 \cdot \frac{1}{E_0}} = \frac{E_0}{2}$$

Physikalische Deutung: Da $\Delta E = E'_{Ph}$, kann die Energie eines beim Comptoneffekt um 180° rückwärts gestreuten Photons nie größer sein als die halbe Ruheenergie des Elektrons, auch wenn die Energie der einfallenden Photonen beliebig groß wird.

Hinweis:
Werfen Sie zum besseren Verständnis der Ansätze in dieser Aufgabe einen Blick auf das Energiespektrum im Lösungsteil der Aufgabe 93!

101. Vergleich zwischen Foto- und Comptoneffekt

Fotoeffekt	Comptoneffekt
Modellvorstellung: Ein Photon gibt seine Energie E_{Ph} beim Stoß mit einem gebundenen Elektron vollständig an das Elektron ab. Ist E_{Ph} größer als die für das Material charakteristische Auslösearbeit W_A, so kann das Elektron das Materiestück verlassen und besitzt die kinetische Energie $E_{kin} = E_{Ph} - W_A$	Modellvorstellung: Das Photon führt einen elastischen Stoß mit einem quasifreien, anfänglich ruhenden Elektron aus. Dabei gibt es einen Teil seiner Energie an das Elektron ab.
Das Photon gibt seine Energie vollständig an das Elektron ab.	Das Photon gibt nur einen Teil seiner Energie an das Elektron ab.
Nach dem Stoß gibt es kein Photon mehr.	Nach dem Stoß gibt es noch ein Photon.
Fotoelektronen haben ein diskretes Geschwindigkeitsspektrum, sie besitzen also mit anderen Worten alle die gleiche Geschwindigkeit – von den durch die Auslösung aus unterschiedlichen Tiefen des Fotokathodenmaterials bedingten Geschwindigkeitsunterschieden einmal abgesehen.	Comptonelektronen weisen ein kontinuierliches Geschwindigkeitsspektrum auf, das bei null beginnt und bei einer scharfen Grenze aufhört.

102. Der Barklaeffekt

Die Beobachtung wird verständlich, wenn man weiß, dass Plexiglas γ-Strahlung der Wellenlänge $\lambda = 1{,}0\,\text{pm}$ nicht merklich absorbiert. Die Photonen der Streustrahlung besitzen aber wegen der 90°-Streuung eine um λ_C größere Wellenlänge: $\lambda' = 1{,}0\,\text{pm} + 2{,}42\,\text{pm} = 3{,}42\,\text{pm}$.
Strahlung dieser Wellenlänge wird aber von Plexiglas zu 50 % absorbiert!

103. Die Gitterkonstante muss zur Wellenlänge passen

a) Nach dem Huygens'schen Modell kann jeder Punkt einer Wellenfront als Ausgangspunkt von neuen, kreis- bzw. kugelförmigen so genannten Elementarwellen betrachtet werden. Eine neue Wellenfront ergibt sich zu einem späteren Zeitpunkt durch Überlagerung all dieser Elementarwellen als Umhüllende. Bis auf diese Umhüllende löschen sich die Elementarwellen nämlich gegenseitig aus.

Trifft eine ebene Lichtwelle auf ein optisches Strichgitter, so können Elementarwellen am Ort des Gitters nur noch in den sehr engen durchlässigen Spalten entstehen. Die von hier ausgehenden kohärenten Elementarwellen führen dann durch Überlagerung hinter dem Gitter zu Beugungs- und Interferenzerscheinungen.

Trifft eine ebene Röntgenwelle auf ein Kristallgitter, so werden die Partikel des Kristalls (Atome, Ionen, Moleküle), in nebenstehender Skizze als schwarze Punkte dargestellt, zu Zentren für kugelförmige, kohärente Elementarwellen (vgl. Hinweis) die durch Überlagerung hinter dem Kristall zu Beugungs- und Interferenzerscheinungen führen.

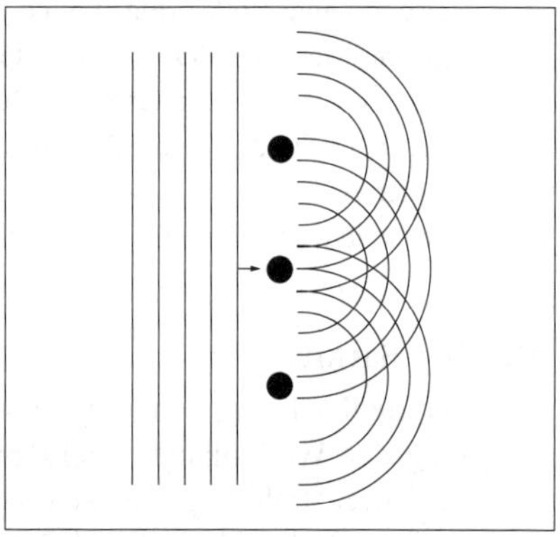

b) Interferenzerscheinungen lassen sich hinter einem Gitter nur beobachten, wenn die Gitterkonstante b und Wellenlänge λ größenordnungsmäßig übereinstimmen!

Begründung: Aus der Gitterformel

(*) $b \cdot \sin \alpha_k = k \cdot \lambda$ folgt: $\sin \alpha_k = \frac{k \cdot \lambda}{b}$

Fall 1: $b \ll \lambda \overset{(*)}{\Rightarrow} \sin\alpha_k > 1$

Wegen $|\sin\alpha_k| \leq 1$ treten Interferenzen dann überhaupt nicht auf.

Fall 2: $b \gg \lambda \overset{(*)}{\Rightarrow} \sin\alpha_k \approx 0 \Rightarrow \alpha_k \approx 0$

Die Interferenzmaxima liegen dann zu nahe beim Maximum 0. Ordnung, zu nahe am direkten Strahl und sind daher nicht beobachtbar. Diese Schwierigkeiten lassen sich auch nicht dadurch umgehen, dass man nur hohe und höchste Interferenzordnungen betrachtet, da deren Intensität viel zu gering ist.

c) Berechnung der Gitterkonstanten:

$$b = \frac{1 \cdot 10^{-3}\,\text{m}}{1700} = 5{,}9 \cdot 10^{-7}\,\text{m}$$

$$(*):\quad \sin\alpha_k = \frac{k \cdot \lambda}{b} = \frac{k \cdot 5{,}9 \cdot 10^{-12}\,\text{m}}{5{,}9 \cdot 10^{-7}\,\text{m}} = k \cdot 10^{-5} \approx 0$$

$$\Rightarrow \alpha_k \approx 0, \text{ falls k nicht zu groß ist.}$$

Die Maxima von Interferenzordnungen mit nennenswerter Intensität liegen zu nahe am direkten Strahl, um beobachtet werden zu können!

d) $$(*):\quad \sin\alpha_k = \frac{k \cdot \lambda}{b} = \frac{k \cdot 589{,}0 \cdot 10^{-9}\,\text{m}}{2{,}0 \cdot 10^{-10}\,\text{m}} = k \cdot 2{,}9 \cdot 10^{3} > 1$$

Da kein α diese Gleichung erfüllt, treten Interferenzerscheinungen nicht auf!

Hinweise:

1. Nach den Modellvorstellungen der klassischen Physik veranlasst der $\vec{E}$-Vektor der Röntgenwelle Elektronen der Kristallatome zu erzwungenen Schwingungen mit der Frequenz f der auftreffenden Röntgenstrahlung. Diese schwingenden Elektronen stellen atomare Dipole dar. Sie strahlen nach den Gesetzen der Dipolstrahlung wieder Röntgenstrahlung der Frequenz f in fast alle Raumrichtungen ab.
2. Lässt man Licht nicht senkrecht, sondern unter einem Winkel φ gegen die Gitternormale auf ein Transmissionsgitter treffen, wird es so gebeugt, als ob das Gitter die Gitterkonstante $b \cdot \cos\varphi$ besäße (vgl. Aufgabe 119, Band Elektromagnetische Schwingungen und Wellen, Nr. 94309). Daher kann man die Wellenlängen von sehr weicher (= energiearmer, langwelliger), streifend auffallender Röntgenstrahlung mit einem Transmissionsgitter gerade noch messen.

104. Bragg-Reflexion

a) Netzebenen sind fiktive Ebenen durch einen Einkristall, die gleichmäßig mit Kristallpartikeln besetzt sind. Alle zueinander parallelen, äquidistanten Netzebenen eines Kristalls, die in gleicher Weise mit Kristallpartikeln besetzt sind, bilden eine Netzebenenschar.

b) Nach dem Bragg'schen Modell werden die einfallenden Röntgenstrahlen von jeder Netzebene wie von einem Spiegel reflektiert. Die von sämtlichen Netzebenen einer Netzebenenschar reflektierten Strahlen interferieren im Unendlichen nur dann konstruktiv, wenn der Gangunterschied Δs zwischen zwei an benachbarten Netzebenen reflektierten Strahlen ein ganzzahliges Vielfaches der Wellenlänge ist:

$$\Delta s = k \cdot \lambda, \quad k \in \mathbb{Z} \qquad (1)$$

Mithilfe unten stehender Skizze erkennt man:

$$\left.\begin{array}{l} \Delta s = \overline{AB} + \overline{BC} = 2 \cdot \overline{AB} \\ \sin\alpha = \frac{\overline{AB}}{d} \end{array}\right\} \Rightarrow \Delta s = 2 \cdot d \cdot \sin\alpha \qquad (2)$$

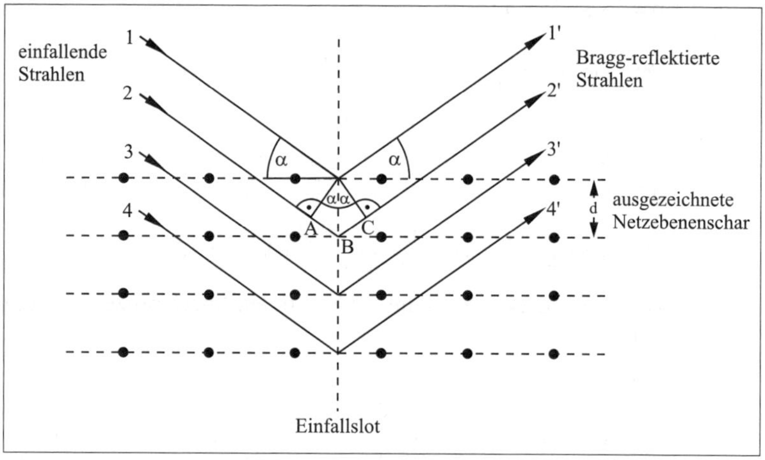

Aus (1) und (2) ergibt sich die Bedingung für konstruktive Interferenz, die so genannte Bragg-Bedingung:

$$2 \cdot d \cdot \sin\alpha_k = k \cdot \lambda$$

c) Der Winkel α_k, den der einfallende und reflektierte Röntgenstrahl entsprechend obiger Skizze mit einer Netzebene des Einkristalls einschließt, heißt dann Glanzwinkel, wenn er die Bragg-Bedingung erfüllt, wenn also die unter diesem Winkel einfallenden und reflektierten Röntgenstrahlen der Wellenlänge λ im Unendlichen konstruktiv interferieren.

d) Ein ebener Spiegel reflektiert Licht stets, und zwar unabhängig vom Einfallswinkel und unabhängig von der Wellenlänge des einfallenden Lichts. Trifft dagegen ein monochromatischer Röntgenstrahl beliebiger Wellenlänge auf einen Einkristall, so beobachtet man normalerweise keine Bragg-Reflexion, da der Strahl im Allgemeinen nicht unter einem Glanzwinkel auf den Kristall trifft.

Hinweise:

1. Verbinden Sie den Bragg'schen Reflexionsbegriff nicht zu eng mit dem Reflexionsbegriff aus dem Optikunterricht der Mittelstufe: Trifft monochromatische Röntgenstrahlung auf einen Einkristall, so gehen von den Kristallpartikeln allseitig Streustrahlen oder – im Bild von Huygens – elementare Kugelwellen aus, die fast immer destruktiv interferieren. Nur unter ganz bestimmten Voraussetzungen interferieren sie konstruktiv. Den Braggs ist es gelungen, eine recht anschauliche Interpretation dieser Spezialfälle zu geben, indem sie so tun, als würden die Strahlen an den Netzebenen reflektiert. Die Bragg-Beziehung drückt dann in sehr einfacher Form die Voraussetzungen aus, die für eine konstruktive Interferenz erfüllt sein müssen.
2. Bitte beachten Sie zur Vermeidung von Missverständnissen, dass im Bragg'schen Modell **eine** Netzebene einen Röntgenstrahl **immer** ohne einschränkende Bedingungen gemäß dem Reflexionsgesetz reflektiert, dass aber bei einer Netzebenenschar Reflexion nur auftritt, wenn die Bragg-Bedingung erfüllt ist.
3. Beachten Sie, dass es sich bei dem Winkel α in der Skizze nicht um den aus der Optik bekannten Einfallswinkel (Winkel zwischen Strahl und Einfallslot) handelt!
4. Die Bragg-Bedingung finden Sie in der Formelsammlung.

105. Drehkristall-Verfahren

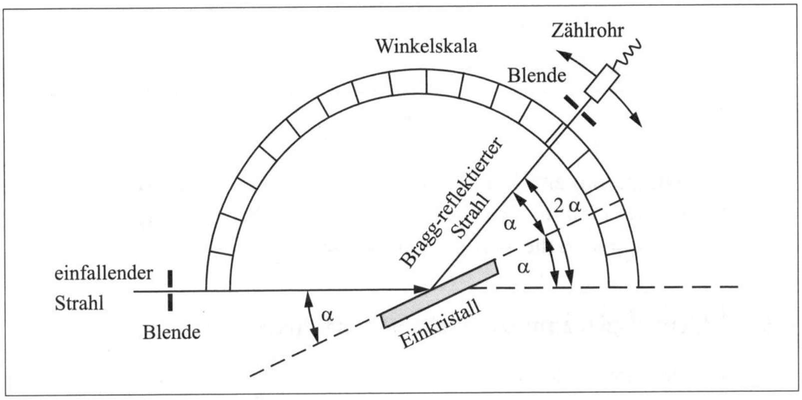

Abb. 1

Monochromatische Röntgenstrahlung der zu messenden Wellenlänge fällt entsprechend Abbildung 1 unter einem Winkel α auf einen Einkristall bekannter Struktur. Mit einem Zählrohr bestimmt man die Zählrate (Anzahl der Impulse pro Zeiteinheit) der unter einem Winkel von $2 \cdot \alpha$ gegen die Einfallsrichtung gestreuten Röntgenstrahlung. Diese Messung führt man für hinreichend viele Winkel α durch und trägt anschließend die Winkel-Zählrate-Messwertpaare in ein kartesisches Koordinatensystem ein. So erhält man das in Abbildung 2 dargestellte Diagramm.

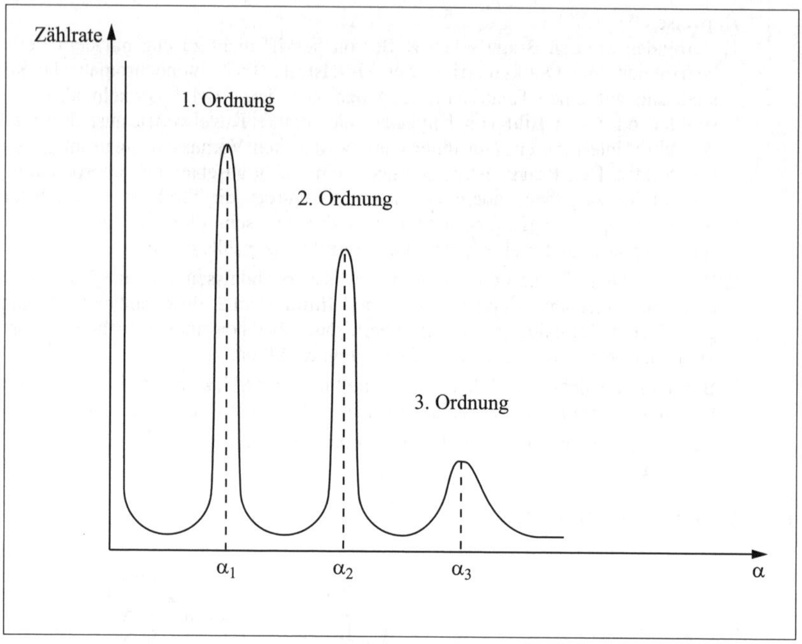

Abb. 2

Dem Diagramm entnimmt man die Glanzwinkel $\alpha_1, \alpha_2, \alpha_3, \ldots$ 1., 2., 3., … Ordnung und kann hieraus, da d bekannt ist, über die Bragg-Beziehung $2 \cdot d \cdot \sin \alpha_k = k \cdot \lambda$ die Wellenlänge λ berechnen.

106. Zahlenbeispiel zum Drehkristall-Verfahren

a) Berechnung der Wellenlänge: $E = h \cdot f = \frac{h \cdot c}{\lambda} \Rightarrow \lambda = \frac{h \cdot c}{E}$

Bragg-Bedingung: $2 \cdot d \cdot \sin \alpha_k = k \cdot \lambda \overset{k=1}{\Rightarrow} d = \frac{\lambda}{2 \cdot \sin \alpha_1}$

$$\Rightarrow d = \frac{\frac{h \cdot c}{E}}{2 \cdot \sin \alpha_1} = \frac{h \cdot c}{2 \cdot E \cdot \sin \alpha_1} = \frac{4{,}14 \cdot 10^{-15}\,\text{eV} \cdot \text{s} \cdot 3{,}0 \cdot 10^8\,\frac{\text{m}}{\text{s}}}{2 \cdot 5{,}9 \cdot 10^3\,\text{eV} \cdot \sin 22{,}2°} = 2{,}8 \cdot 10^{-10}\,\text{m}$$

b) Dem Diagramm entnimmt man $\alpha_1 = 7{,}5°$ und $\alpha_2 = 15{,}0°$. Die Bragg-Bedingung für Interferenz 1. Ordnung liefert:
$\lambda = 2 \cdot d \cdot \sin \alpha_1 = 2 \cdot 2{,}8 \cdot 10^{-10}\,\text{m} \cdot \sin 7{,}5° = 7{,}3 \cdot 10^{-11}\,\text{m}$

107. Debye-Scherrer-Verfahren

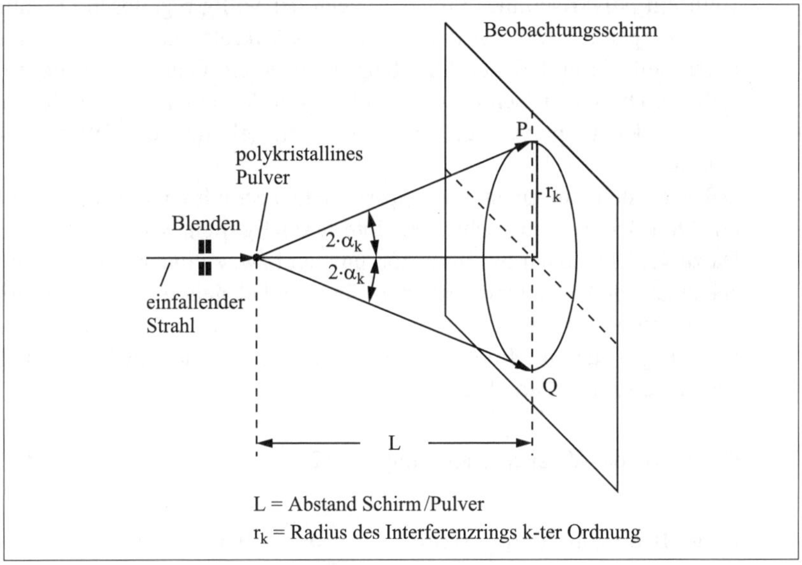

Abb. 1

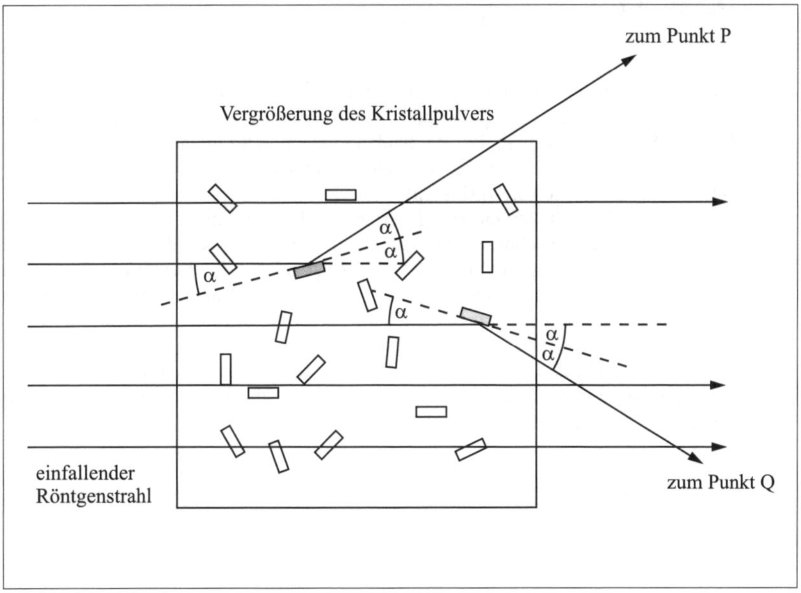

Abb. 2

Ein feiner, monochromatischer Röntgenstrahl trifft entsprechend Abbildung 1 auf ein polykristallines Pulver. Wegen der völlig regellosen Orientierung der winzigen Kristalle im Pulver sind stets Mikrokristalle vorhanden, die in Bezug auf die einfallende Strahlung unter einem Glanzwinkel liegen (vgl. Abb. 2). Die von diesen Kristalliten Bragg-reflektierten Strahlen laufen hinter dem Kristallpulver auf einem Kegelmantel mit dem Öffnungswinkel $4 \cdot \alpha$ aus.
Daher entsteht auf einem zur ursprünglichen Strahlrichtung senkrecht angebrachten Beobachtungsschirm als Interferenzfigur ein Kreisring.
Da zu verschiedenen Interferenzordnungen bzw. zu unterschiedlichen Netzebenenabständen unterschiedliche Glanzwinkel gehören, entsteht auf dem Beobachtungsschirm als Interferenzmuster ein System von konzentrischen Kreisringen, deren Mittelpunkt der Auftreffpunkt des unabgelenkt durchgehenden Röntgenstrahls ist.

Geometrie der Versuchsanordnung: $\tan(2 \cdot \alpha_k) = \frac{r_k}{L} \underset{\text{näherung}}{\overset{\text{Kleinwinkel-}}{\Rightarrow}} 2 \cdot \alpha_k = \frac{r_k}{L}$

Bragg-Bedingung: $2 \cdot d \cdot \sin \alpha_k = k \cdot \lambda \underset{\text{näherung}}{\overset{\text{Kleinwinkel-}}{\Rightarrow}} 2 \cdot d \cdot \alpha_k = k \cdot \lambda$

$$\Rightarrow \frac{d \cdot r_k}{L} = k \cdot \lambda \Rightarrow \lambda = \frac{d \cdot r_k}{k \cdot L}$$

Hinweise:
Zweifeln Sie nach Betrachtung von Abbildung 2 daran, dass die Bragg-reflektierten Strahlen hinter der Kristallpulverprobe auf einem Kegelmantel auslaufen? Schließlich zeigt die Skizze ja deutlich, dass die beiden relevanten Strahlen
a) nicht von einem Punkt (der Kegelspitze) ausgehen und
b) nur in der Zeichenebene verlaufen!
Zu a: Wegen des sehr feinen Röntgenstrahls und der geringen Dicke des Kristallpulvers ist die räumliche Ausdehnung des Bereichs im Kristallpulver, der von Röntgenstrahlung durchsetzt wird, winzig im Vergleich zum Abstand des Beobachtungsschirms vom Pulver. Daher ist es für die Lage des Auftreffpunkts der Bragg-reflektierten Strahlung am Beobachtungsschirm bedeutungslos, wo im Pulver die Reflexion stattgefunden hat.
Zu b: Abbildung 2 stellt nur einen ebenen Schnitt durch das Kristallpulver dar. Denkt man sich die Abbildung um eine Achse rotierend, die parallel zur einfallenden Strahlung durch die Mitte der Pulverprobe verläuft, so liegen die Bragg-reflektierten Strahlen auf einem Kegelmantel mit Öffnungswinkel $4 \cdot \alpha$.

108. Zahlenbeispiel zum Debye-Scherrer-Verfahren

a) $E = h \cdot f = \frac{h \cdot c}{\lambda} \Rightarrow \lambda = \frac{h \cdot c}{E} = \frac{4{,}14 \cdot 10^{-15}\,\text{eV} \cdot \text{s} \cdot 3{,}00 \cdot 10^{8}\,\frac{\text{m}}{\text{s}}}{73{,}1 \cdot 10^{3}\,\text{eV}} = 1{,}70 \cdot 10^{-11}\,\text{m}$

b) Nach der Bragg-Bedingung $2 \cdot d \cdot \sin\alpha_k = k \cdot \lambda$ gehört zur kleineren Interferenzordnung der kleinere Glanzwinkel und damit der kleinere Interferenzringradius. K_1 und K_2 sind daher jeweils die zur 1. Interferenzordnung gehörenden Ringe.

c) Wie in Aufgabe 107 leitet man die Beziehung $\lambda = \frac{d \cdot r_k}{k \cdot L}$ her. Hieraus ergibt sich:

$$d = \frac{\lambda \cdot k \cdot L}{r_k} \qquad (*)$$

Hiernach ist bei gleicher Interferenzordnung der Netzebenenabstand umso größer, je kleiner der Ringradius ist. K_2 gehört daher zur Netzebenenschar mit dem kleineren Netzebenenabstand. Daher ist $d'' < d'$.

d) Nach (*) gilt jeweils:

$$d' = \frac{\lambda \cdot 1 \cdot L}{r_1'} = \frac{\lambda \cdot L}{R_1} = \frac{1{,}70 \cdot 10^{-11}\,\text{m} \cdot 0{,}27\,\text{m}}{2{,}2 \cdot 10^{-2}\,\text{m}} = 2{,}1 \cdot 10^{-10}\,\text{m}$$

$$d'' = \frac{\lambda \cdot 1 \cdot L}{r_1''} = \frac{\lambda \cdot L}{R_2} = \frac{1{,}70 \cdot 10^{-11}\,\text{m} \cdot 0{,}27\,\text{m}}{3{,}8 \cdot 10^{-2}\,\text{m}} = 1{,}2 \cdot 10^{-10}\,\text{m}$$

e) Mit kleiner werdender Energie nimmt die Wellenlänge λ der Röntgenstrahlung zu und damit werden wegen $(*) \Rightarrow r_k = \frac{\lambda \cdot k \cdot L}{d}$ die Radien der Interferenzringe größer.

109. Laue-Diagramme

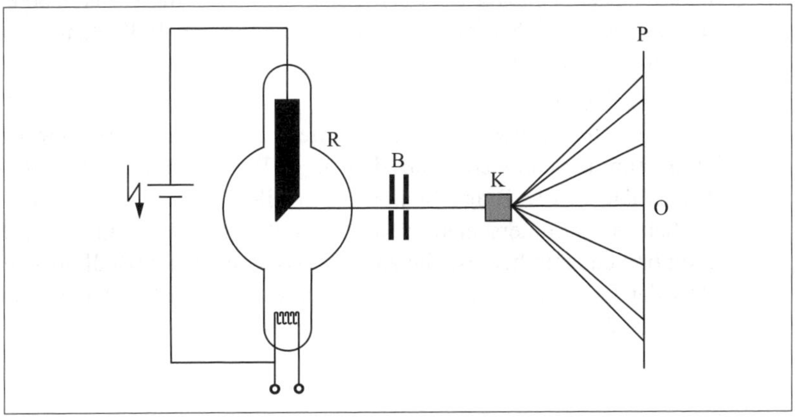

Aus der Strahlung einer Röntgenröhre R wird mittels geeigneter Blenden B ein feiner Röntgenstrahl ausgeblendet. Senkrecht zu ihm stellt man eine Fotoplatte P auf. Bringt man zwischen B und P einen Einkristall K, so gibt es für einige wenige Wellenlängen des auftreffenden, kontinuierlichen Röntgenlichts Netzebenen in K, die relativ zur Einfallsrichtung unter einem Glanzwinkel liegen. Strahlung dieser Wellenlängen wird durch K Bragg-reflektiert und gelangt auf P an Stellen, die vom Auftreffpunkt 0 des direkten Strahls verschieden sind. Die restliche Strahlung trifft P in 0.
Das **Interferenzmuster** auf P, das aus **einzelnen**, auf konzentrischen Kreisen zu 0 liegenden **Punkten** unterschiedlicher Intensität besteht, nennt man Laue-Diagramm.

110. Vergleichende Charakterisierung des Laue-, Debye-Scherrer- und Drehkristall-Verfahrens

- Drehkristall-Verfahren:
  Hier trifft **monochromatische Röntgenstrahlung** auf einen **um eine Achse drehbaren Einkristall**, der so lange gedreht wird, bis er unter einem Glanzwinkel von der Röntgenstrahlung getroffen wird. Aus dem bekannten Glanzwinkel kann mittels der Bragg-Beziehung bei bekannter Wellenlänge der Netzebenenabstand berechnet werden und umgekehrt.
- Debye-Scherrer-Verfahren:
  Hier trifft ebenfalls **monochromatische Röntgenstrahlung** auf **raumfeste statistisch willkürlich liegende Mikrokristalle.** Nur die unter einem Glanzwinkel gegen die einfallende Strahlung liegenden Mikrokristalle Bragg-reflektieren die auftreffende Strahlung. Aus dem Interferenzmuster (Kreisringradius) und der Geometrie der Versuchsanordnung (Abstand Pulver-Schirm) lassen sich die Glanzwinkel berechnen und hieraus analog zum Drehkristallverfahren die Wellenlänge oder der Netzebenenabstand.
- Laue-Verfahren:
  Hier fällt **kontinuierliches Röntgenlicht** auf einen **raumfesten Einkristall**. Vom Kristall werden nur diejenigen Wellen Bragg-reflektiert, deren Wellenlängen die Bragg-Bedingung erfüllen. Er filtert quasi aus einer großen Menge unterschiedlichster Wellenlängen die für die Bragg-Reflexion brauchbaren heraus, alle anderen passieren den Kristall unabgelenkt. Aus der Lage der so auf einer Fotoplatte entstehenden Punkte kann auf die Kristallstruktur zurückgerechnet werden.

111. Erzeugung monochromatischer Röntgenstrahlung

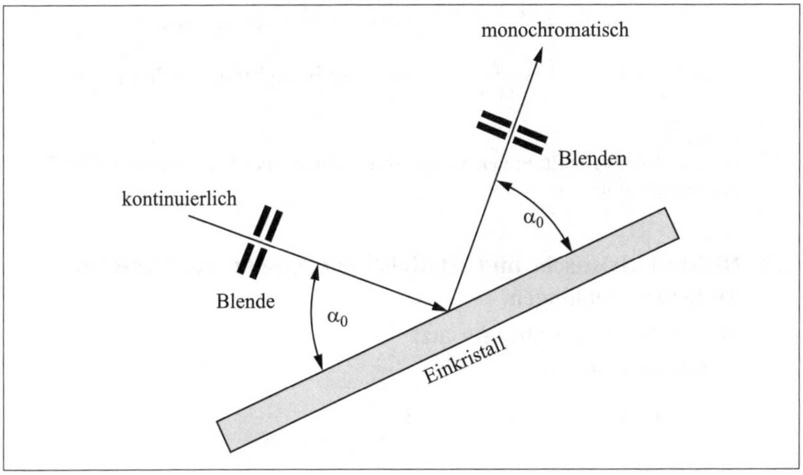

Man lässt die kontinuierliche Röntgenstrahlung in einem feinen Strahl so auf einen Einkristall mit geeignetem Netzebenenabstand d_0 treffen, dass der Winkel α_0 zwischen Strahl und der Netzebenenschar die Gleichung $2 \cdot d_0 \cdot \sin \alpha_0 = \lambda_0$ erfüllt. Wegen der Bragg-Bedingung wird dann nur monochromatische Röntgenstrahlung der Wellenlänge λ_0 unter dem Winkel α_0 in 1. Interferenzordnung (dies ist die Ordnung mit der größten Intensität) reflektiert.

Hinweis:
Zur Vermeidung von „Sprachwirrwarr": Die Begriffe „polychromatische Röntgenstrahlung", „kontinuierliche Röntgenstrahlung", „polychromatisches Röntgenlicht", „kontinuierliches Röntgenlicht" und „weißes Röntgenlicht" sind alle synonym. Ebenso sind „monochromatische Röntgenstrahlung", „monochromatisches Röntgenlicht", „monoenergetische Röntgenstrahlung" synonym.

112. De Broglies Hypothese

a) Jedes Materieteilchen der Masse m und der Geschwindigkeit v entspricht einem Wellenvorgang mit der Wellenlänge λ und der Frequenz f.

b) De Broglie übertrug die vom Photon her bekannten Beziehungen zwischen Wellen und Korpuskelgrößen (vgl. Aufgabe 78 und 79)

$E_{Photon} = m \cdot c^2 = h \cdot f$ und $p_{Photon} = m \cdot c = \frac{h}{\lambda}$

auf die Korpuskel:

$E_{Korpuskel} = m \cdot c^2 \stackrel{!}{=} h \cdot f$ und $p_{Korpuskel} = m \cdot v \stackrel{!}{=} \frac{h}{\lambda}$.

Damit erhält man für Frequenz f und Wellenlänge λ einer Materiewelle:

$$m \cdot c^2 = h \cdot f \Rightarrow f = \frac{m \cdot c^2}{h} \quad \text{(aus der Beziehung für die Energie)}$$

$$m \cdot v = \frac{h}{\lambda} \Rightarrow \lambda = \frac{h}{m \cdot v} \quad \text{(aus der Beziehung für den Impuls)}$$

Hinweis:
Diese Beziehungen für Frequenz und Wellenlänge einer Materiewelle finden Sie in der Formelsammlung.

113. Nichtrelativistische und relativistische Ansätze zur Berechnung von Materiewellenlängen

a) nichtrelativistischer Ansatz:
Energiesatz:

$$\left.\begin{array}{l} \frac{1}{2} \cdot m_0 \cdot v^2 = q \cdot U \Rightarrow v = \sqrt{2 \cdot \frac{q}{m_0} \cdot U} \\ \lambda = \frac{h}{m_0 \cdot v} \end{array}\right\} \Rightarrow$$

$$\Rightarrow \lambda = \frac{h}{m_0 \cdot \sqrt{2 \cdot \frac{q}{m_0} \cdot U}} = \frac{h}{\sqrt{2 \cdot q \cdot m_0 \cdot U}}$$

b) relativistischer Ansatz:
relativistische Impulsformel:

$$p^2 \cdot c^2 = E^2 - E_0^2 \Rightarrow p = \sqrt{\frac{E^2 - E_0^2}{c^2}}$$

Energiesatz:

$$E - E_0 = e \cdot U \Rightarrow E^2 = (e \cdot U + E_0)^2 = (e \cdot U)^2 + 2 \cdot e \cdot U \cdot E_0 + E_0^2$$

$$\Rightarrow E^2 - E_0^2 = (e \cdot U)^2 + 2 \cdot e \cdot U \cdot E_0 \quad \Bigg\} \Rightarrow$$

$$\left.\begin{array}{l} \Rightarrow p = \sqrt{\frac{(e \cdot U)^2 + 2 \cdot e \cdot U \cdot E_0}{c^2}} = \sqrt{\left(\frac{e \cdot U}{c}\right)^2 + 2 \cdot e \cdot U \cdot m_0} \\ \lambda = \frac{h}{p} \end{array}\right\} \Rightarrow$$

$$\Rightarrow \lambda = \frac{h}{\sqrt{\left(\frac{e \cdot U}{c}\right)^2 + 2 \cdot e \cdot U \cdot m_0}}$$

Hinweis:
Diese Rechnungen werden relativ oft in Abituraufgaben gefordert. Die hergeleiteten Beziehungen für die Materiewellenlänge stehen nicht in der Formelsammlung! Aus Platz- und Übersichtlichkeitsgründen werden sie im Folgenden ohne neuerliche Herleitung unter Hinweis auf diese Aufgabe verwendet.

114. Materiewellenlängen von Gasatomen

$\overline{E_{kin}}$ bezeichne die mittlere kinetische Energie eines Heliumatoms

$$\left.\begin{array}{l} \overline{E_{kin}} = \frac{3}{2}\cdot k\cdot T \\ \overline{E_{kin}} = \frac{1}{2}\cdot m\cdot \overline{v^2} \Rightarrow \overline{v^2} = \frac{2\cdot \overline{E_{kin}}}{m} \\ \overline{v} = 0{,}92\cdot\sqrt{\overline{v^2}} \end{array}\right\} \Rightarrow$$

$$\Rightarrow \overline{v} = 0{,}92\cdot\sqrt{\frac{2\cdot\overline{E_{kin}}}{m}} = 0{,}92\cdot\sqrt{\frac{2\cdot\frac{3}{2}\cdot k\cdot T}{m}} = 0{,}92\cdot\sqrt{\frac{3\cdot k\cdot T}{m}} \qquad (1)$$

$$\overline{\lambda} = \frac{h}{m\cdot\overline{v}} \Rightarrow \overline{v} = \frac{h}{m\cdot\overline{\lambda}} \qquad (2)$$

Durch Gleichsetzen von (1) und (2) erhält man:

$$\frac{h}{m\cdot\overline{\lambda}} = 0{,}92\cdot\sqrt{\frac{3\cdot k\cdot T}{m}}$$

$$\Rightarrow \frac{h^2}{m^2\cdot\overline{\lambda}^2} = 0{,}92^2\cdot\frac{3\cdot k\cdot T}{m}$$

$$\Rightarrow T = \frac{h^2}{m\cdot\overline{\lambda}^2\cdot 0{,}92^2\cdot 3\cdot k} = \frac{(6{,}63\cdot 10^{-34}\,\mathrm{J\cdot s})^2}{4{,}00\cdot 1{,}66\cdot 10^{-27}\,\mathrm{kg}\cdot(60{,}0\cdot 10^{-12}\,\mathrm{m})^2\cdot 0{,}92^2\cdot 3\cdot 1{,}38\cdot 10^{-23}\,\frac{\mathrm{J}}{\mathrm{K}}}$$

$$= 525\,\mathrm{K}$$

115. Versuchskonzept für den Nachweis der Wellennatur von Elektronen

a) Aufgabe 113 a:

$$\lambda = \frac{h}{\sqrt{2\cdot e\cdot m\cdot U}} = \frac{6{,}63\cdot 10^{-34}\,\mathrm{J\cdot s}}{\sqrt{2\cdot 1{,}6\cdot 10^{-19}\,\mathrm{A\cdot s}\cdot 9{,}1\cdot 10^{-31}\,\mathrm{kg}\cdot 250\,\mathrm{V}}} = 7{,}8\cdot 10^{-11}\,\mathrm{m}$$

b) Da Elektronen von Linsen und Prismen nicht wie Lichtstrahlen gebrochen und von Spiegeln nicht reflektiert werden, scheiden zunächst alle Interferenzversuche aus, bei denen kohärente Lichtquellen durch Berechung oder Reflexion erzeugt werden. Es verbleiben die Versuche, bei denen optische Beugungsgitter verwendet werden. Bei diesen müssen nach Aufgabe 103 aber Wellenlänge λ und Gitterkonstante b größenordnungsmäßig übereinstimmen. Die Gitterkonstante sollte daher $b \approx 7{,}8\cdot 10^{-11}\,\mathrm{m} \approx 10^{-10}\,\mathrm{m}$ betragen. Die Wellennatur der Elektronen lässt sich also nur mit Kristallgittern nach dem Drehkristall-, dem Debye-Scherrer- oder dem Laue-Verfahren nachweisen.

c) Eine Erhöhung der Beschleunigungsspannung U führt wegen

$$\lambda = \frac{h}{\sqrt{2 \cdot e \cdot m \cdot U}}$$

zu einer Verkleinerung der Wellenlänge und erfordert somit Beugungsgitter mit noch kleineren Gitterkonstanten. Der Nachweis wird also bei höheren Beschleunigungsspannungen schwieriger.

116. Experimentelle Überprüfung der de Broglie-Hypothese

a) Nach der Bragg-Bedingung $2 \cdot d \cdot \sin\alpha_k = k \cdot \lambda$ gehört zur kleineren Interferenzordnung der kleinere Glanzwinkel und damit der kleinere Interferenzringradius. Der kleinste Ring gehört also zur Interferenz 1. Ordnung.

Analog zu Aufgabe 107 gilt:

$$\tan 2 \cdot \alpha_1 = \frac{r_1}{L} = \frac{4{,}7 \cdot 10^{-2}\,\mathrm{m}}{25{,}0 \cdot 10^{-2}\,\mathrm{m}} \Rightarrow 2 \cdot \alpha_1 = 10{,}6° \Rightarrow \alpha_1 = 5{,}3°$$

b) Bragg-Bedingung:

$$\lambda = 2 \cdot d \cdot \sin\alpha_1 = 2 \cdot 2{,}1 \cdot 10^{-10}\,\mathrm{m} \cdot \sin 5{,}3° = 3{,}9 \cdot 10^{-11}\,\mathrm{m}$$

c) Berechnung der de Broglie-Wellenlänge mit de Broglies Formel (vgl. Aufgabe 113 a):

$$\lambda = \frac{h}{\sqrt{2 \cdot e \cdot m \cdot U}} = \frac{6{,}63 \cdot 10^{-34}\,\mathrm{J \cdot s}}{\sqrt{2 \cdot 1{,}6 \cdot 10^{-19}\,\mathrm{A \cdot s} \cdot 9{,}1 \cdot 10^{-31}\,\mathrm{kg} \cdot 1{,}0 \cdot 10^{3}\,\mathrm{V}}} = 3{,}9 \cdot 10^{-11}\,\mathrm{m}$$

Die mit de Broglies Formel berechnete Materiewellenlänge der Elektronen stimmt also mit dem im Interferenzversuch gewonnenen Wert überein. In diesem Sinn bestätigt der Versuch de Broglies Hypothese.

d) Nähert man dem Elektronenstrahl einen Magneten, so beobachtet man in Folge der Lorentzkraft eine Verzerrung oder eine Verschiebung der Interferenzringe, die bei Röntgenstrahlung nicht aufträte.

Hinweis:
Alle Aussagen über die Interferenz von Röntgenstrahlen an Kristallen gelten in gleicher Weise auch für die Interferenz von Materiewellen an Kristallen.

117. Das Experiment von Davisson und Germer

Konstruktive Interferenz 1. Ordnung im Unendlichen tritt auf, wenn der Gangunterschied Δs zweier unmittelbar benachbarter Strahlen λ beträgt.
Aus der Skizze ergibt sich:

$\cos\alpha = \frac{\Delta s}{b}$

$\Rightarrow \Delta s = b \cdot \cos\alpha$

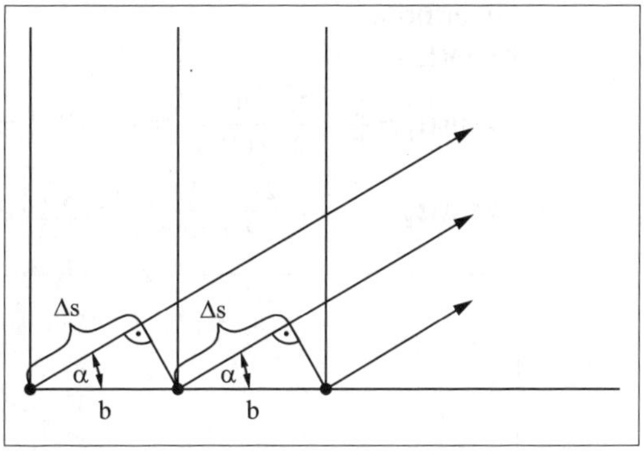

Also lautet die Bedingung für konstruktive Interferenz 1. Ordnung:

$\lambda = b \cdot \cos\alpha$ oder $\cos\alpha = \frac{\lambda}{b}$ (*)

Berechnung der de Broglie Wellenlänge nach Aufgabe 113 a:

$$\lambda = \frac{h}{\sqrt{2 \cdot e \cdot m \cdot U}} = \frac{6{,}63 \cdot 10^{-34}\,\mathrm{J \cdot s}}{\sqrt{2 \cdot 1{,}6 \cdot 10^{-19}\,\mathrm{A \cdot s} \cdot 9{,}1 \cdot 10^{-31}\,\mathrm{kg} \cdot 54\,\mathrm{V}}} = 1{,}7 \cdot 10^{-10}\,\mathrm{m}$$

Setzt man λ und b in (*) ein, so erhält man den gesuchten Winkel:

$$\cos\alpha = \frac{1{,}7 \cdot 10^{-10}\,\mathrm{m}}{2{,}15 \cdot 10^{-10}\,\mathrm{m}} = 0{,}79 \Rightarrow \alpha = 38°$$

Hinweis:
Davisson und Germer wiesen tatsächlich unter diesem Winkel ein Interferenzmaximum 1. Ordnung nach und bestätigten damit erstmals de Broglies Hypothese experimentell.

118. Der Versuch von Jönsson

a) Aus der Gitterformel $b \cdot \sin\alpha_k = k \cdot \lambda$ folgt:

$\sin\alpha_k = \frac{k \cdot \lambda}{b}$.

Nur wenn λ groß und b klein ist, ist der Quotient $\frac{k \cdot \lambda}{b}$ und damit der Winkel α_k groß. Nur dann liegen die Maxima unterschiedlicher Interferenzordnung deutlich getrennt auf dem Beobachtungsschirm.

b) Wegen $\lambda = \frac{h}{\sqrt{2 \cdot e \cdot m \cdot U}}$ ist λ groß, wenn U klein ist.

c) Berechnung der Materiewellenlänge:

Aufgabe 113a: $$\lambda = \frac{h}{\sqrt{2 \cdot e \cdot m \cdot U}} = \frac{6{,}63 \cdot 10^{-34}\,\mathrm{J \cdot s}}{\sqrt{2 \cdot 1{,}6 \cdot 10^{-19}\,\mathrm{A \cdot s} \cdot 9{,}1 \cdot 10^{-31}\,\mathrm{kg} \cdot 30\,\mathrm{V}}}$$

$$= 2{,}2 \cdot 10^{-10}\,\mathrm{m}$$

Berechnung des Abstands Δx:

Gitterformel:

$$b \cdot \sin\alpha_k = k \cdot \lambda$$

$$\Rightarrow \sin\alpha_1 = \frac{\lambda}{b} = \frac{2{,}2 \cdot 10^{-10}\,\text{m}}{2{,}0 \cdot 10^{-6}\,\text{m}} = 1{,}1 \cdot 10^{-4} \Rightarrow \alpha_1 = (6{,}3 \cdot 10^{-3})^\circ$$

$$\Rightarrow \sin\alpha_2 = \frac{2 \cdot \lambda}{b} = \frac{2 \cdot 2{,}2 \cdot 10^{-10}\,\text{m}}{2{,}0 \cdot 10^{-6}\,\text{m}} = 2{,}2 \cdot 10^{-4} \Rightarrow \alpha_2 = (1{,}3 \cdot 10^{-2})^\circ$$

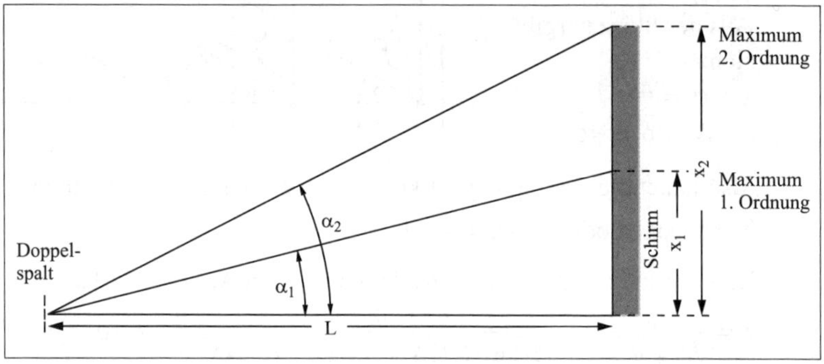

Geometrie der Versuchsanordnung:

$$\tan\alpha_1 = \frac{x_1}{L} \Rightarrow x_1 = L \cdot \tan\alpha_1 = 2{,}00 \cdot 10^{-1}\,\text{m} \cdot \tan(6{,}3 \cdot 10^{-3})^\circ$$

$$= 2{,}2 \cdot 10^{-5}\,\text{m}$$

$$\tan\alpha_2 = \frac{x_2}{L} \Rightarrow x_2 = L \cdot \tan\alpha_2 = 2{,}00 \cdot 10^{-1}\,\text{m} \cdot \tan(1{,}3 \cdot 10^{-2})^\circ$$

$$= 4{,}4 \cdot 10^{-5}\,\text{m}$$

$$\Rightarrow \Delta x = 2{,}2 \cdot 10^{-5}\,\text{m}$$

d) Trotz optimaler Voraussetzungen (kleine Beschleunigungsspannung und kleiner Spaltabstand) liegen die Maxima 1. und 2. Ordnung nur zweihundertstel Millimeter voneinander getrennt!
Außerdem müssen die Spalten materiefrei hergestellt werden, da Elektronen in Materie stark gestreut werden.

119. Der Versuch von Möllenstedt und Düker

a) Beim Möllenstedt-Düker-Experiment treten monoenergetische Elektronen aus einer nahezu punktförmigen Elektronenquelle E aus. Sie werden anschließend im Feld zwischen dem positiv geladenen Faden F und den geerdeten Leitern L so abgelenkt, dass sich die links und rechts an F vorbeilaufenden Teilchenbündel hinter dem Draht überlagern. Im Überlagerungsgebiet entsteht ein ausgeprägtes Interferenzmuster.

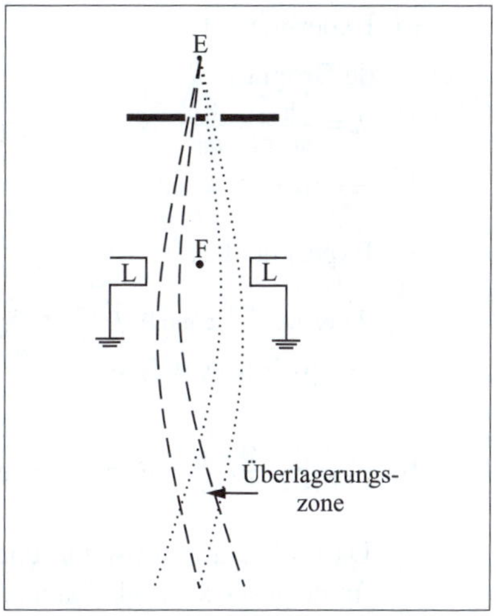

b) Der Fresnel'sche Biprismaversuch ist das optische Analogon zum Möllenstedt-Düker-Experiment. Entsprechend nebenstehender Skizze wird dabei als Lichtquelle L ein mit monochromatischem Licht beleuchteter Kohärenzspalt verwendet. Das von ihm ausgehende Licht trifft auf ein Doppelprisma. Durch Brechung werden dabei zwei virtuelle Bilder L'_1 und L'_2 der Lichtquelle L erzeugt. Diese stellen als virtuelle Bilder ein und derselben Lichtquelle kohärente Lichtquellen dar. Dadurch können in dem von L'_1 und L'_2 gemeinsam beleuchteten Gebiet Interferenzen entstehen.

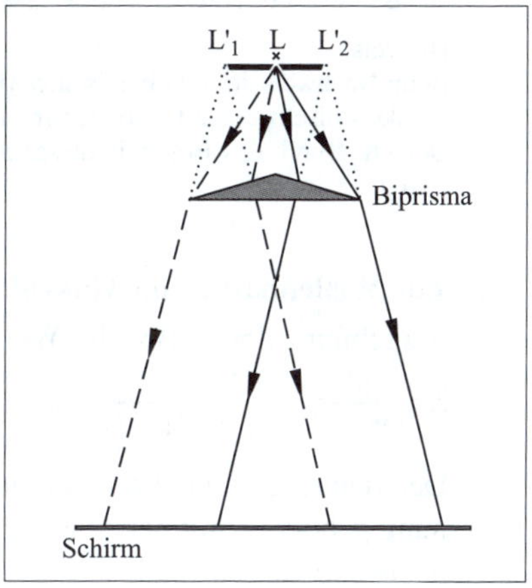

c) Beim Möllenstedt-Düker-Experiment werden Elektronenstrahlinterferenzen erzeugt, ohne dass die daran beteiligten Elektronen mit Materie direkt in Wechselwirkung treten. So wird der Einwand widerlegt, dass die Elektroneninterferenzen z. B. beim Davisson-Germer-Experiment nur durch unbekannte Einflüsse der Kristallpartikel auf die Elektronen zustande gekommen sein könnten.

120. Die elektrische Ladung ist relativistisch invariant

a) Experiment 1

de Broglie:

$$\lambda = \frac{h}{m \cdot v} = \frac{h}{p_1}$$

$$\Rightarrow p_1 = \frac{h}{\lambda}$$

Experiment 2:

$$F_{Lorentz} = F_{zentral}: \; B \cdot e \cdot v = \frac{m \cdot v^2}{r}$$

$$\Rightarrow p_2 = m \cdot v = B \cdot e \cdot r$$

b) $p_1 = p_2 \overset{(a)}{\Rightarrow} \frac{h}{\lambda} = B \cdot e \cdot r \Rightarrow e = \frac{h}{B \cdot \lambda \cdot r}$

c) Da h als Naturkonstante und $B \cdot \lambda \cdot r$ aufgrund der experimentellen Befunde geschwindigkeitsunabhängig sind, ist auch die Elektronenladung e geschwindigkeitsunabhängig!

Hinweis:
Beim Nachweis der relativistischen Massenformel im Bucherer-Versuch (vgl. Aufgabe 4) wurde stillschweigend von der relativistischen Invarianz der Elementarladung ausgegangen. Durch das Ergebnis dieser Aufgabe wird diese Annahme nachträglich gerechtfertigt.

121. Zur Wellennatur von Makrokörpern

Berechnung der de Broglie-Wellenlänge des Tennisballs:

$$\lambda = \frac{h}{m \cdot v} = \frac{6{,}63 \cdot 10^{-34}\,\text{J} \cdot \text{s}}{57{,}5 \cdot 10^{-3}\,\text{kg} \cdot \frac{108}{3{,}6}\,\frac{\text{m}}{\text{s}}} = 3{,}8 \cdot 10^{-34}\,\text{m}$$

Der Beugungswinkel α_1, der zum intensivsten Interferenzmaximum 1. Ordnung gehört, erfüllt nach der Gitterformel die Bedingung:

$b \cdot \sin\alpha_1 = \lambda.$

$$\Rightarrow \sin\alpha_1 = \frac{\lambda}{b} = \frac{3{,}8 \cdot 10^{-34}\,\text{m}}{0{,}5\,\text{m}} = 7{,}6 \cdot 10^{-34} \Rightarrow \alpha_1 = (4{,}4 \cdot 10^{-32})^\circ$$

Solch kleine Ablenkungen sind bei Mikrokörpern und erst recht bei Makrokörpern nicht mehr feststellbar!

122. Phasen- und Gruppengeschwindigkeit

a) Unter der Phasengeschwindigkeit c_{Phase} versteht man die Geschwindigkeit, mit der sich vom Wellenvorgang erfasste Gebiete gleicher Phase (z. B. die Wellenberge) ausbreiten. Für eine Welle der Frequenz f und der Wellenlänge λ gilt:

$c_{Phase} = \lambda \cdot f$.

Die Gruppengeschwindigkeit c_{Gruppe} gibt an, mit welcher Geschwindigkeit sich die Energie der Welle ausbreitet.

b) Bezeichnet c die Vakuumlichtgeschwindigkeit, so gilt für monochromatische, elektromagnetische Wellen im Vakuum:

$c_{Phase} = c_{Gruppe} = c$.

c) Für eine Materiewelle dagegen gilt:

$$\left.\begin{aligned} f &= \frac{m \cdot c^2}{h} \\ \lambda &= \frac{h}{m \cdot v} \end{aligned}\right\} \overset{\text{(Teilaufgabe a)}}{\Rightarrow} c_{Phase} = \lambda \cdot f = \frac{h}{m \cdot v} \cdot \frac{m \cdot c^2}{h} = \frac{c^2}{v}$$

d) c_{Gruppe} = Geschwindigkeit des Teilchens = v

e) Materiewellen können wegen

$c_{Phase,\,Materiewelle} > c = c_{Phase,\,elektromagnetische\ Welle}$

und

$c_{Gruppe,\,Materiewelle} < c = c_{Gruppe,\,elektromagnetische\ Welle}$

keine elektromagnetischen Wellen sein!

Hinweis:
Es widerspricht der speziellen Relativitätstheorie nicht, wenn die Phasengeschwindigkeit einer Welle größer als die Lichtgeschwindigkeit ist! Nur Signale oder Energien dürfen sich nicht schneller als mit Lichtgeschwindigkeit ausbreiten.
Nebenstehende Skizze dient zur Aufhellung dieses Sachverhalts:
Man darf sich Materiewellen in der Quantenphysik nicht als sinusförmige Wellen vorstellen, sondern als Wellenpakete. Die Skizze zeigt 5 Momentaufnahmen von solchen Wellenpaketen. Zwischen zwei aufeinanderfolgenden Bildern ist jeweils die gleiche Zeitspanne verstrichen.
Der Punkt folgt einem einzelnen Wellenberg und bewegt sich daher mit der Phasengeschwindigkeit. Der Pfeil deutet auf eine Stelle, an der die Energie der (Wellenpaket-)Welle gerade null ist. Er bewegt sich mit der Gruppengeschwindigkeit.
Man erkennt, dass der Punkt eine größere Geschwindigkeit als der Pfeil besitzt und ihn beim letzten Bild fast eingeholt hat.

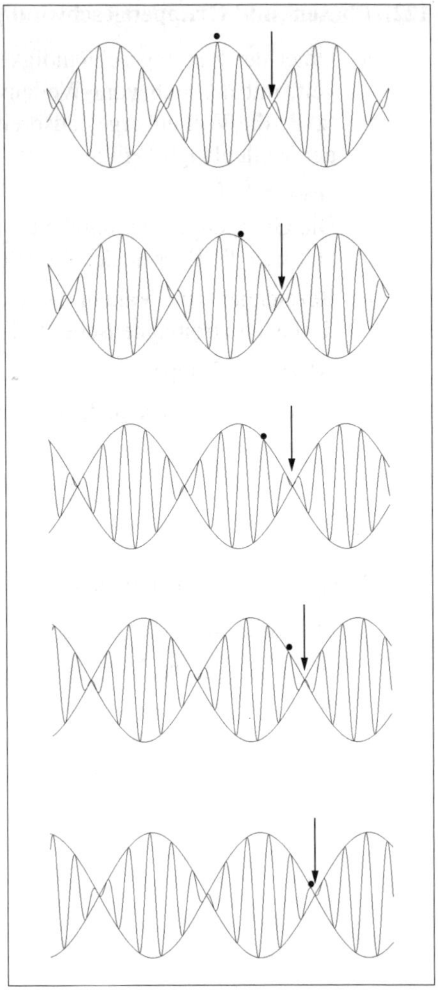

123. Dualismus Welle–Teilchen

a) Eine Reihe von Erscheinungen des Lichts (z. B. Reflexion, Brechung, Doppelbrechung, Beugung, Interferenz, Polarisation, Streuung, ...) lassen sich mithilfe des Wellenmodells deuten, andere (z. B. Fotoeffekt, Comptoneffekt, Strahlungsdruck, Gravitationsrot- oder -blauverschiebung, Fluoreszenzleuchten, Paarerzeugung und -vernichtung) nur mit dem Photonenmodell. Die Tatsache, dass zur vollständigen Beschreibung des Phänomens „Licht" beide Modelle, das Wellen- **und** das Teilchenmodell erforderlich sind, bezeichnet man als „Dualismus Welle–Teilchen".

b) Elementarteilchen wie z. B. Elektronen, Protonen, Neutronen, aber auch Ionen benehmen sich in gewissen Experimenten wie Massenpunkte (z. B. Ablenkversuche in elektrischen und magnetischen Feldern, glühelektrischer Effekt, elektrischer Strom) in anderen aber wie ein Wellenvorgang (Versuche von Davisson und Germer, Jönsson, Möllenstedt und Düker, ...).
Zur vollständigen Beschreibung des Verhaltens von Mikroteilchen sind also wiederum Korpuskel- **und** Wellenmodell erforderlich. Diesen Sachverhalt bezeichnet man als „Dualismus Teilchen–Welle".

Hinweise:

1. Selbst zur Deutung von ein und demselben Experiment müssen manchmal beide Modelle herangezogen werden. Wird z. B. eine Fotozelle mit polarisiertem Licht bestrahlt, so lässt sich die Auslösung der Fotoelektronen nur mit dem Teilchenmodell erklären. Dass nachweislich in Richtung des $\vec{E}$-Vektors der einfallenden elektromagnetischen Welle mehr Elektronen austreten als in andere Richtungen, kann aber nur mit dem Wellencharakter der auftreffenden Strahlung zusammenhängen.
2. Die Reihenfolge Welle–Teilchen oder Teilchen–Welle bringt zum Ausdruck, dass Licht (im 19. Jahrhundert) zunächst als Wellen- und erst später (im 20. Jahrhundert) auch als Teilchenvorgang erkannt wurde. Bei den Elementarteilchen war es gerade umgekehrt.

124. Versuche mit dem Doppelspalt (Teil 1)

a) sehr kurze Belichtung: an vereinzelten Stellen des Schirm findet man Schwärzungspunkte;

b) etwas längere Belichtung: die Schwärzungspunkte sind statistisch, aber nicht gleichmäßig, sondern nach einer Wahrscheinlichkeitsverteilung über den Schirm verteilt;

c) sehr lange Belichtung: das Schwärzungsbild entspricht der Intensitätsverteilung nach der klassischen Wellentheorie.

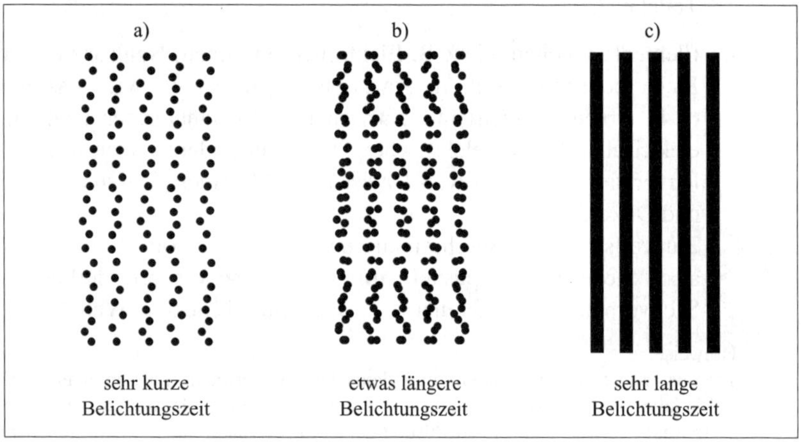

Hinweise:

1. Die Idee für diesen Versuch stammt von Max Born. Er schlug 1926 vor, einen Interferenzversuch mit Licht so durchzuführen, dass sich nie mehrere Photonen gleichzeitig in der Versuchsanordnung befinden. Man wollte so entscheiden, wie sich ein Photon beim Durchtritt durch den Spalt verhält:
   - Existiert das Photon nach dem Durchtritt durch den Spalt immer noch als Teilchen und trifft es als Teilchen auf den Beobachtungsschirm?
   - Oder zerfließt das Photon hinter dem Spalt und verteilt seine Energie auf dem Schirm entsprechend der aus der Beugung am Einfachspalt bekannten Intensitätsverteilung?
2. G. J. Taylor führte bereits 1909 ein ähnliches Experiment durch. Er fotografierte mit sehr geringer Intensität das Beugungsmuster einer Stecknadel, die von einer extrem schwachen Lichtquelle angestrahlt wurde. Die Intensität war so gering, dass sich immer nur sehr wenige Photonen gleichzeitig in der Versuchsanordnung befanden und eine Wechselwirkung der Photonen untereinander praktisch ausgeschlossen war. Um dennoch ein sichtbares Bild zu erhalten, belichtete er 2000 Stunden lang. Er erhielt ein Interferenzbild, das sich in nichts von einem kurzzeitig mit großer Intensität belichteten unterschied.

125. Versuche mit dem Doppelspalt (Teil 2)

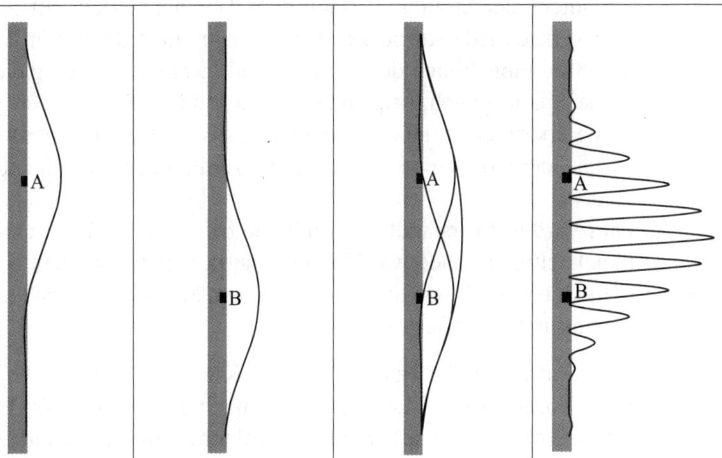

Versuch 1:	Versuch 2:	Versuch 3:	Versuch 4:
Auf dem Schirm entsteht an der Stelle A ein beugungsbedingt unscharfes Bild des Spalts 1.	Auf dem Schirm entsteht an der Stelle B ein beugungsbedingt unscharfes Bild des Spalts 2.	Die auf dem Schirm beobachtete Intensitätsverteilung entspricht der Summe der beiden Intensitätsverteilungen hinter den Einzelspalten in den Versuchen 1 und 2.	Auf dem Schirm beobachtet man die für den Doppelspalt charakteristischen Interferenzstreifen, deren Intensität symmetrisch von innen nach außen abnimmt.

Das für den Doppelspalt charakteristische Interferenzmuster verschwindet also, wenn man die Spalte nicht gleichzeitig, sondern nacheinander öffnet.

126. Auswertung der Versuche mit dem Doppelspalt

a) Das Wellenmodell versagt bei der Beschreibung des Strahlungsnachweises: Nach dem Wellenmodell verteilt sich die Strahlungsenergie hinter dem Doppelspalt stetig über den Schirm. Es lässt dort zwar Stellen mit größerer und kleinerer Energiedichte zu, man dürfte aber niemals – auch nicht bei noch so kurzer Belichtung – an vereinzelten Stellen des Schirms einzelne Schwärzungspunkte finden.
Dies wird nur verständlich, wenn die Strahlung als Teilchen auf den Schirm trifft.

b) Das Teilchenmodell versagt bei der Beschreibung des Ausbreitungsverhaltens der Strahlung: Nach dem Teilchenmodell tritt beim Doppelspaltversuch jede Korpuskel durch genau einen Spalt. Für das Verhalten der Strahlung hinter dem Doppelspalt wäre es daher gleichgültig, ob beide Spalte gleichzeitig, oder nacheinander, T Sekunden geöffnet ist. Das Experiment zeigt aber zwei völlig verschiedene Interferenzmuster, je nachdem ob beide Spalte gleichzeitig oder nacheinander geöffnet sind.
Dies wird nur verständlich, wenn wie bei einer Welle durch beide Spalte gleichzeitig „irgendetwas“ hindurchläuft, was sich in dem Bereich hinter dem Doppelspalt wie die Huygens'schen Sekundarwellen ausbreiten und gegenseitig beeinflussen kann.

c) Den Auftreffpunkt einer einzelnen Korpuskel können beide Modelle nicht vorhersagen. Man kann nur angeben, mit welcher **Wahrscheinlichkeit** eine einzelne Korpuskel an einer bestimmten Stelle des Schirms auftrifft. Die Verteilung der Aufenthaltswahrscheinlichkeitsverteilung einer Korpuskel hinter dem Doppelspalt stimmt nämlich mit der Intensitätsverteilung überein, die die klassische Wellentheorie für die Strahlung hinter dem Doppelspalt angibt.

127. Vermittlung zwischen Teilchen- und Wellenmodell

Die Unvereinbarkeit des Teilchens- und des Wellenmodells überbrückt man durch Einführung von Wahrscheinlichkeitsaussagen.
Bezeichnet man zu einem bestimmten Zeitpunkt t_0 und an einem bestimmten Ort x_0 mit $\psi(x_0)$ die Amplitude des Wellenvorgangs, der einer Korpuskel zugeordnet ist, so ist $|\psi(x_0)|^2 \cdot \Delta x$ die Wahrscheinlichkeit dafür, die Korpuskel zum Zeitpunkt t_0 innerhalb des Ortsintervalls $[x_0; x_0 + \Delta x]$ anzutreffen.
Bezeichnet ψ die Amplitude eines aus mehreren Korpuskeln bestehenden Wellenvorgangs zu einem bestimmten Zeitpunkt in einem Raumpunkt P, so ist das Quadrat des Amplitudenbetrags $|\psi|^2$ direkt proportional zur Korpuskeldichte, die zu diesem Zeitpunkt in einem infinitesimal kleinen Raumelement um P vorliegt.
Mittels der dem Wellenmodell entnommenen Größe „Frequenz f“ lässt sich die Energie E der Korpuskel als $E = h \cdot f$ ausdrücken.

Hinweise:

1. Die Interpretation des Amplitudenquadrats als Wahrscheinlichkeitsdichte gilt für Photonen und Teilchen mit endlicher Ruhemasse. Trotzdem besteht ein Unterschied: Die Amplitude der einem Photon zugeordneten elektromagnetischen Welle besitzt eine direkte physikalische Bedeutung. Sie ist die elektrische oder magnetische Feldstärke

am betrachteten Ort. Diese Bedeutung fehlt den Amplituden der Materiewellen. Die Wellenfunktion einer Materiewelle besitzt also nur den Charakter eines Rechenhilfsmittels.

2. Wundern Sie sich, dass man das Quadrat des Amplituden**betrags** verwendet? Quadrate sind doch stets positiv. Wozu noch den Betrag? Der Grund hierfür ist, dass die Amplitude der Wellenfunktion in der Quantenmechanik eine komplexe Zahl ist. Das Quadrat einer komplexen Zahl ist aber nicht notwendig eine reelle Zahl. Erst die Verwendung des Betrags stellt sicher, dass $|\psi|^2$ eine reelle Zahl ist.

✷ 128. Einfluss von Messungen an Mikro- und Makroteilchen auf den Versuchsausgang

Versucht der Physiker durch Verschließen eines Spalts herauszufinden, durch welchen Spalt ein Photon beim Doppelspaltversuch tritt, ändert sich das Ausbreitungsverhalten des Photons hinter dem Doppelspalt. Seine Auftreffwahrscheinlichkeit auf dem Schirm folgt der Intensitätsverteilung hinter einem Einfachspalt, nicht mehr hinter einem Doppelspalt. Der Messvorgang wirkt auf die Bewegung des Teilchens ein.
Das trifft nicht auf Ihre stundenplankonforme Wanderung durch die Schulanlage zu. Dadurch, dass jemand die Physiksaaltüre öffnet, ändert sich Ihr Stundenplan nicht.

129. Über den Charakter einer Strahlung

a) Zum Nachweis von Strahlungsvorgängen benötigt man einen Detektor (Fotozelle, Netzhaut des Auges, Film, …). In ihm laufen aber Prozesse ab, die sich nur korpuskular deuten lassen. Die Erfahrung zeigt, dass der Nachweis umso einfacher gelingt, je größer die Energie der Strahlungskorpuskel ist. Daher tritt der korpuskulare Charakter einer Strahlung umso deutlicher zutage, je größer die Energien der Strahlungskorpuskeln sind.

b) Die Photonen einer monochromatischen, elektromagnetischen Strahlung der Wellenlänge $\lambda = 2{,}4\,\text{pm}$ besitzen die Energie

$$E = \frac{h \cdot c}{\lambda} = \frac{4{,}14 \cdot 10^{-15}\,\text{eV} \cdot \text{s} \cdot 3{,}0 \cdot 10^{8}\,\frac{\text{m}}{\text{s}}}{2{,}4 \cdot 10^{-12}\,\text{m}} = 0{,}51\,\text{MeV}$$

Trifft elektromagnetische Strahlung dieser Energie auf ein beliebiges Metall bzw. einen Grafitkörper, so löst sie dort sicher den Foto- bzw. den Comptoneffekt aus, also Effekte, die nur mit dem Photonenmodell zu erklären sind. Fällt sie hingegen auf ein optisches Strichgitter, so können Beugungs- und Interferenzphänomene nicht beobachtet werden. Selbst die besten Gitter weisen nämlich eine Gitterkonstante auf, die wesentlich größer ist als die Wellenlänge der Strahlung. Die Strahlung besitzt daher einen ausgeprägten korpuskularen Charakter.

c) Bereits die Ruheenergie von Elektronen weist mit 0,51 MeV den Energiewert auf, bei dem elektromagnetische Strahlung in Detektoren deutlich als Teilchenvorgang ausgewiesen wird. Besitzen Elektronen noch zusätzlich kinetische Energie, so liegt ihre relativistische Energie erst recht in einem Bereich, in dem sie von Detektoren als Teilchen erkannt werden und in dem sie Beugungsgitter wegen ihrer kleinen Wellenlänge fast ohne Beugung passieren können.

d) Je kürzer die Wellenlänge der Strahlung ist, desto schwieriger sind Interferenzen nachzuweisen, desto deutlicher tritt der Teilchencharakter der Strahlung hervor.
Berechnung der Photonenwellenlänge:

$$E_{Photon} = \frac{h \cdot c}{\lambda_{Photon}} \Rightarrow \lambda_{Photon} = \frac{h \cdot c}{E_{Photon}} = \frac{4{,}14 \cdot 10^{-15}\,\text{eV} \cdot \text{s}\; 3{,}0 \cdot 10^{8}\,\frac{\text{m}}{\text{s}}}{0{,}512 \cdot 10^{6}\,\text{eV}} = 2{,}4\,\text{pm}$$

Berechnung der Elektronenwellenlänge:
Aus $\lambda_{Elektron} = \frac{h}{p}$ und der relativistischen Impulsformel $p^2 \cdot c^2 = E^2 - E_0^2$ folgt:

$$\lambda_{Elektron} = \frac{h}{\sqrt{\frac{E^2 - E_0^2}{c^2}}} = \frac{h \cdot c}{\sqrt{E^2 - E_0^2}} = \frac{4{,}14 \cdot 10^{-15}\,\text{eV} \cdot \text{s} \cdot 3{,}0 \cdot 10^{8}\,\frac{\text{m}}{\text{s}}}{\sqrt{0{,}512^2 - 0{,}511^2} \cdot 10^{6}\,\text{eV}} = 3{,}9 \cdot 10^{-11}\,\text{m}$$

Wegen $\lambda_{Photon} < \lambda_{Elektron}$ ist der Photonenstrahlung der ausgeprägtere Teilchencharakter zuzuschreiben.

✷ 130. Heisenbergs Sichtweise der Beugung am Einzelspalt

a) Die Bedingung für den Winkel α, unter dem das Interferenzminimum 1. Ordnung hinter einem Einfachspalt der Breite Δx gegen die Einfallsrichtung zu beobachten ist, lautet:
$\Delta x \cdot \sin\alpha = \lambda$
und unter Verwendung der Kleinwinkelnäherung ($\sin\alpha \approx \alpha$, α im Bogenmaß):
$\Delta x \cdot \alpha = \lambda$ (1)
Aus der Geometrie der Versuchsanordnung folgt:

$$\tan\alpha = \frac{\frac{\overline{AB}}{2}}{L} = \frac{\overline{AB}}{2 \cdot L}$$

und unter Verwendung der Kleinwinkelnäherung ($\tan\alpha \approx \alpha$, α im Bogenmaß):

$$\alpha = \frac{\overline{AB}}{2 \cdot L} \qquad (2)$$

Setzt man (2) in (1) ein, so erhält man:

$$\lambda = \frac{\Delta x \cdot \overline{AB}}{2 \cdot L} \qquad (3)$$

b) Besäßen die Elektronen hinter dem Spalt keine Geschwindigkeitskomponenten in bzw. entgegen der x-Richtung, käme keine Beugung zustande. Anstelle des Interferenzstreifenmusters wäre ein Δx breites Bild des Spalts zu beobachten.

c) Die zusätzlichen Geschwindigkeitskomponenten können sehr unterschiedliche positive und negative Werte aufweisen, müssen aber bei einigen Elektronen mindestens so groß sein, dass sie auf dem Schirm wenigstens bis zum Interferenzminimum 1. Ordnung gelangen können. (Einige wenige Elektronen landen ja sogar noch weiter entfernt vom zentralen Auftreffpunkt auf dem Schirm). Die zusätzlichen Geschwindigkeitskomponenten liegen daher in einem Geschwindigkeitsintervall mit Mittelpunkt 0, für dessen Länge Δv_x mindestens gilt:

$$\overline{AB} \le \Delta v_x \cdot t \qquad (4)$$

t bezeichnet dabei die Zeit, die das Elektron zum Durchfliegen der Strecke L benötigt. Mit $t = \frac{L}{v_y}$ ergibt sich aus (4):

$$\Delta v_x \ge \frac{\overline{AB}}{t} = \frac{\overline{AB}}{\frac{L}{v_y}} = \frac{\overline{AB \cdot v_y}}{L} \qquad (5)$$

d) $\lambda = \frac{h}{m \cdot v_y} \Rightarrow v_y = \frac{h}{m \cdot \lambda}$

Einsetzen in (5):

$$\Delta v_x \ge \frac{\overline{AB} \cdot \frac{h}{m \cdot \lambda}}{L} = \frac{\overline{AB} \cdot h}{L \cdot m \cdot \lambda} \overset{(3)}{=} \frac{\overline{AB} \cdot h}{L \cdot m \cdot \frac{\Delta x \cdot \overline{AB}}{2 \cdot L}} = \frac{2 \cdot h}{m \cdot \Delta x} \Rightarrow \Delta v_x \cdot \Delta x \ge \frac{2 \cdot h}{m}$$

e) Für ein Elektron, das den Schirm erreicht hat, kann man nicht sagen, an welcher Stelle es den Einfachspalt passiert hat. Man weiß nur, dass seine x-Koordinate zum Zeitpunkt seines Spaltdurchtritts höchstens $+\frac{\Delta x}{2}$ oder $-\frac{\Delta x}{2}$ ist. Sie liegt also in einem Intervall der Länge Δx mit Mittelpunkt 0. Aus der Versuchsanordnung und der Interferenzfigur lassen sich für den Zeitpunkt seines Spaltdurchtritts weder die Geschwindigkeit des Elektrons in x-Richtung noch sein Aufenthaltsort in x-Richtung genau angeben. Man kann nur Geschwindigkeits- und Ortsintervalle benennen, in denen die beiden Größen zu diesem Zeitpunkt liegen. Das Produkt dieser Intervalle erfüllt die Beziehung $\Delta v_x \cdot \Delta x \ge \frac{2 \cdot h}{m}$. Eine Verkleinerung von Δx bedeutet hiernach eine Vergrößerung von Δv_x und umgekehrt.

Hinweis:
Beachten sie, dass sich aus dem letzten Satz eine wohl vertraute Aussage der klassischen Physik zur Beugung am Einfachspalt ergibt: Der vom Hauptmaximum erfasste Bereich auf dem Schirm wird umso breiter, je enger der Spalt wird.

131. Heisenbergs Unschärferelation

a) Es ist grundsätzlich unmöglich, den Ort und den Impuls eines Mikroteilchens **gleichzeitig** absolut genau zu bestimmen. Je genauer man seinen Ort zu einen bestimmten Zeitpunkt angeben kann, desto weiter kann der Bereich sein, über den sich zum gleichen Zeitpunkt seine Impulswerte erstrecken und umgekehrt.

b) Bezeichnet man mit Δx, Δy, Δz die Unsicherheit in der Angabe des Ortes (also die Längen der Intervalle, in denen die Ortskoordinaten des Teilchens liegen) und mit Δp_x, Δp_y, Δp_z die Unsicherheit in der Angabe des Impulses (also die Längen der Intervalle, in denen die Impulswerte des Teilchens liegen), so gilt:

$$\Delta x \cdot \Delta p_x \geq \frac{h}{2 \cdot \pi}$$

$$\Delta y \cdot \Delta p_y \geq \frac{h}{2 \cdot \pi}$$

$$\Delta z \cdot \Delta p_z \geq \frac{h}{2 \cdot \pi}$$

Hinweise:

1. Δx und Δp_x **haben nichts mit Messfehlern zu tun,** die bei der Bestimmung des Teilchenorts bzw. -impulses auftreten! Gäbe es eine ideale Apparatur, die nach der klassischen Physik vollkommen exakte Messungen erlaubte, so ließen sich trotzdem die Orts- und die Impulskoordinaten eines Teilchens zum selben Zeitpunkt nicht mit größerer Genauigkeit ermitteln, als es die Heisenberg'sche Unschärferelation zulässt. Man kann für ein einzelnes Teilchen nur Wertebereiche angeben, innerhalb derer zu einem bestimmten Zeitpunkt seine Orts- und seine Impulskoordinaten zu erwarten sind.
2 Für Kollegiaten, die den Leistungskurs Mathematik besuchen, lässt sich präziser formulieren, was man unter Δx und Δp_x versteht: Fasst man x z. B. als Zufallsgröße auf und bezeichnet den Erwartungswert einer Zufallsgröße mit E, so gilt:

$$\Delta x = \sqrt{E \cdot ((x - E(x))^2)} = \sigma(x)$$

3. Sie finden die Impuls-Orts-Beziehung der Heisenberg'schen Unschärferelation in der Formelsammlung.

132. Strahlaufweitung

a) Für den Impuls in y-Richtung gilt:

$$\left.\begin{array}{l} v_y = \sqrt{2 \cdot \frac{e}{m} \cdot U} \\ p_y = m \cdot v_y \end{array}\right\}$$

$$\Rightarrow p_y = m \cdot \sqrt{2 \cdot \frac{e}{m} \cdot U} = 9{,}1 \cdot 10^{-31}\,\text{kg} \cdot \sqrt{2 \cdot 1{,}76 \cdot 10^{11}\,\frac{\text{A} \cdot \text{s}}{\text{kg}} \cdot 250\,\text{V}}$$

$$= 8{,}5 \cdot 10^{-24}\,\text{N} \cdot \text{s}$$

b) Zum Zeitpunkt des Spaltdurchtritts beträgt die Ortsunschärfe: $\Delta x = d$. Nach der Heisenberg'schen Unschärferelation gilt daher für die Impulsunschärfe in x-Richtung:

$$\Delta x \cdot \Delta p_x \geq \frac{h}{2 \cdot \pi} \Rightarrow \Delta p_x \geq \frac{h}{2 \cdot \pi \cdot \Delta x} = \frac{6{,}63 \cdot 10^{-34}\,\text{J} \cdot \text{s}}{2 \cdot \pi \cdot 1{,}0 \cdot 10^{-3}\,\text{m}} = 1{,}1 \cdot 10^{-31}\,\text{N} \cdot \text{s}$$

c) Für den Winkel α, bis zu dem die Elektronen mindestens von der ursprünglichen Strahlrichtung abweichen können, gilt:

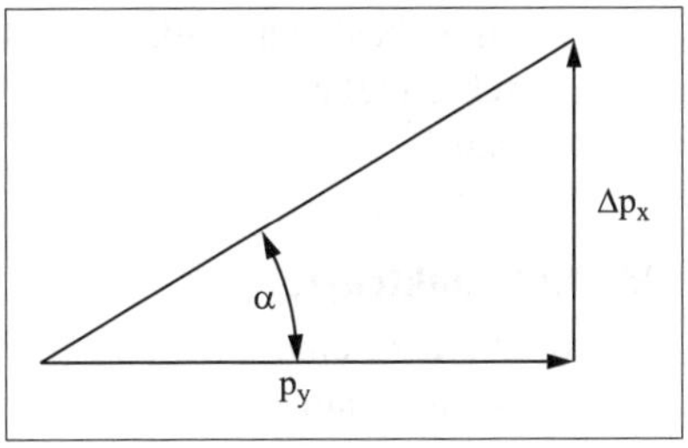

$$\tan \alpha = \frac{\Delta p_x}{p_y} \geq \frac{1{,}1 \cdot 10^{-31}\,\text{N} \cdot \text{s}}{8{,}5 \cdot 10^{-24}\,\text{N} \cdot \text{s}}$$

$$= 1{,}3 \cdot 10^{-8}$$

$$\Rightarrow \alpha \geq (7{,}4 \cdot 10^{-7})^\circ$$

d) Nach nebenstehender Skizze gilt:

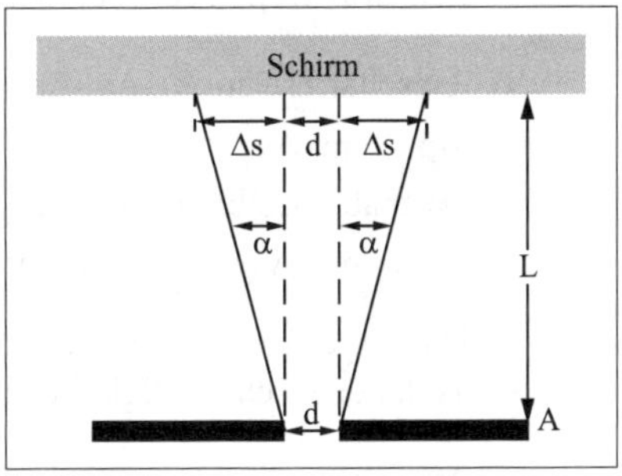

$$\tan \alpha = \frac{\Delta s}{L} \Rightarrow \Delta s = L \cdot \tan \alpha$$

$$\Rightarrow \Delta s \geq 0{,}50\,\text{m} \cdot \tan(7{,}4 \cdot 10^{-7})^\circ$$

$$= 6{,}5 \cdot 10^{-9}\,\text{m}$$

Der Fleck wäre also nur um ca. $2 \cdot 6{,}5 \cdot 10^{-9}\,\text{m} = 1{,}3 \cdot 10^{-8}\,\text{m}$ breiter als der Lochdurchmesser, ein völlig zu vernachlässigender Effekt. Bei dieser Lochöffnung verhält sich das Elektron wie ein Teilchen und nicht wie eine Welle.

e) Wie in Teilaufgabe c:

$$\tan \alpha = \frac{\Delta p_x}{p_y} \Rightarrow$$

$$\left.\begin{array}{l} \Delta p_x = p_y \cdot \tan \alpha = 8{,}5 \cdot 10^{-24}\,\text{N} \cdot \text{s} \cdot \tan 5^\circ = 7{,}4 \cdot 10^{-25}\,\text{N} \cdot \text{s} \\ \text{Unschärferelation: } \Delta x \cdot \Delta p_x \geq \frac{h}{2 \cdot \pi} \Rightarrow \Delta x \geq \frac{h}{2 \cdot \pi \cdot \Delta p_x} \end{array}\right\}$$

$$\Rightarrow \Delta x \approx \frac{6{,}63 \cdot 10^{-34}\,\text{J} \cdot \text{s}}{2 \cdot \pi \cdot 7{,}4 \cdot 10^{-25}\,\text{N} \cdot \text{s}} = 1{,}4 \cdot 10^{-10}\,\text{m}$$

Der Lochdurchmesser müsste also $1{,}4 \cdot 10^{-10}\,\text{m}$ betragen.

f) Für die de Broglie-Wellenlänge der Elektronen gilt

$$\lambda = \frac{h}{m \cdot v_y} \overset{a)}{=} \frac{6{,}63 \cdot 10^{-34}\,\mathrm{J \cdot s}}{8{,}5 \cdot 10^{-24}\,\mathrm{N \cdot s}} = 7{,}8 \cdot 10^{-11}\,\mathrm{m}$$

Erst wenn der Lochdurchmesser $1{,}4 \cdot 10^{-10}\,\mathrm{m} \approx 10^{-10}\,\mathrm{m}$ und die Wellenlänge der Materiewelle $7{,}8 \cdot 10^{-11}\,\mathrm{m} \approx 10^{-10}\,\mathrm{m}$ die gleiche Größenordnung besitzen (vgl. Aufgabe 103!), kommt die Heisenberg'sche Unschärferelation zum Tragen und die Wellennatur des Elektrons tritt zutage.

133. Nullpunktenergie

a) Wäre zu einem beliebigen Zeitpunkt $v_x = 0$, so wäre in diesem Moment p_x und damit auch $\Delta p_x = 0$. Nach der Heisenberg'schen Unschärferelation ginge dann aber die Ortsunschärfe Δx des Teilchens gegen unendlich, was wegen $\Delta x = a$ unzulässig ist.

b) $$\left.\begin{array}{l} \text{Unschärferelation: } \Delta x \cdot \Delta p_x \geq \frac{h}{2 \cdot \pi} \\ \Delta p_x = m \cdot \Delta v_x \\ \text{Aufgabenstellung: } \Delta x = a \end{array}\right\} \Rightarrow$$

$$\Rightarrow a \cdot m \cdot \Delta v_x \geq \frac{h}{2 \cdot \pi} \Rightarrow \Delta v_x \geq \frac{h}{2 \cdot a \cdot m \cdot \pi} \qquad (*)$$

Da Δv_x die Länge des Geschwindigkeitsintervalls bezeichnet, dem die Teilchengeschwindigkeiten angehören, gilt:

$$\Delta v_x = v_x - (-v_x) = 2 \cdot v_x \Rightarrow v_x = \frac{\Delta v_x}{2} \overset{(*)}{\geq} \frac{h}{2 \cdot 2 \cdot a \cdot m \cdot \pi} = \frac{h}{4 \cdot \pi \cdot a \cdot m}$$

c) Damit ergibt sich für die kinetische Energie des Teilchens:

$$E_{kin} = \frac{1}{2} \cdot m \cdot v_x^2 \geq \frac{1}{2} \cdot m \cdot \frac{h^2}{16 \cdot \pi^2 \cdot a^2 \cdot m^2} = \frac{h^2}{32 \cdot \pi^2 \cdot a^2 \cdot m}$$

Elektron ($m = 9{,}1 \cdot 10^{-31}\,\mathrm{kg}$; $a = 10^{-10}\,\mathrm{m}$)

$$E_{kin} \geq \frac{(6{,}63 \cdot 10^{-34}\,\mathrm{J \cdot s})^2}{32 \cdot \pi^2 \cdot 10^{-20}\,\mathrm{m}^2 \cdot 9{,}1 \cdot 10^{-31}\,\mathrm{kg}} = 1{,}5 \cdot 10^{-19}\,\mathrm{J} \approx 1\,\mathrm{eV}$$

Proton ($m = 1{,}67 \cdot 10^{-27}\,\mathrm{kg}$; $a = 10^{-14}\,\mathrm{m}$)

$$E_{kin} \geq \frac{(6{,}63 \cdot 10^{-34}\,\mathrm{J \cdot s})^2}{32 \cdot \pi^2 \cdot 10^{-28}\,\mathrm{m}^2 \cdot 1{,}67 \cdot 10^{-27}\,\mathrm{kg}} = 8{,}3 \cdot 10^{-15}\,\mathrm{J} \approx 52\,\mathrm{keV}$$

d) Die Durchmesser der Elektronenhülle bzw. des Kerns eines Atoms stimmen größenordnungsmäßig mit den in Teilaufgabe c verwendeten Werten für a überein. Daher liegt in der Elektronenhülle bzw. im Atomkern die x-Koordinate des Aufenthaltsbereich eines Elektrons bzw. eines Protons innerhalb eines Intervalls der Länge $\Delta x = a$.
Mit den Zahlenwerten in Teilaufgabe c haben demnach Protonen im Atomkern der Größenordnung nach eine 50 000-mal größere kinetische Energie als Elektronen in der Hülle des Atoms.

134. Warum spielt die Heisenberg'sche Unschärferelation für Makrokörper keine Rolle?

a) Berechnung der Geschwindigkeitsunschärfe!

Unschärferelation:

$$\left.\begin{array}{l} \Delta x \cdot \Delta p_x \geq \frac{h}{2 \cdot \pi} \overset{\Delta x = \lambda}{\Rightarrow} \Delta p_x \geq \frac{h}{2 \cdot \pi \cdot \lambda} \\ \Delta p_x = m \cdot \Delta v_x, \lambda = \frac{c}{f} \end{array}\right\} \Rightarrow$$

$$\Rightarrow \Delta v_x \geq \frac{h \cdot f}{2 \cdot \pi \cdot c \cdot m}$$

$$\Rightarrow \Delta v_x \geq \frac{6{,}63 \cdot 10^{-34}\,\mathrm{J} \cdot \mathrm{s} \cdot 4{,}7 \cdot 10^{14}\,\frac{1}{\mathrm{s}}}{2 \cdot \pi \cdot 3{,}0 \cdot 10^{8}\,\frac{\mathrm{m}}{\mathrm{s}} \cdot 1{,}0 \cdot 10^{-6}\,\mathrm{kg}} = 1{,}7 \cdot 10^{-22}\,\frac{\mathrm{m}}{\mathrm{s}}$$

b) Zwar bedingt die genaue Lokalisation entsprechend der Heisenberg'schen Unschärferelation eine Geschwindigkeitsunschärfe, sie macht sich aber frühestens an der 22. Stelle hinter dem Komma im Geschwindigkeitswert bemerkbar. Da dies auch mit der ausgeklügelsten Messtechnik nicht mehr nachweisbar ist, ist die Heisenberg'sche Unschärferelation in diesem Sinn selbst für sehr kleine Makrokörper messtechnisch völlig bedeutungslos.

Hinweis:
Letztendlich ist der winzige Wert des Planck'schen Wirkungsquantums dafür verantwortlich, dass sich Folgen der Heisenberg'schen Unschärferelation bei Makrokörpern nicht zeigen.

✷ 135. Änderung der Ortsunschärfe aufgrund der Ortsunschärfe

a) Berechnung der Geschwindigkeitsunschärfe:

$$\left.\begin{array}{l}\Delta x \cdot \Delta p_x \geq \frac{h}{2 \cdot \pi} \\ \Delta p_x = m \cdot \Delta v_x\end{array}\right\} \Rightarrow \Delta v_x \geq \frac{h}{2 \cdot \Delta x \cdot m \cdot \pi} \qquad (*)$$

Berechnung der neuen Ortsunschärfe:

Da Δv_x die Länge des Geschwindigkeitsintervalls bezeichnet, dem die Teilchengeschwindigkeiten angehören, gilt für den Betrag v_x der Teilchengeschwindigkeit:

$\Delta v_x = v_x - (-v_x) = 2 \cdot v_x$

Damit ergibt sich die neue Ortsunschärfe

$$\Delta x' = (v_x - (-v_x)) \cdot t_1 = 2 \cdot v_x \cdot t_1 = \Delta v_x \cdot t_1 \overset{(*)}{\Rightarrow} \Delta x' \geq \frac{h \cdot t_1}{2 \cdot \pi \cdot m \cdot \Delta x}$$

b) Elektron:

$$\Delta x' \geq \frac{6{,}63 \cdot 10^{-34}\,\mathrm{J \cdot s \cdot 1\,s}}{2 \cdot \pi \cdot 9{,}1 \cdot 10^{-31}\,\mathrm{kg} \cdot 1{,}0 \cdot 10^{-10}\,\mathrm{m}} = 1{,}2 \cdot 10^6\,\mathrm{m} \approx 1200\,\mathrm{km}$$

Staubkorn:

$$\Delta x' \geq \frac{6{,}63 \cdot 10^{-34}\,\mathrm{J \cdot s \cdot 1\,s}}{2 \cdot \pi \cdot 1{,}0 \cdot 10^{-9}\,\mathrm{kg} \cdot 1{,}0 \cdot 10^{-5}\,\mathrm{m}} = 1{,}1 \cdot 10^{-20}\,\mathrm{m}$$

Interpretation:

Während das Staubkorn als Makrokörper unbeeinflusst von der Heisenberg'schen Unschärferelation nach einer Sekunde noch am selben „Platz“ anzutreffen ist, findet man das Elektron nach einer Sekunde – aufgrund der Heisenberg'schen Unschärferelation – mit großer Wahrscheinlichkeit nicht mehr am alten „Platz“.

136. Verallgemeinerung der Heisenberg'schen Unschärferelation

a) Da sich Licht mit der Geschwindigkeit c ausbreitet, gilt für die Länge des abgestrahlten Wellenzugs: $\Delta x = c \cdot \Delta t$

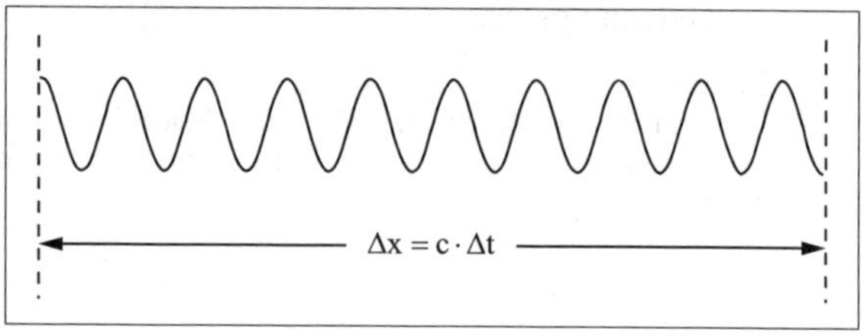

b) $p = \frac{h}{\lambda} = \frac{1}{c} \cdot \frac{h \cdot c}{\lambda} = \frac{1}{c} \cdot E \Rightarrow \Delta p = \frac{1}{c} \cdot \Delta E$

c) Unschärferelation: $\Delta x \cdot \Delta p_x \geq \frac{h}{2 \cdot \pi}$
Teilaufgabe a: $\Delta x = c \cdot \Delta t$
Teilaufgabe b: $\Delta p_x = \frac{\Delta E}{c}$

$$\Rightarrow c \cdot \Delta t \cdot \frac{\Delta E}{c} \geq \frac{h}{2 \cdot \pi} \Rightarrow \Delta t \cdot \Delta E \geq \frac{h}{2 \cdot \pi}$$

Hinweise:
Für alle Größenpaare, deren Produkt die Dimension einer Wirkung (J · s) hat, gibt es eine zur Heisenberg'schen Unschärferelation analoge Unschärferelation.

137. Die Unschärfe einer Spektrallinie

a) Nach Aufgabe 136 weist ein angeregter atomarer Zustand eine Energieunschärfe ΔE auf. Daher können Atome unter Photonenemission einmal von einem etwas höheren, einmal von einem etwas tiefer liegenden Energieniveau in den Grundzustand übergehen. Einige der emittierten Photonen weisen daher etwas mehr Energie und damit eine höhere Frequenz auf als andere.

Aufgabe 136: $\Delta E \cdot \Delta t \geq \frac{h}{2 \cdot \pi}$, $\Delta E = h \cdot \Delta f$ $\Rightarrow$

$$\Rightarrow h \cdot \Delta f \cdot \Delta t \geq \frac{h}{2 \cdot \pi} \Rightarrow \Delta f \geq \frac{1}{2 \cdot \pi \cdot \Delta t} = \frac{1}{2 \cdot \pi \cdot 10^{-8}\,\text{s}} = 1{,}6 \cdot 10^7 \,\frac{1}{\text{s}}$$

Die Frequenz einer Spektrallinie streut daher in einem Frequenzintervall der Länge $1{,}6 \cdot 10^7 \frac{1}{\text{s}}$.

b) Die Anzahl N der Spalten, die bei einem optischen Strichgitter beleuchtet werden müssen, damit man zwei Spektrallinien mit den Frequenzen f und f' gerade noch getrennt darstellen kann, beträgt $N = \frac{1}{k} \cdot \frac{f}{f - f'}$. Bezeichnet b die Gitterkonstante und B die beleuchtete Breite des Gitters, so gilt:

$N = \frac{B}{b}$.

Da die Intensität der beiden Spektren 1. Ordnung am größten ist, verwendet man die Interferenzordnung $k = 1$. Dafür gilt:

$$\frac{B}{b} = \frac{f}{f - f'} \Rightarrow b = \frac{B \cdot (f - f')}{f} = \frac{5{,}0 \cdot 10^{-2}\,\text{m} \cdot 1{,}6 \cdot 10^7\,\text{Hz}}{5{,}49 \cdot 10^{14}\,\text{Hz}} = 1{,}5 \cdot 10^{-9}\,\text{m}$$

Hinweis:
Das spektrale Auflösungsvermögen eines optischen Strichgitters können Sie in Aufgabe 120, Band „Elektromagnetische Schwingungen und Wellen“, Verlagsnummer 94309, wiederholen.

138. Atome enthalten geladene Bestandteile

Der radioaktive α-, β^-- oder β^+-Zerfall zeigt, dass von Atomen sowohl positiv als auch negativ geladene Teilchen ausgesandt werden.
Elcktrisch neutrale Atome können durch Stöße untereinander oder mit Elektronen oder durch Wechselwirkung mit Photonen ionisiert werden.
Emission von Elektronen aus Metallen kann z. B. durch starke elektrische Felder, hohe Temperaturen oder durch Bestrahlung mit Licht geeigneter Frequenz erreicht werden.
Bei der Elektrolyse erfolgt der Materietransport durch Ionenwanderung.

139. Thomson'sches Atommodell

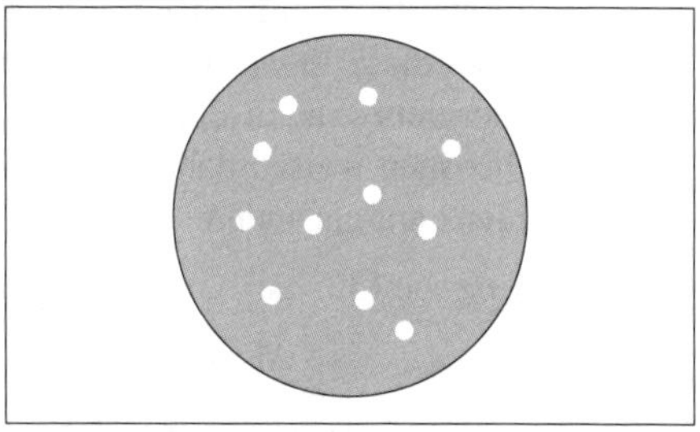

Nach J. J. Thomson besteht das Atom aus einer homogen verteilten, positiv geladenen Masse in Kugelform. In diese Masse sind an einigen Stellen sehr viel kleinere Kugeln mit negativer Ladung, die Elektronen, eingebettet und durch elektrostatische Kräfte an bestimmte Ruhelagen gebunden.
Die Anzahl der Elektronen ist so groß, dass ihre gesamte negative Ladung der positiven des übrigen Atoms gleich ist.

Hinweis:
Thomsons Atommodell wird etwas flapsig auch als „Rosinenkuchenmodell" bezeichnet.

140. Lenards Elektronen-Streuversuch

a)

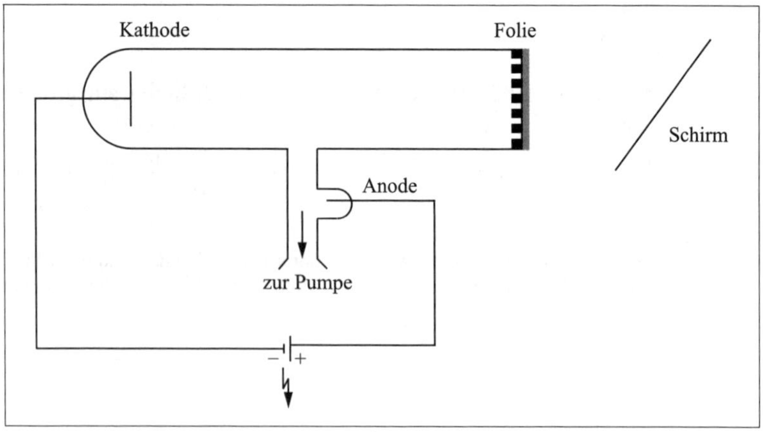

Bei sehr geringem Gasdruck in der Röhre und hoher Spannung (ca. 40 kV) werden durch Ionenbombardement aus der Kathode Elektronen ausgelöst (vgl. Hinweis) und zur Anode hin beschleunigt. Ein Teil davon trifft auf eine durchlöcherte Wand, auf die von außen zum vakuumdichten Abschluss des Rohrs eine 2 µm dünne Metallfolie aufgeklebt ist. Beim Betrieb der Röhre kann mithilfe eines fluoreszierenden Schirms die Existenz schneller Elektronen außerhalb des Rohrs nachgewiesen werden.

b) Da der Durchmesser eines Atoms größenordnungsmäßig 10^{-10} m beträgt, müssen die nachgewiesenen Elektronen bei ihrem Durchtritt durch die Folie $\frac{2 \cdot 10^{-6}\,\text{m}}{10^{-10}\,\text{m}} = 20\,000$ Atomschichten durchsetzt haben. Dies ist unmöglich, wenn die kugelförmig gedachten Atome – wie im Thomson'schen Modell – homogen mit Masse gefüllt sind.

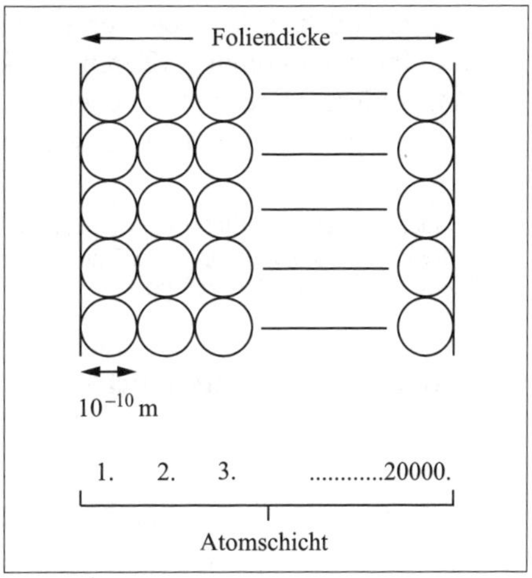

Hinweis zum Mechanismus der Elektronenerzeugung in Lenards Röhre:
In jedem Gas ist durch spontane Ionisation eine verschwindend geringe Anzahl von Gasionen und Elektronen vorhanden. Die trägheitslosen Elektronen werden durch die hohe Betriebsspannung zwischen zwei Zusammenstößen mit anderen Gasmolekülen auf Geschwindigkeiten beschleunigt, die sie zur Stoßionisation neutraler Gasmoleküle befähigen. Dabei entstehen wieder Elektronen, die weitere Gasatome ionisieren und positive Gasionen, die zur Kathode hin beschleunigt werden. Beim Aufprall lösen sie dort aus dem Kathodenmaterial weitere Elektronen aus, die wiederum stark beschleunigt werden und die Ionenbildung lawinenartig anwachsen lassen.

141. α-Teilchen als Kerngeschosse

a) α-Teilchen sind $^4_2$Helium-Kerne mit der positiven Ladung $2 \cdot e$ und der Masse $m_\alpha = 7\,360 \cdot m_e$ (m_e = Elektronenruhemasse)

b) Langsame Elektronen werden infolge ihrer geringen Trägheit bereits durch die Coulombkraft der Hüllenelektronen merklich abgelenkt. Aufschlüsse über den Sitz der positiven Ladung und damit über die Massenverteilung im Atom sind daher bei Verwendung von langsamen Elektronen als Geschosse nicht zu erwarten.

α-Teilchen dagegen werden durch Elektronen der Atomhülle aufgrund ihrer 7 360-mal größeren Masse praktisch nicht abgelenkt. Wenn eine Ablenkung der α-Teilchen erfolgt, so muss sie durch die positive Ladung eines Atomkerns bewirkt worden sein.

Hinweis:
Hochenergetische Elektronen eignen sich durchaus als Kerngeschosse. Vergleichen Sie hierzu die Aufgaben 3, 4 und 5 zu den Hofstadter'schen Streuversuchen im Band „Kernphysik", Verlags-Nr. 94305!

142. Rutherfords Streuversuch

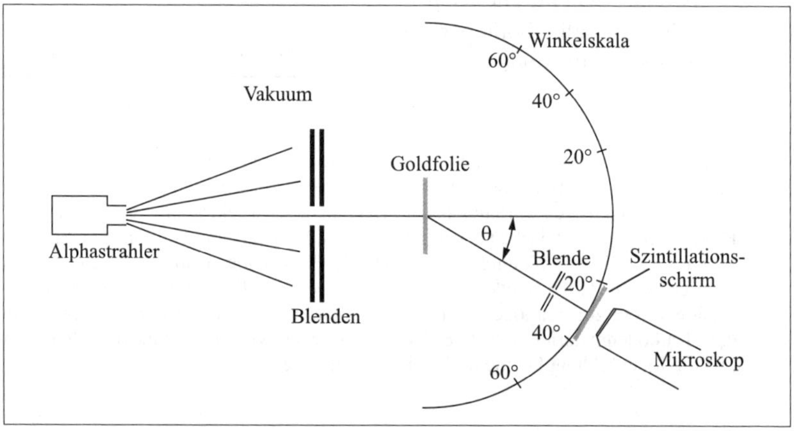

a) Von der Strahlung eines α-Präparats trifft ein Parallelbündel definierter Richtung senkrecht auf eine dünne Goldfolie. Die Richtungsverteilung nach dem Durchgang durch die Folie wird mithilfe von Szintillationsschirm und Mikroskop untersucht: Auf dem Szintillationsschirm auftreffende α-Teilchen rufen Lichtblitze hervor, die mit einem Mikroskop beobachtet werden können.

b) Ergebnisse des Rutherford'schen Streuversuchs:
   (1) Fast alle α-Teilchen gehen unabgelenkt durch die Folie hindurch.
   (2) Kleine Ablenkwinkel θ kommen häufiger vor, große außerordentlich selten; gelegentlich ist auch eine Rückwärtsstreuung unter 180° zu beobachten.
   (3) Große Ablenkwinkel kommen nicht durch viele kleinere Ablenkungen gleicher Richtung zustande.
   (4) Die gestreuten α-Teilchen weisen einen nur unmerklichen Energieverlust auf.

c) Folgerungen aus den Versuchsergebnissen:
   (1) Der größte Teil des Atoms ist leer: Folgt direkt aus Versuchsergebnis 1.
   (2) Es gibt einen Atomkern: Wegen $m_e \ll m_\alpha$, Versuchsergebnis 3 und Folgerung 1 kommen die großen Ablenkwinkel nicht durch Wechselwirkung des α-Teilchens mit Elektronen, sondern mit einem räumlich sehr begrenzten Streuzentrum, dem Atomkern zustande.
   (3) Der Kern vereinigt fast die gesamte Masse des Atoms in sich: Da die kinetische Energie der α-Teilchen bei der Wechselwirkung mit den Atomkernen nur unmerklich kleiner wird, muss die Masse des Streuzentrums sehr groß sein.
   (4) Der Kern ist positiv geladen: Die Rückwärtsstreuung von α-Teilchen um 180° ist nur bei gleichnamiger Ladung von α-Teilchen und Kern erklärbar!

143. Das Rutherford'sche Atommodell

Die Struktur des Atoms ist nach Rutherford durch einen Atomkern und eine Atomhülle bestimmt.

- Atomkern: Die gesamte positive Ladung und nahezu die gesamte Masse des Atoms sind im Kern konzentriert. Der Kernradius ist kleiner als 10^{-14} m.
- Atomhülle: Die den Kern umgebende Atomhülle besteht aus Elektronen. Sie umkreisen den Kern wie Planeten die Sonne. Für die Kreisbahnen gilt die Kräftebilanz:

  $$\vec{F}_{\text{Coulomb}} = \vec{F}_{\text{zentripetal}}\,.$$

  Die Elektronen neutralisieren die positive Ladung des Kerns, sodass das Atom nach außen hin elektrisch neutral erscheint. Die Hülle bestimmt den Durchmesser des Atoms (ca. 10^{-14} m) und bildet einen festen Abschluss des Atoms nach außen.

Hinweis:
Wiederholen Sie das Coulomb-Gesetz in Aufgabe 63 im Band „Elektrisches und magnetisches Feld", Verlags-Nr. 94308!

144. Ein- oder Mehrfachstreuung

Ausgangspunkt ist folgende Arbeitshypothese: Ein **stark abgelenktes** α-Teilchen hat bei sehr dünnen Folien, unabhängig von der Foliendicke, auf seinem Weg durch die Folie nur **einen einzigen Kern** in kleinem Abstand passiert. Sein Abstand zu den anderen Kernen war so groß, dass ihr Einfluss auf seine Bahn vernachlässigt werden kann.
Nun bedeutet eine Verdoppelung der Foliendicke aber eine Verdoppelung der Wahrscheinlichkeit, dass ein α-Teilchen in die Nähe eines Atomkerns gelangen kann. Demnach hätte eine Verdoppelung der Foliendicke nach der Arbeitshypothese eine Verdoppelung der Zahl der stark gestreuten α-Teilchen zur Folge. Dies wird durch das Experiment bestätigt. Also ist die Arbeitshypothese von der Einfachstreuung stark abgelenkter α-Teilchen nicht unvernünftig.

145. Gerader, zentraler Stoß eines α-Teilchens mit einem Atomkern

a) Das α-Teilchen muss die Voraussetzungen für einen geraden zentralen Stoß mit dem Kern erfüllen, die Schwerpunkte von Kern und α-Teilchen müssen sich also auf der gleichen Geraden bewegen.

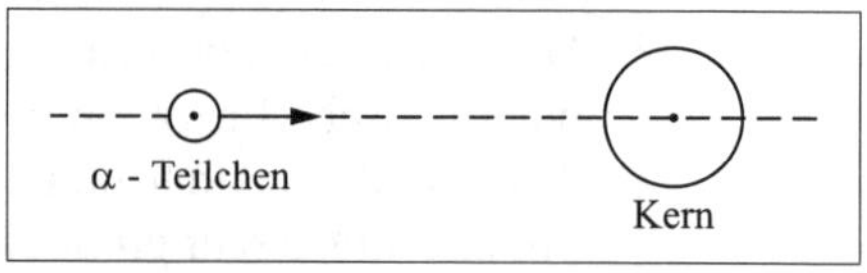

b) In sehr großer Entfernung vom Kern besitzt das α-Teilchen nur kinetische Energie $E_{kin} = \frac{1}{2} \cdot m_a \cdot v_0^2$, die es befähigt, gegen die abstoßende Coulombkraft des Kerns anzulaufen. Dabei verrichtet das α-Teilchen gegen die Coulombkräfte die Arbeit W (vgl. Hinweis):

$$W = \int_{\infty}^{r_{min}} F(r)dr = \int_{\infty}^{r_{min}} -\frac{2 \cdot e \cdot Z \cdot e}{4 \cdot \pi \cdot \varepsilon_0 \cdot r^2} dr = -\frac{Z \cdot e^2}{2 \cdot \pi \cdot \varepsilon_0} \cdot \int_{\infty}^{r_{min}} \frac{dr}{r^2} = \left[\frac{Z \cdot e^2}{2 \cdot \pi \cdot \varepsilon_0} \cdot \frac{1}{r} \right]_{\infty}^{r_{min}}$$

$$= \frac{Z \cdot e^2}{2 \cdot \pi \cdot \varepsilon_0 \cdot r_{min}}$$

Energieerhaltungssatz:

$E_{kin} = W$

$$\frac{1}{2} \cdot m_\alpha \cdot v_0^2 = \frac{Z \cdot e^2}{2 \cdot \pi \cdot \varepsilon_0 \cdot r_{min}} \Rightarrow r_{min} = \frac{Z \cdot e^2}{2 \cdot \pi \cdot \varepsilon_0 \cdot \frac{1}{2} \cdot m_\alpha \cdot v_0^2} = \frac{Z \cdot e^2}{\pi \cdot \varepsilon_0 \cdot m_\alpha \cdot v_0^2}$$

c) Kernradius für Gold:

$$r_K = r_0 \cdot \sqrt[3]{A} = 1{,}4 \cdot 10^{-15}\,\text{m} \cdot \sqrt[3]{197} = 8{,}1 \cdot 10^{-15}\,\text{m}$$

Teilaufgabe b:

$$E_{kin} = \frac{Z \cdot e^2}{2 \cdot \pi \cdot \varepsilon_0 \cdot r_K} = \frac{79 \cdot (1{,}6 \cdot 10^{-19}\,\text{A} \cdot \text{s})^2}{2 \cdot \pi \cdot 8{,}85 \cdot 10^{-12}\,\frac{\text{A} \cdot \text{s}}{\text{V} \cdot \text{m}} \cdot 8{,}1 \cdot 10^{-15}\,\text{m}} = 4{,}5 \cdot 10^{-12}\,\text{J} = 28\,\text{MeV}$$

d) Da α-Teilchen die Ladung $2 \cdot e$ tragen, gilt:

$$2 \cdot e \cdot U = 28\,\text{MeV} \;\Rightarrow\; U = 14\,\text{MeV}$$

Hinweis:
Wiederholen Sie die Berechnung von Transportarbeiten im radialsymmetrischen elektrischen Feld in Aufgabe 56 im Band „Elektrisches und magnetisches Feld“, Verlags-Nr. 94308!

146. Experimentelle Bestimmung des Goldkernradius

a) Rutherford ging bei der Herleitung seiner Streuformel davon aus, dass die Wechselwirkung des α-Teilchens mit dem Atomkern ausschließlich über das Coulombgesetz erfolgt. Treten Abweichungen von der Streuformel auf, so ist dies ein Hinweis darauf, dass noch andere Kräfte berücksichtigt werden müssen. Da bei größeren Energien einige α-Teilchen dem Kern sehr nahe kommen, werden die Abweichungen durch den Einfluss der Kernkräfte auf die α-Teilchen erklärt.

b) Da die Energie $W = 28\,\text{MeV}$ gerade ausreicht, das α-Teilchen gegen die Coulombabstoßung in den Bereich der Kernkräfte zu bringen, gilt wie in Aufgabe 145 b:

$$W = \frac{Z \cdot e^2}{2 \cdot \pi \cdot \varepsilon_0 \cdot r_{Au}}$$

$$\Rightarrow\; r_{Au} = \frac{Z \cdot e^2}{2 \cdot \pi \cdot \varepsilon_0 \cdot W} = \frac{79 \cdot (1{,}6 \cdot 10^{-19}\,\text{A} \cdot \text{s})^2}{2 \cdot \pi \cdot 8{,}85 \cdot 10^{-12}\,\frac{\text{A} \cdot \text{s}}{\text{V} \cdot \text{m}} \cdot 28 \cdot 10^{6} \cdot 1{,}6 \cdot 10^{-19}\,\text{J}} = 8{,}1 \cdot 10^{-15}\,\text{m}$$

147. Einfache Rechnungen im Rahmen des Rutherford'schen Atommodells

a) Kräftebilanz:

$$F_{zentral} = F_{Coulomb}$$

$$\frac{m \cdot v^2}{r} = \frac{1}{4 \cdot \pi \cdot \varepsilon_0} \cdot \frac{e^2}{r^2} \;\Rightarrow\; v = \sqrt{\frac{e^2}{4 \cdot \pi \cdot \varepsilon_0 \cdot m \cdot r}}$$

b) $T = \frac{2 \cdot r \cdot \pi}{v} \overset{\text{Teilaufgabe a}}{=} \frac{2 \cdot r \cdot \pi}{\sqrt{\frac{e^2}{4 \cdot \pi \cdot \varepsilon_0 \cdot m \cdot r}}} = \sqrt{\frac{4 \cdot r^2 \cdot \pi^2 \cdot 4 \cdot \pi \cdot \varepsilon_0 \cdot m \cdot r}{e^2}}$

$= \sqrt{\frac{16 \cdot r^3 \cdot \pi^3 \cdot \varepsilon_0 \cdot m}{e^2}}$

c) Bezeichnen r_1 bzw. r_2 die Radien und T_1 bzw. T_2 die zugehörigen Umlaufszeiten des Elektrons im Wasserstoffatom, so gilt:

$$\frac{T_1^2}{T_2^2} \overset{\text{Teilaufgabe b}}{=} \frac{\left(\sqrt{\frac{16 \cdot r_1^3 \cdot \pi^3 \cdot \varepsilon_0 \cdot m}{e^2}}\right)^2}{\left(\sqrt{\frac{16 \cdot r_2^3 \cdot \pi^3 \cdot \varepsilon_0 \cdot m}{e^2}}\right)^2} = \frac{r_1^3}{r_2^3} \qquad (1)$$

Nach dem 3. Kepler'schen Gesetz verhalten sich die Quadrate der Umlaufszeiten T_1 bzw. T_2 zweier Planeten wie die dritten Potenzen der großen Halbachsen a_1 bzw. a_2, also:

$$\frac{T_1^2}{T_2^2} = \frac{a_1^3}{a_2^3} \qquad (2)$$

Ersetzt man im 3. Kepler'schen Gesetz „Planet" durch „Elektron" und „große Halbachse" durch „Radius", so ergibt sich Übereinstimmung zwischen (1) und (2).

148. Energie des Elektrons im Rutherford'schen Atommodell

a) $E_{ges} = E_{pot} + E_{kin} = -\frac{e^2}{4 \cdot \pi \cdot \varepsilon_0 \cdot r} + \frac{1}{2} \cdot m \cdot v^2$

Kräftebilanz: $F_{zentral} = F_{Coulomb}$

$\frac{m \cdot v^2}{r} = \frac{1}{4 \cdot \pi \cdot \varepsilon_0} \cdot \frac{e^2}{r^2} \Rightarrow m \cdot v^2 = \frac{1}{4 \cdot \pi \cdot \varepsilon_0} \cdot \frac{e^2}{r}$ $\quad\Rightarrow$

$\Rightarrow E_{ges} = -\frac{e^2}{4 \cdot \pi \cdot \varepsilon_0 \cdot r} + \frac{1}{2} \cdot \frac{1}{4 \cdot \pi \cdot \varepsilon_0} \cdot \frac{e^2}{r} = -\frac{e^2}{8 \cdot \pi \cdot \varepsilon_0 \cdot r}$

$\Rightarrow E_{ges} \sim -\frac{1}{r} \Rightarrow$ Behauptung

b) Da Kreisbewegungen beschleunigte Bewegungen sind, strahlt ein um den Kern kreisendes Elektron nach der klassischen Elektrodynamik elektromagnetische Energie ab. Den hierfür notwendigen Energiebedarf deckt es aus seiner Gesamtenergie. Da nach Teilaufgabe a eine Minderung der Gesamtenergie mit einer Verkleinerung des Kreisbahnradius verbunden ist, müssten die Bahnen des Elektrons immer enger werden. Das Elektron müsste auf einer Spiralbahn in den Kern stürzen.

149. Unzulänglichkeiten des Rutherford'schen Atommodells

Die wesentlichen Mängel des Rutherford'schen Atommodells sind:

- Instabilität des Atoms: Die kreisenden Elektronen stellen beschleunigte Ladungen dar, müssten somit nach der klassischen Physik elektromagnetische Energie abstrahlen und aufgrund dieses Energieverlustes auf Spiralbahnen in den Kern stürzen.
- Bahnbegriff unzulässig: Der Begriff Bahn setzt eine genaue Kenntnis des Orts und gleichzeitig eine genaue Kenntnis der Geschwindigkeit und damit des Impulses voraus. Dies ist aber nach der Heisenberg'schen Unschärferelation nicht möglich.
- Linienspektren der Atome sind nicht erklärbar: Da für den Bahnradius des Elektrons beliebige Werte zulässig sind, kann das Atom beliebige Energiewerte annehmen.
- Unterschiedliche Größen der Atome eines chemischen Elements sind möglich: Dass für den Bahnradius des Elektrons beliebige Werte zulässig sind, widerspricht der Erfahrungstatsache, dass alle Atome eines chemischen Elements gleichen Hüllenradius besitzen.

✷ **150. Chadwicks Versuch**

a) Da die Werte für N und ΔN sehr verschieden voneinander sind, wurden sie bei den ersten Experimenten mit unterschiedlichen Geräten gemessen. Dies erwies sich als bedeutende Fehlerquelle.

b) **Versuchsaufbau:** Bei Chadwick hat die Streufolie die Form eines Kreisringes mit den Durchmessern $\overline{AA'}$ und $\overline{CC'}$. Die α-Strahlenquelle Q und der Zinksulfidschirm S (zum Nachweis der α-Teilchen über Szintillationen) befinden sich jeweils im Abstand $\frac{\ell}{2}$ vor bzw. hinter der Folie. Die Blende B gewährleistet die gewünschte Strahlenrichtung.

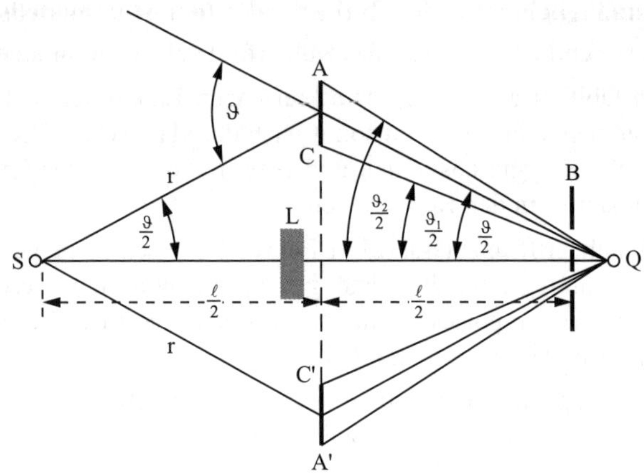

AC bzw. A'C': Ringfolie in Seitenansicht

Versuchsdurchführung: 1. Teil: Die Streustrahlung der Folie wird abgeblendet. Gemessen wird dann die Anzahl N' der α-Teilchen, die in S pro Flächen- und Zeiteinheit nach Entfernung der Blende L eintreffen. Da die Zahl N der Szintillationen in S so groß ist, dass sie nicht durch unmittelbares Auszählen gewonnen werden kann, lässt man vor S eine Schlitzscheibe rotieren. Dadurch lässt sich die Zahl der Lichtblitze in S steuern.

2. Teil: Die direkte Strahlung wird mittels L abgeblendet, die Ringstreufolie ist freigegeben. Dann gelangen nach S nur noch α-Teilchen, die an der ringförmigen Folie um einen Winkel ϑ, $\vartheta_1 < \vartheta < \vartheta_2$, gestreut worden sind. Man misst deren Anzahl ΔN" pro Flächen- und Zeiteinheit durch Auszählen der Szintillationen in S.

Versuchsauswertung: Aus N' kann die Zahl N der von Q pro Zeiteinheit emittierten α-Teilchen berechnet werden. Mittels der Rutherford'schen Streuformel lässt sich für den Chadwick'schen Versuchsaufbau der Quotient $\frac{\Delta N''}{N}$ durch geometrische Daten des Versuchsaufbaus und Daten der α-Teilchen ausdrücken. Setzt man in diese Beziehung die Zahlenwerte für N und ΔN", die Daten der Versuchsgeometrie und der α-Teilchen ein, so lässt sich hieraus die Kernladungszahl Z der Streufolienatome berechnen.

c) Chadwick führte Messungen an Streufolien aus unterschiedlichem Material durch. Seine Messergebnisse zeigten, dass die Kernladungszahl Z mit der Ordnungszahl des chemischen Elements im Periodensystem der Elemente übereinstimmt.

151. Anregung

a) Unter „Anregung eines Atoms“ versteht man die Zufuhr von Energie an ein Atom, welche dieses vom Grundzustand in einen höheren Energiezustand, auf ein höheres Energieniveau, überführt, ohne jedoch ein Elektron vollständig abzulösen. Ein Atom in einem höheren Energiezustand heißt angeregt.

b) Die wichtigsten Möglichkeiten zur Anregung von Atomen sind:
- Thermische Anregung: Aufgrund der Wärmebewegung besitzen die Atome eines Gases kinetische Energie. Durch den Stoß anderer Atome kann ein Atom angeregt werden.
- Elektronenstoß: Elektronen genügend großer kinetischer Energie können Atome durch inelastische Stöße anregen (z. B. Franck-Hertz-Versuch)
- Bestrahlung mit Photonen: Das Atom nimmt hier Energie durch Absorption eines Photons geeigneter Energie auf (z. B. Umkehrung der Na-D-Linie).

c) Unterschiede zwischen den einzelnen Anregungsmöglichkeiten:
Bei der thermischen Anregung und der Anregung durch Elektronenstoß kann die Energie des stoßenden Teilchens auch höher sein als die Anregungsenergie; der Rest verbleibt dann dem stoßenden Teilchen als kinetische Energie.
Bei der Bestrahlung mit Photonen kommt es nur dann zu einer Anregung von Atomen, wenn die Energie der Photonen gleich der Anregungsenergie des betreffenden Energieniveaus des Atoms ist. Ist die Energie der Photonen größer oder kleiner, so ist eine Anregung nicht möglich. Photonen können also nicht wie Elektronen und Atome nur einen Teil ihrer Energie dem Atom übertragen. (Alles-oder-Nichts-Prinzip!)

Hinweis:
Durch Bestrahlung mit einer monochromatischen Wellenstrahlung passender Frequenz kann bei Atomen nur ein bestimmtes Energieniveau angeregt werden.
Durch Bestrahlung mit einer monoenergetischen Elektronenstrahlung werden dagegen im Allgemeinen verschiedene Niveaus angeregt. Reicht die Energie der Elektronen nur zur Anregung der niedrigsten Anregungsstufe aus, dann wird nur diese angeregt.

152. Anregungswahrscheinlichkeit

a) Das Atom erfährt beim Zusammenprall mit den Elektronen einen Rückstoß. So wird zusätzlich zur Anregungsenergie auch kinetische Energie auf das Atom übertragen. Mindestens um den Betrag dieser kinetischen Energie muss daher die Energie des anregenden Elektrons über der eigentlichen Anregungsenergie liegen.

b) Die Aufenthaltsdauer des Elektrons in der Nähe des Atoms und damit die Wahrscheinlichkeit für die Anregung des Atoms nimmt mit wachsender Elektronengeschwindigkeit ab.

c) Da für die Anregung durch Photonen das Alles-oder-Nichts-Prinzip gilt und ein sehr kleiner Teil ihrer Energie in Rückstoßenergie des Silberatoms umgewandelt wird, besteht der Graph aus nur einer, von E_0 geringfügig nach rechts verschobenen Linie.

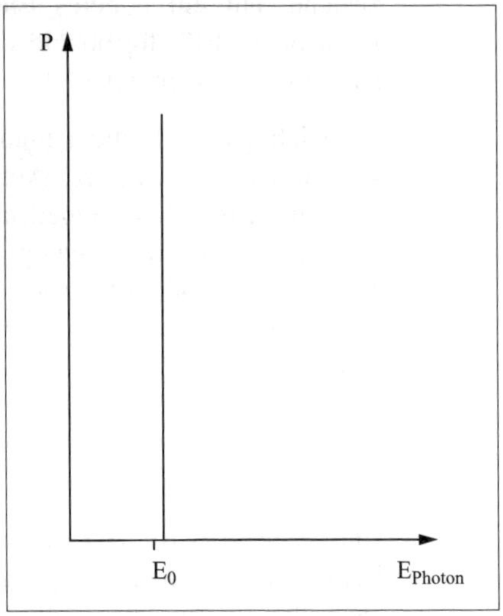

153. Thermische Anregung

a) $\Delta E_1 = \overline{E_{kin}} = \frac{3}{2} \cdot k \cdot T \Rightarrow T = \frac{2 \cdot \Delta E_1}{3 \cdot k} = \frac{2 \cdot 10{,}11\,\text{eV}}{3 \cdot 8{,}62 \cdot 10^{-5}\,\frac{\text{eV}}{\text{K}}} = 7{,}82 \cdot 10^4\,\text{K}$

b) Die Gasatome gehorchen der Maxwell'schen Geschwindigkeitsverteilung, nach der auch bei Temperaturen, die erheblich unter 78 000 K liegen, ein nennenswerter Prozentsatz von Wasserstoffatomen so große Geschwindigkeiten besitzt, dass sie andere Wasserstoffatome durch Stoß anregen können. Zwar kehren die angeregten Atome nach sehr kurzer Zeit wieder in den Grundzustand zurück, wegen der laufend stattfindenden Stoßanregung befindet sich aber stets ein bestimmter Prozentsatz im ersten angeregten Zustand.

c) Die in der kinetischen Gastheorie üblichen Temperaturen betragen einige hundert Kelvin. Bei diesen Temperaturen besitzt praktisch kein Atom des Gases so große kinetische Energie, dass es zur Stoßanregung anderer Atome in der Lage wäre. Aus diesem Grund sind nur elastische Stöße möglich.

d) Für die Absorption von Licht der Balmerserie (Lymanserie) muss sich ein Wasserstoffatom im ersten angeregten (Grund-)Zustand befinden. Da sich bei Zimmertemperatur fast ausnahmslos alle Wasserstoffatome im Grund- und nur ein unmerklicher Anteil im ersten angeregten Zustand befindet, kann hier nur Licht der Lymanserie absorbiert werden. Bei sehr hohen Temperaturen von einigen tausend Kelvin, z. B. an der Oberfläche von Fixsternen, sind bedeutend mehr Wasserstoffatome im ersten angeregten Zustand, sodass jetzt auch Licht der Balmerserie absorbiert werden kann.

154. Photonenselektion

a) In der Bunsenflamme befindet sich eine relativ große Zahl von Natriumatomen. Diese sind aufgrund der hohen Flammentemperatur durch Dissoziation der NaCl-Moleküle entstanden. Ein Teil dieser Atome besitzt infolge seiner Wärmebewegung eine so große kinetische Energie, dass er durch Stoß anderen Na-Atomen Energie zuführen kann (thermische Anregung). Diese gelangen dadurch vom Grundzustand in ein höheres Energieniveau. Da die angeregten Zustände eines Atoms nur eine kurze Lebensdauer von etwa 10^{-8} s haben, fallen die angeregten Na-Atome sehr rasch wieder in den Grundzustand zurück. Die Energiedifferenz zwischen dem angeregten und dem Grundzustand wird in Form eines Photons der Energie $\frac{h \cdot c}{\lambda}$ mit $\lambda = 589$ nm abgeführt.

b) **Beobachtung:** Die Natriumdampflampe entwirft von der Bunsenflamme auf dem Schirm einen intensiven Schatten.
Begründung: In der Bunsenflamme befindet sich eine große Anzahl von Na-Atomen im Grundzustand. Die von der Natriumdampflampe emittierten Photonen haben alle genau die Energie, die zur Anregung der Na-Atome notwendig ist, können also von den im Grundzustand befindlichen Natriumatomen in der Flamme absorbiert werden und gelangen somit nicht mehr zum Schirm. Die angeregten Natriumatome geben zwar die aufgenommene Energie sofort durch Photonenemission wieder ab, diese Photonen werden jedoch allseitig abgestrahlt, sodass nur noch eine geringe Zahl zum Schirm gelangt.

c) **Beobachtung:** Die Glühlampe entwirft keinen Schatten von der Bunsenflamme, lediglich Schlierenbildung ist zu beobachten.
Begründung: Von den Photonen im kontinuierlichen Spektrum der Bogenlampe besitzt nur ein verschwindend kleiner Teil die zur Anregung der Natriumatome geeignete Energie. Alle anderen Photonen haben entweder zu große oder zu kleine Energien und können somit von den Natriumatomen nicht absorbiert werden (Alles-oder-Nichts-Prinzip). Der Ausfall der geringen Zahl zur Anregung fähiger Photonen reicht zur

Schattenbildung nicht aus, da der überwiegende Teil der Photonen durch die Flamme zum Schirm gelangen kann. Die Schlierenbildung ist auf Schwankungen der Brechzahl in der Flamme zurückzuführen.

155. Resonanzfluoreszenz von Natriumdampf

a) **Beobachtung:** Man beobachtet eine gelbliche Trübung, die sich über das ganze vom Licht erfasste Gefäßvolumen erstreckt.
Begründung: Bei einer Temperatur von 180 °C ist hinreichend viel gasförmiges Natrium im Grundzustand im Glaskolben vorhanden. So stehen innerhalb des Glaskolbens zahlreiche Natriumatome im Strahlengang des Natriumdampflampenlichts zur Verfügung, die die eingestrahlten Photonen absorbieren und anschließend allseitig wieder emittieren. Dadurch gelangt ein merklicher Anteil von Photonen zu dem unter 90° gegen die Einfallsrichtung stehenden Beobachter.

b) **Beobachtung:** Die gelbliche Trübung tritt stärker auf, aber nur an der der Natriumdampflampe zugewandten Seite des Glaskolbens.
Begründung: Durch die höhere Temperatur befinden sich mehr Natriumatome des Grundzustandes im gasförmigen Zustand. Dadurch werden gleich nach ihrem Eintritt in den Glaskolben auch mehr Photonen absorbiert, so dass das Licht der Natriumlampe nur mehr wenige cm weit in die Natriumatmosphäre des Kolbens eindringen kann.

c) **Beobachtung:** Der Glaskolben ist unabhängig von der Temperatur stets durchsichtig.
Begründung: Der Anteil der Photonen im kontinuierlichen Spektrum der Bogenlampe, der zur Anregung der Natriumatome im Glaskolben in der Lage ist, ist zu gering, um die in den Teilaufgaben a und b beschriebenen Erscheinungen merklich hervorrufen zu können. Der überwiegend größte Anteil der Photonen des Bogenlampenlichtes kann von den Natriumatomen nicht absorbiert werden und „fliegt" daher „ungestört" durch den Glaskolben, ohne ins Auge des Beobachters zu gelangen.

Hinweis:
Fluoreszenz nennt man die von einem Körper emittierte Lichtstrahlung, die durch den Übergang angeregter Atome, Moleküle oder Ionen in den Grundzustand hervorgerufen wird und sofort nach Beendigung der die Anregung hervorrufenden Einwirkung aufhört. Bei den in den Teilaufgaben a und b beschriebenen Erscheinungen stimmt die Frequenz des anregenden Lichts und des von den angeregten Atomen emittierten Lichts überein. Man spricht daher von „Resonanzfluoreszenz".

156. Umkehrung der Natrium-D-Linie

a) Das weiße Licht einer Bogenlampe fällt zunächst auf einen engen Spalt, der mithilfe einer Linse auf einen Schirm abgebildet wird. Ein hinter der Linse angebrachtes Geradsichtprisma erzeugt dann nicht ein einziges Spaltbild, sondern so viele gegeneinander verschobene Spaltbilder, wie das Licht verschiedene Wellenlängen enthält. So entsteht ein helles kontinuierliches Spektrum auf dem Schirm. Bringt man nun in die Flamme des Bunsenbrenners NaCl, so erscheint im gelben Bereich des Spektrums eine scharfe schwarze Linie.

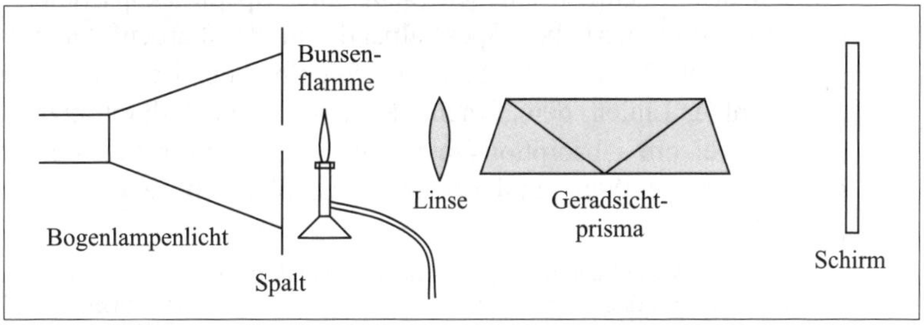

b) Im weißen Licht der Bogenlampe befinden sich auch Photonen, die zur Anregung der in der Bunsenflamme im Grundzustand befindlichen Natriumatome fähig sind. Die angeregten Natriumatome geben die aufgenommene Energie zwar sofort wieder durch Photonenemission ab; diese Photonenemission erfolgt jedoch nach allen Seiten, sodass im Vergleich zur Zahl der ursprünglich eingestrahlten, anregungsfähigen Photonen nur noch eine geringe Zahl anregungsfähiger Photonen zum Schirm gelangt. Alle anderen Photonen des Bogenlampenlichts, die nicht zur Anregung der Natriumatome in der Lage sind, gelangen zum Schirm. Dadurch entsteht im Spektrum an der Stelle, an der die anregungsfähigen Photonen hätten eintreffen müssen, ein dunkler Strich (Umkehrung der Na-D-Linie).

Hinweise:

1. Führen Sie sich noch einmal das Prinzipielle der Versuchsanordnungen vor Augen, mit denen im Sichtbaren Absorptions- und Emissionsspektren erzeugt werden können:
   Kontinuierliches Licht trifft auf ein Gas aus den Atomen, deren Absorptionsspektrum aufgenommen werden soll und wird hinter dem Gas spektral (z. B. mit einem Prisma oder einem Gitter) zerlegt. Im kontinuierlichen Spektrum fehlen dann genau die Wellenlängen, deren zugehörige Photonen von den Gasatomen absorbiert werden können.
   Zur Erzeugung eines Emissionsspektrums werden die Atome, deren Spektrum aufgenommen werden soll, als Gase oder Dämpfe z. B. in einer Gasentladung oder in Gasflammen durch Stöße zum Leuchten angeregt. Nur das hierbei emittierte Licht wird spektral zerlegt. Auf einem Schirm erhält man so ein diskretes Linienspektrum.
   Umkehrung: An den Stellen des Schirms, an denen im Emissionsspektrum einer Substanz farbige Linien auftreten, findet man im Absorptionsspektrum der gleichen

Substanz dunkle Linien. Dort, wo im Absorptionsspektrum am Schirm kontinuierliches Licht beobachtet werden kann, herrscht im Emissionsspektrum Dunkelheit.
Die im jeweiligen Spektrum beobachtbaren Linien sind Bilder des Abbildungsspalts (beim Prismenspektrograph) bzw. des Kohärenzspalts (beim Gitterspektrograph).
2. Wiederholen Sie im Band „Elektromagnetische Schwingungen und Wellen", Verlags-Nr. 94309, in Aufgabe 115 die Aufnahme des sichtbaren Wasserstoffemissionsspektrums und in Aufgabe 123 die Unterschiede zwischen einem Gitter- und einem Prismenspektrum!

157. Fraunhofer'sche Linien

Lässt man Sonnenlicht auf den Spalt eines Spektroskops fallen, so erhält man ein kontinuierliches Spektralband mit der Farbenfolge violett-blau-grün-gelb-rot. Parallel zum Spalt des Spektroskops ist es von einer großen Zahl dunkler Linien, den „Fraunhofer'schen Linien" durchsetzt. Es handelt sich hierbei um Absorptionslinien, die durch Absorption der kontinuierlichen Sonnenstrahlung in der Sonnenatmosphäre entstehen.

Hinweise:
1. Eine kleine Anzahl der Absorptionslinien entsteht nicht auf der Sonne, sondern in der Erdatmosphäre; diese Linien erkennt man daran, dass sich ihre Intensität mit der Höhe der Sonne über dem Horizont ändert und dass sie keine Dopplerverschiebung infolge der Sonnenrotation aufweisen.
2. Moderne Zusammenstellungen verzeichnen 22 000 Fraunhoferlinien.

158. Franck-Hertz-Versuch

a) **Versuchsaufbau:**
Eine sonst gut evakuierte Glasröhre mit einem Tropfen Quecksilber wird in einem Ofen auf ca. 170 °C erhitzt. Der Druck des dadurch entstehenden Quecksilberdampfes beträgt einige Pascal.

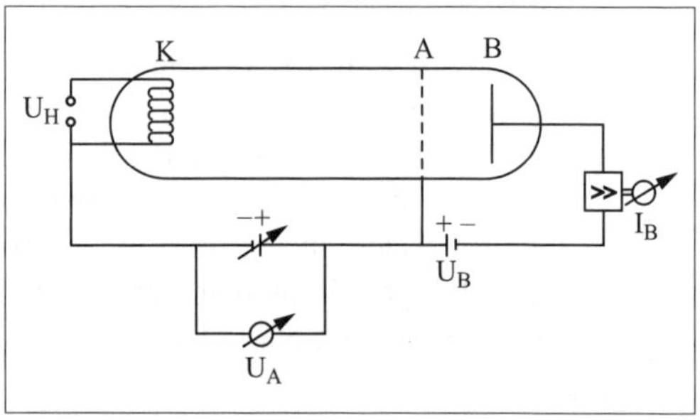

In der Glasröhre befinden sich 3 Elektroden: die Glühkathode K, die gitterförmige Anode A und die Auffängerelektrode B. Aus K treten durch Glühemission ($U_H \approx 6$ V) Elektronen aus und werden durch das elektrische Feld zwischen K und A beschleunigt. Die Gleichspannung U_A kann stufenlos von 0 V bis 50 V gesteigert werden. Die konstante Gegenspannung U_B zwischen A und B beträgt ca. 1 V. Der in B eintreffende Elektronenstrom I_B wird über einen stromempfindlichen Messverstärker angezeigt.

Versuchsdurchführung:
Bei konstanter Gegenspannung U_B wird die Beschleunigungsspannung U_A kontinuierlich, bei 0 V beginnend, erhöht und der jeweils zugehörige Auffängerstrom I_B gemessen. I_B wird also in Abhängigkeit von der Betriebsspannung U_A bestimmt.

b) Man beobachtet periodisch wiederkehrende Strommaxima und -minima. Der Abstand benachbarter Maxima beträgt 4,9 V.

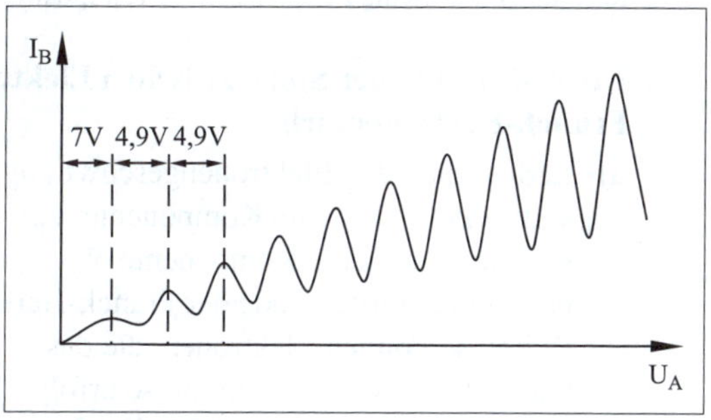

c) **Erklärung des Versuchsergebnisses:**
Mit wachsender Beschleunigungsspannung werden pro Zeiteinheit immer mehr Glühelektronen zur Anode gezogen. Auf ihrem Weg von K nach A stoßen sie mit den Quecksilberatomen elastisch zusammen, die Quecksilberatome nehmen von den Elektronen keine Energie auf (Masse des Hg-Atoms ist 370000-mal größer als die Masse eines Elektrons; die Stöße lassen sich daher mit dem Wurf eines Balles gegen eine Wand vergleichen). Die Elektronen durchfliegen das Gitter und können erfolgreich gegen die Bremsspannung anlaufen. Der Auffängerstrom steigt an. Bei Erreichen eines bestimmten Wertes von U_A ist die Energie der Elektronen kurz vor dem Gitter so groß geworden, dass sie der niedrigsten Anregungsenergie der Quecksilberatome gleich ist. Jetzt erfolgt der Stoß zwischen Elektronen und Hg-Atomen unmittelbar vor dem Gitter inelastisch. Die Elektronen verlieren ihre gesamte kinetische Energie durch Anregung der Hg-Atome an die Hg-Atome und sind somit nicht mehr in der Lage, gegen die Bremsspannung anzulaufen; sie gelangen nicht mehr zum Auffänger B, der Auffängerstrom I_B sinkt. Wird U_A weiter gesteigert, so erreichen die Elektronen die notwendige Energie für einen inelastischen Stoß mit den Hg-Atomen bereits weiter vor dem Gitter. Der Ort der Energieübertragung wandert also mehr zur Mitte des Rohres hin. Die Elektronen, die ihre kinetische Energie bei inelastischen Stößen verloren haben, gewinnen auf der Reststrecke bis A erneut kinetische Energie und können wieder erfolgreich gegen die Bremsspannung anlaufen. Erreichen sie jedoch bei weiterer Steigerung von U_A kurz vor dem Gitter zum zweiten Mal die kinetische Energie, die sie zur Anregung der Hg-Atome

befähigt, so wiederholt sich der Abfall von I_B. Durch weitere Erhöhung der Beschleunigungsspannung U_A ergeben sich analog weitere periodische Strommaxima und -minima.

Hinweis zum Versuchsaufbau:
Der Abstand $\overline{AB}$ zwischen Gitter und Auffänger ist relativ klein, damit in diesem Bereich möglichst wenig Zusammenstöße von Elektronen mit Hg-Atomen stattfinden.

✸ 159. Über die Natur der Stöße zwischen Elektronen und Atomen beim Franck-Hertz-Versuch

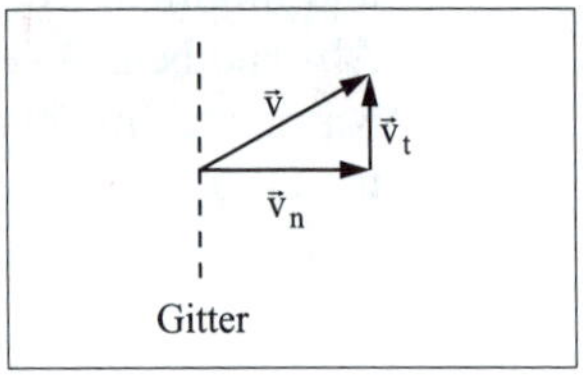

a) Zerlegt man den Elektronengeschwindigkeitsvektor $\vec{v}$ in eine Komponente $\vec{v}_n$ senkrecht und eine Komponente $\vec{v}_t$ parallel zur Gitteranode der Franck-Hertz-Röhre, so können Elektronen, die das Gitter durchflogen haben, umso erfolgreicher gegen das Bremsfeld anlaufen, je größer $\vec{v}_n$ ist. Da der Auffängerstrom nicht abrupt, sondern allmählich auf null absinkt, besitzen Elektronen, die das Gitter durchsetzt haben, nicht alle das gleiche $\vec{v}_n$. Vielmehr sind die Beträge von $\vec{v}_n$ über einen bestimmten Bereich gestreut.

b) (1) Je kleiner der Abstand zwischen K und A ist, desto geringer ist die Zahl der Stöße eines Elektrons mit den Quecksilberatomen auf seinem Weg von K nach A.

(2) Folgerung: Die Stöße der Elektronen mit den Quecksilberatomen sind vollelastisch.
Begründung: Bei inelastischen Stößen verlöre das Elektron mit jedem Stoß Energie. Bei größerem Abstand zwischen K und A müssten die Elektronen unmittelbar vor dem Gitter also weniger kinetische Energie besitzen als bei kleinerem Abstand. Das müsste auch die Verteilung der Geschwindigkeitskomponente $\vec{v}_n$ und damit das U_B-I_B-Diagramm verändern.

160. Zu den Versuchsbedingungen in der Franck-Hertz-Röhre

a) Bei höheren Temperaturen befinden sich in der Franck-Hertz-Röhre mehr Atome des Quecksilbertropfens im gasförmigen Zustand; ihre mittlere Geschwindigkeit ist größer. Folglich stößt ein Elektron auf seinem Weg von der Kathode zum Anodengitter bei höheren Temperaturen häufiger mit Quecksilberatomen zusammen.

b) Bei Zimmertemperatur ist die Zahl der Stöße zwischen Elektronen und Quecksilberatomen vernachlässigbar klein, sodass das Franck-Hertz-Diagramm im Prinzip mit der Kennlinie einer Vakuumdiode übereinstimmt. Der verspätete Einsatz des Auffängerstromes ist durch die Bremsspannung U_G bedingt.

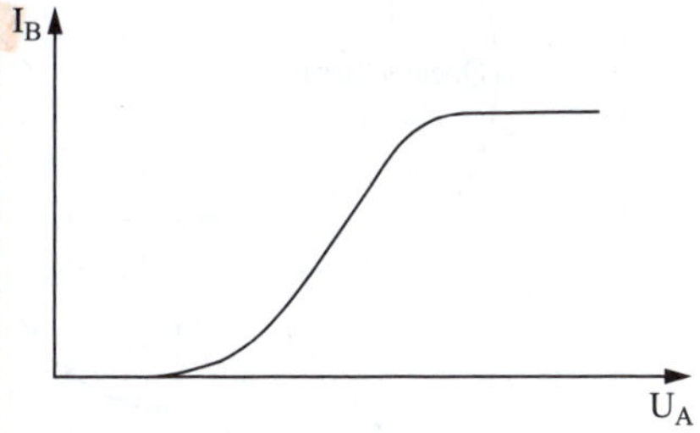

Frank-Hertz-Diagramm für Zimmertemperatur

c) Die Geschwindigkeitsverteilung der Elektronen in der Franck-Hertz-Röhre hat zwei Ursachen:

- Beim Austritt aus der Glühkathode besitzen die Elektronen nach Betrag und Richtung unterschiedliche Anfangsgeschwindigkeiten.
- Durch elastische Stöße der Elektronen mit den Quecksilberatomen ändert sich zwar nicht der Betrag der Elektronengeschwindigkeit, aber die Richtung. Daher ist insbesondere die Komponente $\vec{v}_n$ des Geschwindigkeitsvektors $\vec{v}_n$, die senkrecht zum Anodengitter gerichtet ist, laufend betragsmäßigen Änderungen unterworfen (vgl. Hinweis 1).

d) Da die Elektroden der Franck-Hertz-Röhre aus unterschiedlichem Material gefertigt sind, besteht zwischen ihnen, unabhängig von der Beschleunigungs-, der Heiz- und Gegenspannung, das so genannte Kontaktpotenzial (vgl. Hinweis 2). Diese Spannung überlagert sich der Beschleunigungsspannung, sodass je nach Vorzeichen das Franck-Hertz-Diagramm insgesamt um den Betrag des Kontaktpotenzials nach links oder nach rechts verschoben wird. Der Abstand benachbarter Strommaxima ändert sich dadurch nicht.

Hinweise:

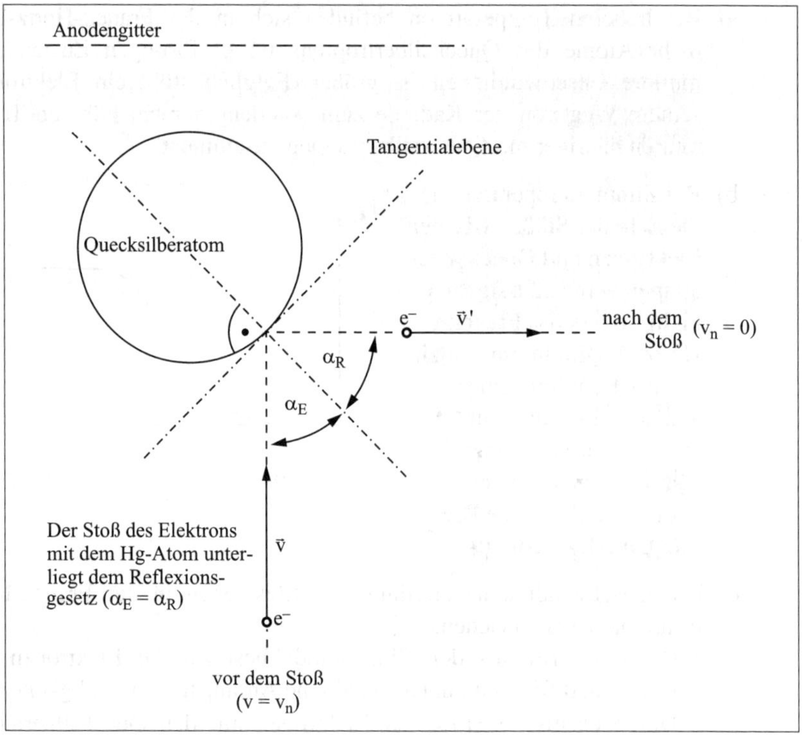

1. Die Masse des Quecksilberatoms ist 370 000-mal größer als die Elektronenmasse. Daher kann der elastische Stoß des Elektrons mit einem Quecksilberatom mit dem Stoß eines Balls gegen eine Wand verglichen werden. D. h. der Betrag der Geschwindigkeit des Elektrons vor und nach dem Stoß ist gleich. Ausschlaggebend dafür, ob das Elektron erfolgreich gegen das Bremsfeld anlaufen kann, ist aber nicht der Betrag der Geschwindigkeit, sondern die Geschwindigkeitskomponente $\vec{v}_n$. Obenstehende Skizze verdeutlicht, wie ein Elektron durch einen einzigen Stoß mit einem Quecksilberatom seine Fähigkeit verlieren kann, erfolgreich gegen die Bremsspannung anzulaufen, ohne dass sich der Geschwindigkeitsbetrag $|\vec{v}|$ ändert.
2. Berühren sich zwei verschiedenartige Metalle – im Falle der Franck-Hertz-Röhre durch äußere Verbindung, so gehen Elektronen von dem Metall kleinerer Austrittsarbeit zu dem Metall höherer Austrittsarbeit über. Im Metall kleinerer Austrittsarbeit entsteht so ein Überschuss an positiver, im Metall höherer Austrittsarbeit ein Überschuss an negativer Ladung.

161. Die „Ideale Franck-Hertz-Kurve“

Dass der Strom zwischen zwei Maxima bei der realen Franck-Hertz-Kurve nicht auf null zurückgeht, hat hauptsächlich folgenden Grund: Die Elektronen erhalten die volle Energie aus dem Beschleunigungsfeld erst unmittel-Bar vor dem Gitter.

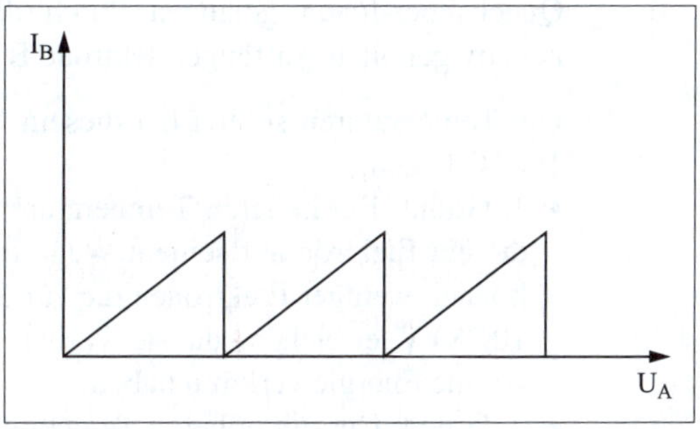

Somit finden die letzten inelastischen Stöße nur in einem sehr kleinen Raumbereich vor dem Gitter statt. Daher findet nicht jedes Elektron, das ergetisch zu einem inelastischen Stoß in der Lage wäre, ein Quecksilberatom als Stoßpartner und gelangt ohne Energieverlust zur Auffängerelektrode.

Durch die Forderung, dass alle Elektronen mit ausreichender Energie einen inelastischen Stoß erleiden sollen, erreicht man, dass der Strom zwischen zwei Maxima auf null zurückgeht.

Die Abrundung der Maxima und Minima der realen Franck-Hertz-Kurve hat folgenden Grund: Wegen der nicht einheitlichen Elektronengeschwindigkeit (vgl. Aufgabe 160) haben die schnelleren (langsameren) Elektronen bereits bei kleineren (erst bei größeren) Spannungen aus dem Beschleunigungsfeld genügend Energie gesammelt, um inelastisch mit den Quecksilberatomen zusammenstoßen. Durch die Forderung, stets monoenergetische Elektronen in der Röhre vorzufinden, erreicht man, dass die Strommaxima und -minima scharf werden.

162. Bestimmung der Ionisierungsenergie

a) Da die Bremsspannung U_B betragsmäßig deutlich über der maximalen Beschleunigungsspannung U_A liegt, und die Auffängerelektrode B negativ gepolt ist, können zwischen K und A beschleunigte Elektronen **nie** den Auffänger B erreichen. Der angezeigte Auffängerstrom kann nur durch positive Ladungsträger hervorgerufen worden sein.

Erklärung der Entstehung von positiven Ladungsträgern:
Nicht alle zwischen K und A beschleunigten Elektronen stoßen bei Erreichen der Anregungsenergie inelastisch mit Hg-Atomen zusammen. Daher erreichen einige bei genügend hoher Beschleunigungsspannung U_A die zur Stoßionisation der Hg-Atome ausreichende kinetische

Energie von 10,38 eV. Die durch Elektronenstoß gebildeten positiven Quecksilber-Ionen gelangen durch das Gitter und werden von der negativ gepolten Auffängerelektrode B angezogen.

b) Die Temperaturen sollten bei diesem Versuch aus zwei Gründen unter 100 °C liegen:
- 1. Grund: Bei höheren Temperaturen nimmt die Zahl der Hg-Atome, die ein Elektron auf seinem Weg von K nach A „sieht", zu. Dadurch können weniger Elektronen die zur Stoßionisation nötige Energie von 10,38 eV erreichen, da sie vorher schon durch Anregung der Hg-Atome Energie verloren haben.
- 2. Grund: Der mit höheren Temperaturen zunehmende Gasdruck führt dazu, dass die Quecksilber-Ionen zu schnell rekombinieren. Dies erschwert eine genaue Festlegung des Einsatzpunktes des Ionenstroms.

163. Bestimmung des Planck'schen Wirkungsquantums mit dem Franck-Hertz-Rohr

a) Die durch Elektronenstoß angeregten Kaliumatome emittieren bei der Rückkehr in den Grundzustand Photonen der Energie $\frac{h \cdot c}{\lambda}$ mit $\lambda = 760{,}6\,\text{nm}$.

b) $$\frac{h \cdot c}{\lambda} = e \cdot U \Rightarrow h = \frac{e \cdot U \cdot \lambda}{c} = \frac{1{,}6022 \cdot 10^{-19}\,\text{A} \cdot \text{s} \cdot 1{,}63\,\text{V} \cdot 760{,}6 \cdot 10^{-9}\,\text{m}}{3{,}00 \cdot 10^{8}\,\frac{\text{m}}{\text{s}}}$$
$$= 6{,}62 \cdot 10^{-34}\,\text{J} \cdot \text{s}$$

Hinweise:
1. Bei Verwendung von Quecksilberdampf tritt ebenfalls elektromagnetische Strahlung mit der Photonenenergie 4,9 eV auf; sie liegt jedoch im UV-Bereich und wird daher vom Glas der Franck-Hertz-Röhre absorbiert, ist also von außen nicht nachzuweisen.
2. Sie kennen jetzt drei Möglichkeiten, den nummerischen Wert des Planck'schen Wirkungsquantums experimentell zu bestimmen: mithilfe der
   - Gegenfeldmethode (vgl. Aufgaben 67 und 69)
   - kurzwelligen Grenze des Röntgenbremsspektrums (vgl. Aufgabe 71)
   - Energie von Photonen, die von angeregten Atomen in einer Franck-Hertz-Röhre emittiert werden (Aufgabe 163)

164. Grundbegriffe des Wasserstoffemissionsspektrum

a) Die **Wellenzahl** ist der Kehrwert $\frac{1}{\lambda}$ der Wellenlänge λ. Die Wellenzahl gibt an, wie viele ganze Wellen auf eine Längeneinheit passen.

Spektralterm: Ein Term der Form $T_n = -\frac{R}{n^2}$, R = Rydbergkonstante, $n \in \mathbb{N}$, heißt Spektralterm des Wasserstoffatoms.

Zusammenhang zwischen Wellenzahl und Spektralterm: Die Wellenzahlen der Linien des Wasserstoffemissionsspektrums lassen sich stets als Differenz zweier Spektralterme darstellen:

$$\frac{1}{\lambda} = T_{n_2} - T_{n_1} = R \cdot \left(\frac{1}{n_1^2} - \frac{1}{n_2^2} \right) \quad [n_1 = 1, 2, 3, ...; \; n_2 = n_1 + 1, n_1 + 2, n_1 + 3 ...]$$

Spektralserie: Die einzelnen Spektrallinien des Wasserstoffemissionsspektrums lassen sich in Spektralserien zusammenfassen. Jede Serie besteht aus den Linien, die einen gemeinsamen festen Endterm T_{n_1} haben; T_{n_2} ist der Laufterm. Die Linien der Serie mit $n_1 = 4$ lassen sich so beispielsweise aus der Beziehung

$$\frac{1}{\lambda} = R \cdot \left(\frac{1}{16} - \frac{1}{n_2^2} \right), \quad n_2 = 5, 6, 7, ... \text{ berechnen.}$$

Seriengrenze: Die Wellenzahlen der einzelnen Spektrallinien einer Spektralserie werden in Richtung zu kürzeren Wellenlängen hin immer dichter und konvergieren in einem Häufungspunkt, der Seriengrenze.

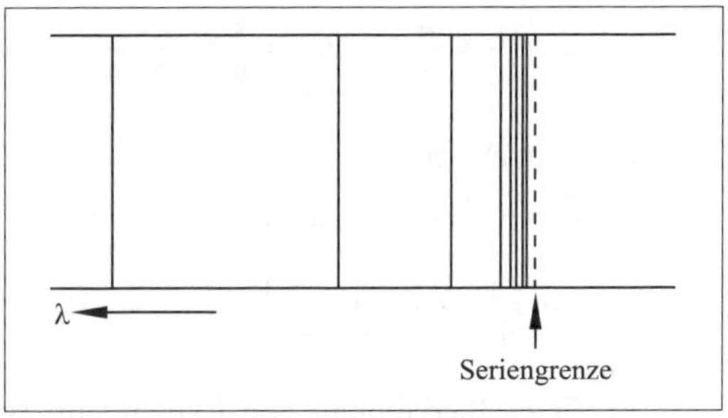

Die der Seriengrenze $\lambda_G = \frac{n_1^2}{R}$ entsprechende Energie $E = \frac{h \cdot c}{\lambda_G}$ muss dem Wasserstoffatom zugeführt werden, um das Elektron aus der Quantenbahn mit der Quantenzahl n_1 ins Unendliche zu bringen.

b) Lyman-Serie: $\frac{1}{\lambda} = R \cdot \left(1 - \frac{1}{n^2}\right)$; n = 2, 3, 4, ... (ganz im UV-Bereich)

Balmer-Serie: $\frac{1}{\lambda} = R \cdot \left(\frac{1}{4} - \frac{1}{n^2}\right)$; n = 3, 4, 5, ... (4 Linien im sichtbaren, die restlichen im UV-Bereich)

Paschen-Serie: $\frac{1}{\lambda} = R \cdot \left(\frac{1}{9} - \frac{1}{n^2}\right)$; n = 4, 5, 6, ... (ganz im Infrarot-Bereich)

Brackett-Serie: $\frac{1}{\lambda} = R \cdot \left(\frac{1}{16} - \frac{1}{n^2}\right)$; n = 5, 6, 7, ... (ganz im Infrarot-Bereich)

Pfund-Serie: $\frac{1}{\lambda} = R \cdot \left(\frac{1}{25} - \frac{1}{n^2}\right)$; n = 6, 7, 8, ... (ganz im Infrarot-Bereich)

165. Einfache Rechenaufgaben zur Serienformel

a) Balmer-Serie: $\frac{1}{\lambda} = R \cdot \left(\frac{1}{4} - \frac{1}{n^2}\right)$, n = 3, 4, 5, ...
Seriengrenze: $n \to \infty \Rightarrow \frac{1}{n^2} \to 0$ $\Bigg\} \Rightarrow$

$$\Rightarrow \frac{1}{\lambda_G} = \frac{R}{4} \Rightarrow \lambda_G = \frac{4}{R} = \frac{4}{1{,}1 \cdot 10^7 \frac{1}{m}} = 3{,}6 \cdot 10^{-7}\,m$$

b) Lyman-Serie:

$$\frac{1}{\lambda} = R \cdot \left(1 - \frac{1}{n^2}\right), \quad n = 2, 3, 4, ... \Rightarrow$$

$$\Rightarrow \frac{1}{\lambda_{max}} = R \cdot \left(1 - \frac{1}{2^2}\right) = \frac{3}{4} \cdot R \Rightarrow \lambda_{max} = \frac{4}{3 \cdot R} = \frac{4}{3 \cdot 1{,}1 \cdot 10^7 \frac{1}{m}} = 1{,}2 \cdot 10^{-7}\,m$$

c) Eine Überlappung von Lyman- mit Balmer-Serie läge dann vor, wenn die Wellenlänge λ_G der kurzwelligsten Linie, also der Seriengrenze, der Balmer-Serie kleiner als die Wellenlänge λ_{max} der langwelligsten Linie der Lyman-Serie wäre, wenn also $\lambda_G < \lambda_{max}$.
Aus den Teilaufgaben a und b folgt aber:
$\lambda_G = 3{,}6 \cdot 10^{-7}\,m > 1{,}2 \cdot 10^{-7}\,m = \lambda_{max}$

d) Allgemeine Serienformel:

$$\left.\begin{array}{l} \frac{1}{\lambda} = R \cdot \left(\frac{1}{n_1^2} - \frac{1}{n_2^2}\right) \\ -\frac{R}{49} \text{ ist Laufterm} \Rightarrow -\frac{R}{49} = -\frac{R}{n_2^2} \end{array}\right\} \Rightarrow$$

$$\Rightarrow \frac{1}{\lambda} = R \cdot \left(\frac{1}{n_1^2} - \frac{1}{49}\right) \Rightarrow \frac{1}{n_1^2} = \frac{1}{\lambda \cdot R} + \frac{1}{49} \Rightarrow$$

$$\Rightarrow n_1 = \sqrt{\left(\frac{1}{\lambda \cdot R} + \frac{1}{49}\right)^{-1}} = \sqrt{\left(\frac{1}{1{,}00 \cdot 10^{-6}\,\text{m} \cdot 1{,}10 \cdot 10^7 \frac{1}{\text{m}}} + \frac{1}{49}\right)^{-1}} = 3{,}00$$

$\Rightarrow n_1 = 3$. Die Linie gehört zur Paschen-Serie.

166. Kompliziertere Rechenaufgaben zur Serienformel

a)

$$\left.\begin{array}{ll} \frac{1}{\lambda_{G_1}} = R^* \cdot \frac{1}{n_1^2} & (1) \\ \frac{1}{\lambda_{G_2}} = R^* \cdot \frac{1}{(n_1+1)^2} & (2) \end{array}\right\} \overset{(1):(2)}{\Rightarrow} \frac{\lambda_{G_2}}{\lambda_{G_1}} = \frac{(n_1+1)^2}{n_1^2} \Rightarrow$$

$$\Rightarrow 1 + \frac{1}{n_1} = \sqrt{\frac{\lambda_{G_2}}{\lambda_{G_1}}} \Rightarrow \frac{1}{n_1} = \sqrt{\frac{\lambda_{G_2}}{\lambda_{G_1}}} - 1 \Rightarrow$$

$$\Rightarrow n_1 = \left(\sqrt{\frac{\lambda_{G_2}}{\lambda_{G_1}}} - 1\right)^{-1} = \left(\sqrt{\frac{2{,}05 \cdot 10^{-7}\,\text{m}}{9{,}12 \cdot 10^{-8}\,\text{m}}} - 1\right)^{-1} = 2{,}00$$

$n_1 = 2$ eingesetzt in (1):

$$R^* = \frac{n_1^2}{\lambda_{G_1}} = \frac{4}{9{,}12 \cdot 10^{-8}\,\text{m}} = 4{,}39 \cdot 10^7\,\frac{1}{\text{m}}$$

$$\frac{R^*}{R} = \frac{4{,}39 \cdot 10^7 \frac{1}{\text{m}}}{1{,}097 \cdot 10^7 \frac{1}{\text{m}}} = 4 \Rightarrow R^* = 4 \cdot R$$

b) λ_{max} bezeichne die Wellenlänge der langwelligsten Linie einer Spektralserie mit dem festen Term $-\frac{R^*}{n_1^2}$, λ_G die Wellenlänge der Seriengrenze der nächsten Spektralserie, also der Spektralserie mit dem festen Term $-\frac{R^*}{(n_1+1)^2}$. Dann gilt:

$$\left.\begin{array}{l}\frac{1}{\lambda_G}=R^*\cdot\frac{1}{(n_1+1)^2}\quad(1)\\ \frac{1}{\lambda_{max}}=R^*\cdot\left(\frac{1}{n_1^2}-\frac{1}{(n_1+1)^2}\right)=R^*\cdot\frac{(n_1+1)^2-n_1^2}{n_1^2\cdot(n_1+1)^2}=R^*\cdot\frac{2\cdot n_1+1}{n_1^2\cdot(n_1+1)^2}\quad(2)\end{array}\right\}\overset{(1):(2)}{\Rightarrow}$$

$$\Rightarrow\ \frac{\lambda_{max}}{\lambda_G}=\frac{R^*\cdot n_1^2\cdot(n_1+1)^2}{(n_1+1)^2\cdot R^*\cdot(2\cdot n_1+1)}=\frac{n_1^2}{2\cdot n_1+1}$$

Wegen

n_1	1	2	3	4	5	...
$\frac{n_1^2}{2\cdot n_1+1}$	$\frac{1}{3}$	$\frac{4}{5}$	$\frac{9}{7}$	$\frac{16}{9}$	$\frac{25}{11}$	...

gilt:

$$\frac{\lambda_{max}}{\lambda_G}<1 \text{ für } n_1=1,2 \quad\text{und}\quad \frac{\lambda_{max}}{\lambda_G}>1 \text{ für } n_1=3,4,5,...$$

Wegen $\lambda_{max}<\lambda_G$ für $n=1,2$ und $\lambda_{max}>\lambda_G$ für $n=3,4,5,\ldots$ überlappen sich nur die ersten drei Serien mit den Formeln

$\frac{1}{\lambda}=R^*\cdot\left(1-\frac{1}{n^2}\right)$ $n=2,3,4,...$ bzw. $\frac{1}{\lambda}=R^*\cdot\left(\frac{1}{4}-\frac{1}{n^2}\right)$ $n=3,4,5,...$

bzw. $\frac{1}{\lambda}=R^*\cdot\left(\frac{1}{9}-\frac{1}{n^2}\right)$ $n=4,5,6,...$ nicht.

c) „Brackettserie" des He^+-Ions: $\frac{1}{\lambda_{He^+}}=R^*\cdot\left(\frac{1}{16}-\frac{1}{n_2^2}\right)$ $n_2=5,6,7,...$

„Balmerserie" des H-Atoms: $\frac{1}{\lambda_B}=R\cdot\left(\frac{1}{4}-\frac{1}{n^2}\right)$ $n=3,4,5,...$

$$\lambda_{He^+}=\lambda_B \Leftrightarrow \frac{1}{\lambda_{He^+}}=\frac{1}{\lambda_B} \Leftrightarrow R^*\cdot\left(\frac{1}{16}-\frac{1}{n_2^2}\right)=R\cdot\left(\frac{1}{4}-\frac{1}{n^2}\right) \Leftrightarrow$$

$$\overset{R^*=4\cdot R}{\Leftrightarrow} 4\cdot\left(\frac{1}{16}-\frac{1}{n_2^2}\right)=\left(\frac{1}{4}-\frac{1}{n^2}\right) \Leftrightarrow \frac{4}{n_2^2}=\frac{1}{n^2} \Leftrightarrow 4\cdot n^2=n_2^2 \Leftrightarrow 2\cdot n=n_2$$

Setzt man für n die zulässigen Werte 3, 4, 5, … ein, so erhält man für $n_2=6,8,10,\ldots$ Demnach gilt die Beziehung $\lambda_{He^+}=\lambda_B$ genau für die Wellenlängen der „Brackett-Serie" des He^+-Ions, für die $n_2=6,8,10,\ldots$ Das heißt jede 2. Linie dieser Serie fällt mit einer Linie der Balmer-Serie des H-Atoms zusammen.

d) Der sichtbare Bereich des elektromagnetischen Spektrums erstreckt sich von 360 nm bis 780 nm.

$$\left.\begin{array}{l}\text{Serienformel des He}^+\text{-Ions: } \frac{1}{\lambda} = 4 \cdot R \cdot \left(\frac{1}{n_1^2} - \frac{1}{n_2^2}\right) \\ \text{Bedingung: } 360\,\text{nm} < \lambda < 780\,\text{nm}\end{array}\right\} \Rightarrow$$

$$\Rightarrow 360\,\text{nm} < \frac{1}{4 \cdot R \cdot \left(\frac{1}{n_1^2} - \frac{1}{n_2^2}\right)} < 780\,\text{nm} \Rightarrow$$

$$\Rightarrow 4 \cdot R \cdot 360\,\text{nm} < \frac{1}{\frac{1}{n_1^2} - \frac{1}{n_2^2}} < 4 \cdot R \cdot 780\,\text{nm} \Rightarrow$$

$$\Rightarrow \frac{1}{4 \cdot R \cdot 360\,\text{nm}} > \frac{1}{n_1^2} - \frac{1}{n_2^2} > \frac{1}{4 \cdot R \cdot 780\,\text{nm}} \Rightarrow 0{,}06 > \frac{1}{n_1^2} - \frac{1}{n_2^2} > 0{,}03$$

$$\text{Für } n_1 = 1: \left.\begin{array}{l}\left(\frac{1}{n_1^2} - \frac{1}{n_2^2}\right)_{max} = \left(\frac{1}{1^2} - \frac{1}{\infty}\right) = 1 \\ \left(\frac{1}{n_1^2} - \frac{1}{n_2^2}\right)_{min} = \left(\frac{1}{1^2} - \frac{1}{2^2}\right) = 0{,}75\end{array}\right\} \Rightarrow [0{,}75; 1]$$

Analog ergeben die anderen in der Tabelle aufgeführten Werteintervalle:

n_1	1	2	3
[;]	[0,75; 1]	[0,13; 0,25]	[0,04; 0,11]

n_1	4	5	6
[;]	[0,02; 0,06]	[0,01; 0,04]	[0,007; 0,02]

Die Beziehung

$$0{,}06 > \frac{1}{n_1^2} - \frac{1}{n_2^2} > 0{,}03$$

ist also – und zwar nur teilweise – nur für $n_1 = 4$ und $n_1 = 5$ erfüllt, sodass höchstens 2 Serien des He^+-Spektrums Linien im sichtbaren Bereich besitzen.

167. Das Ritz'sche Kombinationsprinzip

a) Das Ritz'sche Kombinationsprinzip lautet: Durch Addition oder Subtraktion der Wellenzahlen zweier Spektrallinien eines Atoms ergeben sich Zahlen, die im Allgemeinen wiederum Wellenzahlen von Spektrallinien des gleichen Atoms sind.

b)

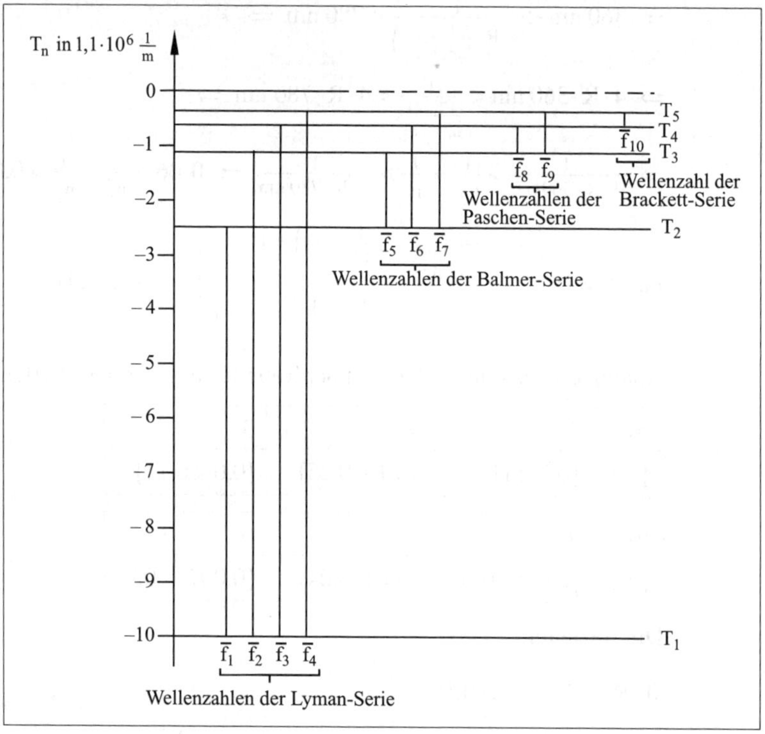

Wegen $R = 1{,}1 \cdot 10^7 \frac{1}{m} \mathrel{\hat{=}} 10\,\text{cm}$ und $T_n = -\frac{R}{n^2}$ gilt für die Zeichnung:

$T_1 \mathrel{\hat{=}} -\frac{10\,\text{cm}}{1^2} = -10\,\text{cm};$

$T_2 \mathrel{\hat{=}} -\frac{10\,\text{cm}}{2^2} = -2{,}5\,\text{cm};$

$T_3 \mathrel{\hat{=}} -\frac{10\,\text{cm}}{3^2} = -1{,}11\,\text{cm};$

$T_4 \mathrel{\hat{=}} -\frac{10\,\text{cm}}{4^2} = -0{,}63\,\text{cm};$

$T_5 \mathrel{\hat{=}} -\frac{10\,\text{cm}}{5^2} = -0{,}4\,\text{cm}.$

Da sich wegen

$$\bar{f} = \frac{1}{\lambda} = R \cdot \left(\frac{1}{n^2} - \frac{1}{m^2}\right)$$

$$= -\frac{R}{m^2} - \left(-\frac{R}{n^2}\right) = T_m - T_n$$

jede Wellenzahl $\bar{f}$ des H-Atoms als Differenz zweier Spektralterme darstellen lässt, können die Wellenzahlen geometrisch als Abstand zweier Spektraltermwerte im Termschema gedeutet werden.

c) Erläuterung des Ritz'schen Kombinationsprinzips:
Durch Addition oder Subtraktion zweier Wellenzahlen kann man wiederum Wellenzahlen des gleichen Atoms erhalten:
Beispiel für Addition: $\bar{f}_1 + \bar{f}_5 = \bar{f}_2$
Beispiel für Subtraktion: $\bar{f}_4 - \bar{f}_2 = \bar{f}_9$
Aber **nicht jede** Addition oder Subtraktion zweier Wellenzahlen führt auf neue Wellenzahlen des Atoms:
Beispiel: Weder $\bar{f}_1 + \bar{f}_2$ noch $\bar{f}_1 - \bar{f}_5$ sind Wellenzahlen des H-Atoms.
Das Ritz'sche Kombinationsprinzip ist also so zu verstehen: Alle durch Addition oder Subtraktion von Wellenzahlen gebildeten Zahlen können – müssen aber nicht – Wellenzahlen sein.

Hinweis:
Durch geeignete Subtraktion der Wellenzahlen **allein der Lyman-Serie** des Wasserstoffatoms lassen sich die Wellenzahlen aller anderen Serien des Wasserstoffatoms berechnen.
Beweis: Eine beliebige, nicht zur Lyman-Serie gehörige Wellenzahl $\bar{f}$ lässt sich nach der allgemeinen Serienformel des Wasserstoffatoms darstellen als:

$\bar{f} = R \cdot \left(\frac{1}{n^2} - \frac{1}{m^2}\right)$ mit $n \geq 2,\ m = n+1, n+2, \ldots$

$\bar{f}_1 = R \cdot \left(1 - \frac{1}{n^2}\right)$ und $\bar{f}_2 = R \cdot \left(1 - \frac{1}{m^2}\right)$ sind Wellenzahlen der Lyman-Serie. Aus

$$\bar{f}_2 - \bar{f}_1 = R \cdot \left(1 - \frac{1}{m^2}\right) - R \cdot \left(1 - \frac{1}{n^2}\right) = R - R \cdot \frac{1}{m^2} - R + R \cdot \frac{1}{n^2} = R \cdot \left(\frac{1}{n^2} - \frac{1}{m^2}\right) = \bar{f}$$

folgt die Behauptung.

168. Schluss vom Absorptions- aufs Emissionsspektrum

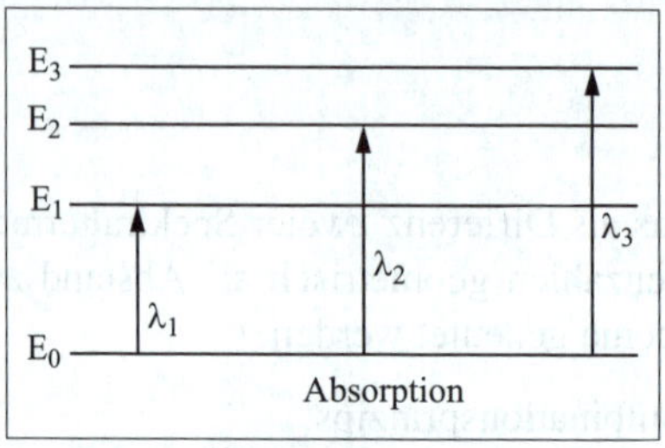

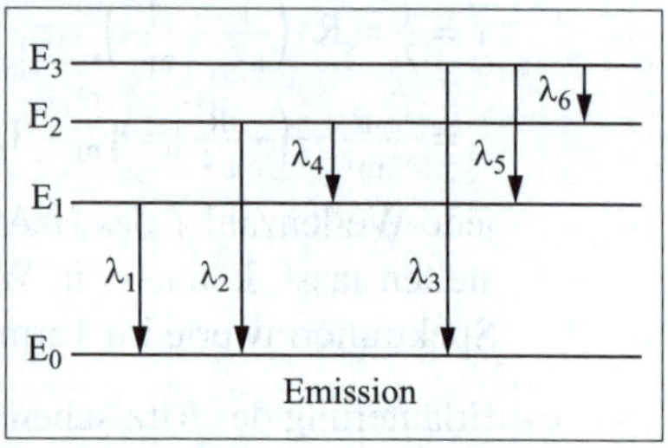

Durch die drei Absorptionsprozesse sind über dem Grundzustand mit der Energie E_0 drei Energieniveaus mit den Energien E_1, E_2, E_3 festgelegt. Daher treten im Emissionsspektrum außer den Linien mit den Wellenlängen λ_1, λ_2, λ_3 noch drei weitere mit den Wellenlängen λ_4, λ_5, λ_6 auf.

Berechnung von λ_4, λ_5, λ_6:

$$\frac{h \cdot c}{\lambda_4} = E_2 - E_1 = \frac{h \cdot c}{\lambda_2} - \frac{h \cdot c}{\lambda_1} \Rightarrow \frac{1}{\lambda_4} = \frac{1}{\lambda_2} - \frac{1}{\lambda_1} \Rightarrow \frac{1}{\lambda_4} = \frac{1}{25{,}6\,\text{nm}} - \frac{1}{30{,}4\,\text{nm}}$$

$$\Rightarrow \lambda_4 = 162{,}1\,\text{nm}$$

$$\frac{h \cdot c}{\lambda_5} = E_3 - E_1 = \frac{h \cdot c}{\lambda_3} - \frac{h \cdot c}{\lambda_1} \Rightarrow \frac{1}{\lambda_5} = \frac{1}{\lambda_3} - \frac{1}{\lambda_1} \Rightarrow \frac{1}{\lambda_5} = \frac{1}{24{,}3\,\text{nm}} - \frac{1}{30{,}4\,\text{nm}}$$

$$\Rightarrow \lambda_5 = 121{,}1\,\text{nm}$$

$$\frac{h \cdot c}{\lambda_6} = E_3 - E_2 = \frac{h \cdot c}{\lambda_3} - \frac{h \cdot c}{\lambda_2} \Rightarrow \frac{1}{\lambda_6} = \frac{1}{\lambda_3} - \frac{1}{\lambda_2} \Rightarrow \frac{1}{\lambda_6} = \frac{1}{24{,}3\,\text{nm}} - \frac{1}{25{,}6\,\text{nm}}$$

$$\Rightarrow \lambda_6 = 478{,}5\,\text{nm}$$

Im Emissionsspektrum sind also 6 Linien mit den Wellenlängen 24,3 nm, 25,6 nm, 30,4 nm, 121,1 nm, 162,1 nm und 478,5 nm zu erwarten.

169. Die Bohr'schen Annahmen

Erstes Bohr'sches Postulat:

Das Elektron kann nur auf ganz bestimmten Bahnen strahlungsfrei um den Kern kreisen. Ein Wasserstoffatom kann somit nur bestimmte diskrete Energiewerte E_i, $i = 1, 2, 3, \ldots$ annehmen.

Zweites Bohr'sches Postulat:

Die Energieabgabe bzw. -aufnahme eines Wasserstoffatoms erfolgt durch den Übergang seines Elektrons von einer der erlaubten Bahnen (mit der Energie E_n) auf eine andere (mit der Energie E_m). Emission bzw. Absorption von Strahlung genügen der Frequenzbedingung $h \cdot f = |E_n - E_m|$.

Bohr'sche Quantenbedingung:
Der mit der Länge $2 \cdot \pi \cdot r_n$ einer erlaubten Bahn vom Radius r_n multiplizierte Impuls $m \cdot v_n$ des Elektrons ist ein ganzzahliges Vielfaches des Planck'schen Wirkungsquantums h: $2 \cdot \pi \cdot r_n \cdot m \cdot v_n = n \cdot h$, $n = 1, 2, 3, \ldots$

Hinweis:
In der Formelsammlung sind die beiden Bohr'schen Postulate und die Bohr'sche Quantenbedingung zu finden.

170. Energiestufen des Elektrons im Wasserstoffatom

a) Kräftebilanz:

$$F_{Coulomb} = F_{Zentral}$$

$$\frac{1}{4 \cdot \pi \cdot \varepsilon_0} \cdot \frac{e^2}{r_n^2} = \frac{m \cdot v_n^2}{r_n} \Rightarrow v_n^2 = \frac{1}{4 \cdot \pi \cdot \varepsilon_0} \cdot \frac{e^2}{m \cdot r_n} \qquad (1)$$

Quantenbedingung:

$$2 \cdot \pi \cdot r_n \cdot m \cdot v_n = n \cdot h \qquad (2)$$

$$\Rightarrow 4 \cdot \pi^2 \cdot r_n^2 \cdot m^2 \cdot v_n^2 = n^2 \cdot h^2 \qquad (3)$$

(1) in (3):

$$4 \cdot \pi^2 \cdot r_n^2 \cdot m^2 \cdot \frac{1}{4 \cdot \pi \cdot \varepsilon_0} \cdot \frac{e^2}{m \cdot r_n} = n^2 \cdot h^2 \Rightarrow$$

$$\Rightarrow r_n = \frac{\varepsilon_0 \cdot h^2 \cdot n^2}{m \cdot e^2 \cdot \pi} \qquad (4)$$

(4) in (2):

$$2 \cdot \pi \cdot \frac{\varepsilon_0 \cdot h^2 \cdot n^2}{m \cdot e^2 \cdot \pi} \cdot m \cdot v_n = n \cdot h \Rightarrow v_n = \frac{e^2}{2 \cdot \varepsilon_0 \cdot h \cdot n} \qquad (5)$$

b) $$E_{kin,n} = \frac{1}{2} \cdot m \cdot v_n^2 \overset{(5)}{=} \frac{1}{2} \cdot m \cdot \left(\frac{e^2}{2 \cdot \varepsilon_0 \cdot h \cdot n} \right)^2 = \frac{e^4 \cdot m}{8 \cdot \varepsilon_0^2 \cdot h^2 \cdot n^2} \qquad (6)$$

$$E_{pot,n} = -\frac{e^2}{4 \cdot \pi \cdot \varepsilon_0 \cdot r_n} \overset{(4)}{=} -\frac{e^2}{4 \cdot \pi \cdot \varepsilon_0 \cdot \frac{\varepsilon_0 \cdot h^2 \cdot n^2}{m \cdot e^2 \cdot \pi}}$$

$$= -\frac{e^4 \cdot m}{4 \cdot \varepsilon_0^2 \cdot h^2 \cdot n^2} \qquad (7)$$

c) $$E_n = E_{kin,n} + E_{pot,n} \overset{(6),(7)}{=} \frac{e^4 \cdot m}{8 \cdot \varepsilon_0^2 \cdot h^2 \cdot n^2} - \frac{e^4 \cdot m}{4 \cdot \varepsilon_0^2 \cdot h^2 \cdot n^2}$$

$$= -\frac{e^4 \cdot m}{8 \cdot \varepsilon_0^2 \cdot h^2 \cdot n^2} \qquad (8)$$

d) $E_{kin,n} + \frac{1}{2} \cdot E_{pot} \overset{(6),(7)}{=} \frac{e^4 \cdot m}{8 \cdot \varepsilon_0^2 \cdot h^2 \cdot n^2} - \frac{1}{2} \cdot \frac{e^4 \cdot m}{4 \cdot \varepsilon_0^2 \cdot h^2 \cdot n^2} = 0 \Rightarrow E_{kin,n} = -\frac{1}{2} \cdot E_{pot}$

$$E_{kin,n} \overset{(6)}{=} \frac{e^4 \cdot m}{8 \cdot \varepsilon_0^2 \cdot h^2 \cdot n^2} \overset{(8)}{=} -E_n$$

✷ 171. Potenzialbezugspunkte

a) Wählt man als Bezugspunkt für das elektrische Potenzial einen beliebigen Punkt im zunächst beliebigen Abstand r_0 vom Kernmittelpunkt, so gilt für die Gesamtenergie E_n des Elektrons auf der n-ten Quantenbahn:

$$E_n = \frac{1}{2} \cdot m \cdot v_n^2 + \int_{r_0}^{r_n} \frac{e^2}{4 \cdot \pi \cdot \varepsilon_0} \cdot \frac{dr}{r^2}$$

$$= \frac{1}{2} \cdot m \cdot v_n^2 - \frac{e^2}{4 \cdot \pi \cdot \varepsilon_0} \cdot \left(\frac{1}{r_n} - \frac{1}{r_0} \right)$$

$$= \frac{1}{2} \cdot m \cdot v_n^2 - \frac{e^2}{4 \cdot \pi \cdot \varepsilon_0} \cdot \frac{1}{r_n} + \frac{e^2}{4 \cdot \pi \cdot \varepsilon_0} \cdot \frac{1}{r_0}$$

$$\underset{170\,c}{\overset{\text{Aufgabe}}{=}} -\frac{e^4 \cdot m}{8 \cdot \varepsilon_0 \cdot h^2} \cdot \frac{1}{n^2} + \frac{e^2}{4 \cdot \pi \cdot \varepsilon_0} \cdot \frac{1}{r_0} \overset{E_n \overset{!}{=} 0}{\Longrightarrow}$$

$$\Rightarrow \frac{e^2}{4 \cdot \pi \cdot \varepsilon_0} \cdot \frac{1}{r_0} = \frac{e^4 \cdot m}{8 \cdot \varepsilon_0 \cdot h^2 \cdot n^2}$$

$$\Rightarrow r_0 = \frac{2 \cdot \varepsilon_0 \cdot h^2 \cdot n^2}{m \cdot e^2 \cdot \pi}$$

Man muss also einen Punkt im Abstand $\frac{2 \cdot \varepsilon_0 \cdot h^2 \cdot n^2}{m \cdot e^2 \cdot \pi}$ vom Kernmittelpunkt als Bezugspunkt für das elektrische Potenzial wählen.

b) Die modifizierte Gesamtenergie wird mit E_n^* bezeichnet.

$$E_1^* = 0 \Rightarrow E_n^* = E_n - E_1 = -\frac{e^4 \cdot m}{8 \cdot \varepsilon_0^2 \cdot h^2} \cdot \frac{1}{n^2} + \frac{e^4 \cdot m}{8 \cdot \varepsilon_0^2 \cdot h^2} = \frac{e^4 \cdot m}{8 \cdot \varepsilon_0^2 \cdot h^2} \cdot \left(1 - \frac{1}{n^2}\right)$$

Jeder Punkt im Abstand $\frac{2 \cdot \varepsilon_0 \cdot h^2}{m \cdot e^2 \cdot \pi}$ vom Kernmittelpunkt kann nach Teilaufgabe a als Bezugspunkt fürs elektrische Potenzial gewählt werden.

172. Herleitung der allgemeinen Serienformel für das Wasserstoffatom

a) 2. Bohr'sches Postulat:

$$\frac{h \cdot c}{\lambda} = E_{n_2} - E_{n_1} \quad \text{mit } n_2 > n_1$$

$$\Rightarrow \frac{h \cdot c}{\lambda} = -\frac{e^4 \cdot m}{8 \cdot \varepsilon_0^2 \cdot h^2 \cdot n_2^2} + \frac{e^4 \cdot m}{8 \cdot \varepsilon_0^2 \cdot h^2 \cdot n_1^2} = \frac{e^4 \cdot m}{8 \cdot \varepsilon_0^2 \cdot h^2} \cdot \left(\frac{1}{n_1^2} - \frac{1}{n_2^2}\right)$$

$$\Rightarrow \frac{1}{\lambda} = \frac{e^4 \cdot m}{8 \cdot \varepsilon_0^2 \cdot h^3 \cdot c} \cdot \left(\frac{1}{n_1^2} - \frac{1}{n_2^2}\right) \qquad (1)$$

Allgemeine Serienformel:

$$\frac{1}{\lambda} = R \cdot \left(\frac{1}{n_1^2} - \frac{1}{n_2^2}\right) \qquad (2)$$

(1) und (2) stimmen dann überein, wenn

$$R = \frac{e^4 \cdot m}{8 \cdot \varepsilon_0^2 \cdot h^3 \cdot c}$$

$$\frac{e^4 \cdot m}{8 \cdot \varepsilon_0^2 \cdot h^3 \cdot c} = \frac{(1{,}6 \cdot 10^{-19}\,\mathrm{A \cdot s})^4 \cdot 9{,}1 \cdot 10^{-31}\,\mathrm{kg}}{8 \cdot \left(8{,}85 \cdot 10^{-12}\,\frac{\mathrm{A \cdot s}}{\mathrm{V \cdot m}}\right)^2 \cdot (6{,}63 \cdot 10^{-34}\,\mathrm{J \cdot s})^3 \cdot 3{,}0 \cdot 10^8\,\frac{\mathrm{m}}{\mathrm{s}}} = 1{,}1 \cdot 10^7\,\frac{1}{\mathrm{m}}$$

Experimentell bestimmter Wert für R: $R = 1{,}1 \cdot 10^7\,\frac{1}{\mathrm{m}}$

$\Rightarrow$ Übereinstimmung

b)
$$\left.\begin{array}{l} E_n = -\dfrac{e^4 \cdot m}{8 \cdot \varepsilon_0^2 \cdot h^2} \cdot \dfrac{1}{n^2} \\ R = \dfrac{e^4 \cdot m}{8 \cdot \varepsilon_0^2 \cdot h^3 \cdot c} \end{array}\right\} \Rightarrow E_n = -\frac{R \cdot h \cdot c}{n^2}$$

c)/
d)
$$E_n = -\frac{R \cdot h \cdot c}{n^2} = \frac{1{,}10 \cdot 10^7\,\frac{1}{\mathrm{m}} \cdot 6{,}63 \cdot 10^{-34}\,\mathrm{J \cdot s} \cdot 3{,}00 \cdot 10^8\,\frac{\mathrm{m}}{\mathrm{s}}}{n^2} = -13{,}7\,\mathrm{eV} \cdot \frac{1}{n^2}$$

Damit ergeben sich für die Skizze folgende nummerische Werte:

$E_1 = -13{,}7\,\mathrm{eV}$; $E_2 = -3{,}4\,\mathrm{eV}$; $E_3 = -1{,}5\,\mathrm{eV}$; $E_4 = -0{,}86\,\mathrm{eV}$;
$E_5 = -0{,}5\,\mathrm{eV}$

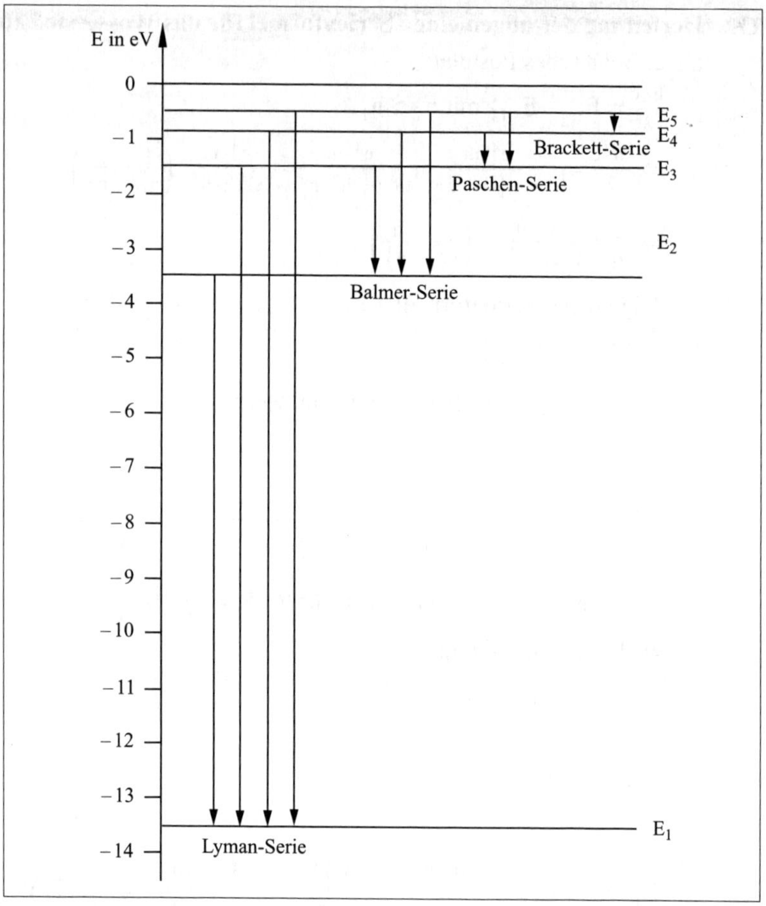

Hinweis:
Die Formeln $R = \frac{e^4 \cdot m}{8 \cdot \varepsilon_0^2 \cdot h^3 \cdot c}$ und $E_n = -\frac{R \cdot h \cdot c}{n^2}$ sind in der Formelsammlung verzeichnet.

173. Ionisierungsenergie

a) Unter der Ionisierungsenergie eines Atoms versteht man die **kleinste** Energie, die zur Abtrennung eines Elektrons aus der Elektronenhülle des im Grundzustand befindlichen Atoms erforderlich ist.

b) Das Wasserstoffatom ist dann unter **minimalem Energieaufwand** ionisiert worden, wenn sich sein Elektron in **unendlicher Entfernung** vom Atomkern **in Ruhe** befindet. Die Gesamtenergie des Elektrons ist dann null. Also gilt:

$E_{ion}(n)$ = Energie des Elektrons nach der Ionisierung minus Energie des Elektrons vor der Ionisierung

$$= 0 - E_n \overset{172\,b}{=} \frac{R \cdot h \cdot c}{n^2}$$

c) allgemeine Serienformel: $\frac{1}{\lambda} = R \cdot \left(\frac{1}{n_1^2} - \frac{1}{n_2^2}\right)$

Seriengrenze der Serie mit der Nummer n_1: $n_2 \to \infty$ $\Big\} \Rightarrow$

$$\Rightarrow \frac{1}{\lambda_{G,n}} = \frac{R}{n^2} \qquad (*)$$

Teilaufgabe b:

$$E_{ion}(n) = \frac{R \cdot h \cdot c}{n^2} \overset{(*)}{=} \frac{h \cdot c}{\lambda_{G,n}}$$

174. Quantenmechanik und Bohr'sche Quantenbedingung

a)
$$\left.\begin{aligned} \lambda_n &= \frac{h}{m \cdot v_n} \\ \text{laut Angabe: } v_n &= \frac{e^2}{2 \cdot \varepsilon_0 \cdot h} \cdot \frac{1}{n} \end{aligned}\right\} \Rightarrow \lambda_n = \frac{h}{m \cdot \frac{e^2}{2 \cdot \varepsilon_0 \cdot h} \cdot \frac{1}{n}} = \frac{2 \cdot \varepsilon_0 \cdot h^2}{m \cdot e^2} \cdot n \qquad (1)$$

b)
$$\left.\begin{aligned} U_n &= 2 \cdot \pi \cdot r_n \\ \text{laut Angabe: } r_n &= \frac{\varepsilon_0 \cdot h^2 \cdot n^2}{m \cdot e^2 \cdot \pi} \end{aligned}\right\} \Rightarrow U_n = 2 \cdot \pi \cdot \frac{\varepsilon_0 \cdot h^2 \cdot n^2}{m \cdot e^2 \cdot \pi} = \frac{2 \cdot \varepsilon_0 \cdot h^2 \cdot n^2}{m \cdot e^2} \qquad (2)$$

$$\frac{U_n}{\lambda_n} \underset{(1)}{\overset{(2)}{=}} \frac{\frac{2 \cdot \varepsilon_0 \cdot h^2 \cdot n^2}{m \cdot e^2}}{\frac{2 \cdot \varepsilon_0 \cdot h^2}{m \cdot e^2} \cdot n} = n \Rightarrow U_n = n \cdot \lambda_n$$

c)

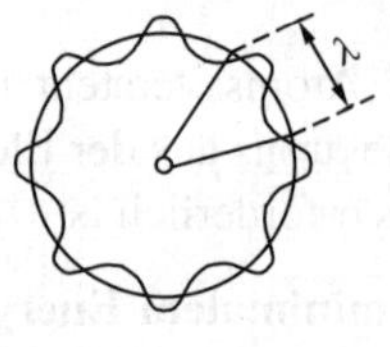

Auf Dauer existenzfähige stehende Materiewelle.

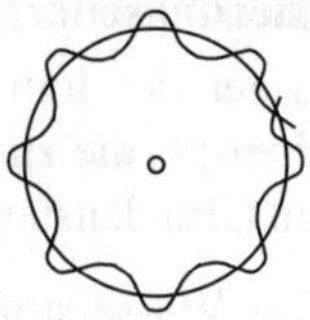

Laufende Materiewelle, die sich durch Interferenz selbst auslöscht.

Geht man davon aus, dass sich die zum Elektron gehörige Materiewelle längs der Quantenbahn ausbreitet, so ist sie auf Dauer nur dann existenzfähig, wenn sie sich nicht durch Interferenz selbst auslöscht. Die Materiewelle muss sich also als stehende Welle ausbilden, was nur dann möglich ist, wenn die Wellenlänge ganzzahlig im Kreisumfang enthalten ist; wenn also $U_n = n \cdot \lambda_n$ gilt.

d) $$\left.\begin{matrix} \left.\begin{matrix} U_n = n \cdot \lambda_n \\ U_n = 2 \cdot \pi \cdot r_n \end{matrix}\right\} \Rightarrow 2 \cdot \pi \cdot r_n = n \cdot \lambda_n \\ \lambda_n = \frac{h}{m \cdot v_n} \end{matrix}\right\} \Rightarrow$$

$$\Rightarrow 2 \cdot \pi \cdot r_n = n \cdot \frac{h}{m \cdot v_n} \Rightarrow 2 \cdot \pi \cdot r_n \cdot m \cdot v_n = n \cdot h$$

175. Anregung von Wasserstoffgas durch Elektronenstoß

a) Energie des Elektrons im Wasserstoffatom auf der n-ten Quantenbahn:

$$E_n = -\frac{R \cdot h \cdot c}{n^2} = \frac{1{,}1 \cdot 10^7 \frac{1}{m} \cdot 6{,}63 \cdot 10^{-34}\,J \cdot s \cdot 3{,}0 \cdot 10^8 \frac{m}{s}}{n^2} = -\frac{13{,}7\,eV}{n^2} \Rightarrow$$

$$E_1 = -13{,}7\,eV$$

$$E_2 = -\frac{13{,}7\,eV}{4} = -3{,}4\,eV$$

$$E_3 = -\frac{13{,}7\,eV}{9} = -1{,}5\,eV$$

$$E_4 = -\frac{13{,}7\,eV}{16} = -0{,}9\,eV$$

$$E_5 = -\frac{13{,}7\,eV}{25} = -0{,}6\,eV$$

$$E_6 = -\frac{13{,}7\,eV}{36} = -0{,}4\,eV$$

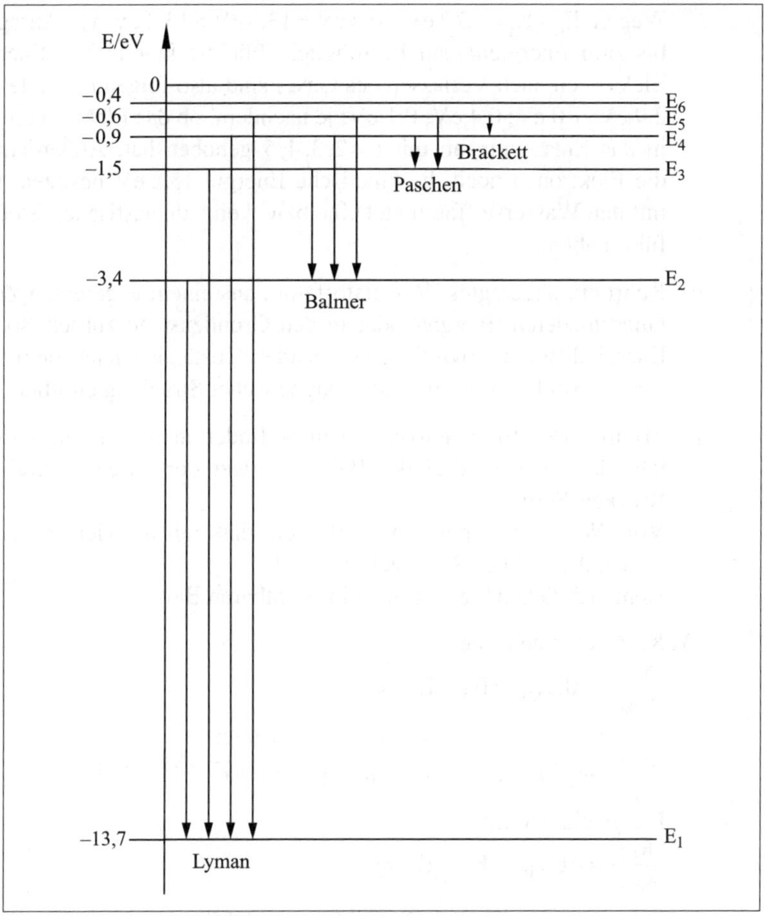

b) Durch die Beschleunigung mit der Spannung U = 13,2 V treffen die Elektronen mit der kinetischen Energie E_{kin} = 13,2 eV auf die Wasserstoffatome.

Anregung von/nach	kinetische Restenergie des Elektrons
$E_1 \rightarrow E_2$	13,2 eV − (13,7 eV − 3,4 eV) = 2,9 eV
$E_1 \rightarrow E_3$	13,2 eV − (13,7 eV − 1,5 eV) = 1,0 eV
$E_1 \rightarrow E_4$	13,2 eV − (13,7 eV − 0,9 eV) = 0,4 eV
$E_1 \rightarrow E_5$	13,2 eV − (13,7 eV − 0,6 eV) = 0,1 eV

Wegen $E_6 - E_1 = 13{,}7\,eV - 0{,}4\,eV = 13{,}3\,eV > 13{,}2\,eV$ ist Anregung nur bis zum Energieniveau E_5 möglich. Für die kinetischen Energien der Elektronen nach Verlassen des Gases sind also folgende Werte möglich: 2,9 eV; 1,0 eV; 0,4 eV; 0,1 eV; je nachdem, ob das Elektron ein H-Atom in das Energieniveau mit $n = 2, 3, 4, 5$ gehoben hat. Außerdem können die Elektronen noch die kinetische Energie 13,2 eV besitzen, wenn sie mit den Wasserstoffatomen keine bzw. keine unelastischen Stöße ausgeführt haben.

c) Kehrt ein angeregtes Wasserstoffatom aus einem angeregten Zustand in einen niederen Energie- oder in den Grundzustand zurück, so wird die Energiedifferenz zwischen den beiden Zuständen nach dem 2. Bohr'schen Postulat in Form elektromagnetischer Strahlung emittiert.

d) Mithilfe des Energieniveauschemas findet man zehn Emissionslinien. vier der Lyman-, drei der Balmer-, zwei der Paschen- und eine der Brackett-Serie.
Vom Wasserstoffspektrum weiß man, dass nur die vier energieärmsten Linien der Balmer-Serie sichtbar sind.
Demnach liegen hier 3 Linien im sichtbaren Bereich.

e) Kurzwelligste Linie:

$$\frac{h \cdot c}{\lambda_{min}} = \Delta E_{max} = E_5 - E_1 \Rightarrow$$

$$\Rightarrow \lambda_{min} = \frac{h \cdot c}{E_5 - E_1} = \frac{6{,}63 \cdot 10^{-34}\,J \cdot s \cdot 3{,}00 \cdot 10^8\,\frac{m}{s}}{(13{,}7 - 0{,}6) \cdot 1{,}60 \cdot 10^{-19}\,J} = 94{,}9\,nm$$

Langwelligste Linie:

$$\frac{h \cdot c}{\lambda_{max}} = \Delta E_{min} = E_5 - E_4 \Rightarrow$$

$$\Rightarrow \lambda_{max} = \frac{h \cdot c}{E_5 - E_4} = \frac{6{,}63 \cdot 10^{-34}\,J \cdot s \cdot 3{,}00 \cdot 10^8\,\frac{m}{s}}{(0{,}9 - 0{,}6) \cdot 1{,}60 \cdot 10^{-19}\,J} = 4{,}1\,\mu m$$

f) Photonen können Atome nur dann anregen, wenn ihre Energie exakt der Differenz zweier Energieniveaus des Atoms entspricht. Da dies für die Photonen mit $E = 13{,}2\,eV$ nach Teilaufgabe a nicht zutrifft, passieren die Photonen das Gas, ohne Wasserstoffatome anzuregen. Man beobachtet nichts.

176. Anregung von Wasserstoff mit Photonen

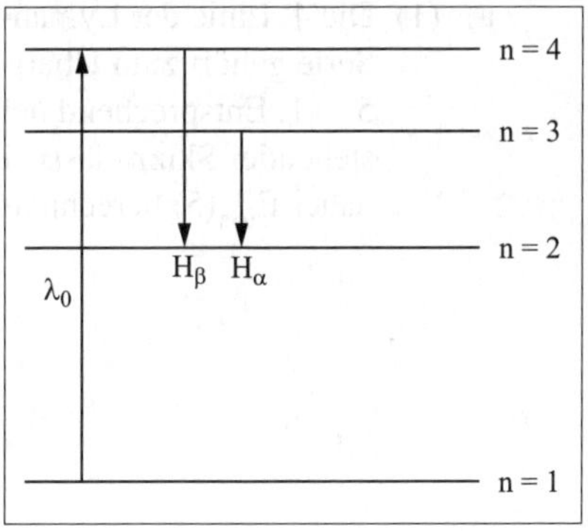

a) Da die H_β-Linie die 2. Linie der Balmer-Serie ist, regt die auftreffende Strahlung bis zum Energieniveau mit n = 4 an.

$$\left.\begin{array}{l} E_n = -\dfrac{R \cdot h \cdot c}{n^2} \\ \dfrac{h \cdot c}{\lambda_0} = E_4 - E_1 \end{array}\right\}$$

$$\Rightarrow \frac{h \cdot c}{\lambda_0} = \frac{R \cdot h \cdot c}{1^2} - \frac{R \cdot h \cdot c}{4^2}$$

$$\Rightarrow \frac{1}{\lambda_0} = \frac{R}{1^2} - \frac{R}{4^2} = \frac{15 \cdot R}{16}$$

$$\Rightarrow \lambda_0 = \frac{16}{15 \cdot R} = \frac{16}{15 \cdot 1{,}1 \cdot 10^7 \frac{1}{m}} = 9{,}7 \cdot 10^{-8}\,m$$

λ_0 entspricht im Emissionsspektrum der 3. Linie der Lyman-Serie.

b) Da einige H-Atome bis zum Energieniveau mit n = 4 angeregt werden, sind die Emissionslinien folgender Übergänge zu beobachten:
$4 \to 1$
$4 \to 2 / 2 \to 1$
$4 \to 3 / 3 \to 2 / 3 \to 1$
Insgesamt kann man also 6 Emissionslinien beobachten.
Zum energieärmsten Übergang $4 \to 3$ gehört die langwelligste Linie mit der Wellenlänge λ_{max}:

$$\frac{h \cdot c}{\lambda_{max}} = E_4 - E_3 = \frac{R \cdot h \cdot c}{3^2} - \frac{R \cdot h \cdot c}{4^2} \quad \Rightarrow \quad \frac{1}{\lambda_{max}} = \frac{R}{3^2} - \frac{R}{4^2} = \frac{7 \cdot R}{144}$$

$$\Rightarrow \lambda_{max} = \frac{144}{7 \cdot R} = \frac{144}{7 \cdot 1{,}1 \cdot 10^7 \frac{1}{m}} = 1{,}9 \cdot 10^{-6}\,m$$

c) Wegen des „Alles-oder-Nichts-Prinzips“ (vgl. Aufgabe 151 c) besitzt ein Photon in der auftreffenden Strahlung dann die Grenzwellenlänge λ_G, wenn es ein Wasserstoffatom aus dem Grundzustand in den Energiezustand mit n = 5 anregen kann.

$$\frac{h \cdot c}{\lambda_G} = E_5 - E_1 = \frac{R \cdot h \cdot c}{1^2} - \frac{R \cdot h \cdot c}{5^2} \quad \Rightarrow \quad \frac{1}{\lambda_G} = \frac{R}{1^2} - \frac{R}{5^2} = \frac{24 \cdot R}{25}$$

$$\Rightarrow \lambda_G = \frac{25}{24 \cdot R} = \frac{25}{24 \cdot 1{,}1 \cdot 10^7 \frac{1}{m}} = 9{,}5 \cdot 10^{-8}\,m$$

Alle Photonen mit Wellenlängen λ,
$\lambda_0 = 9{,}7 \cdot 10^{-8}\,m > \lambda > \lambda_G = 9{,}5 \cdot 10^{-8}\,m$,
ändern die Zahl der Linien im Emissionsspektrum nicht.

177. Ionisierung und Rekombination

a) (1) Die 4. Linie der Lyman-Serie gehört zum Übergang $5 \rightarrow 1$. Entsprechend nebenstehender Skizze lässt sich daher $E_{ion}(5)$ berechnen.

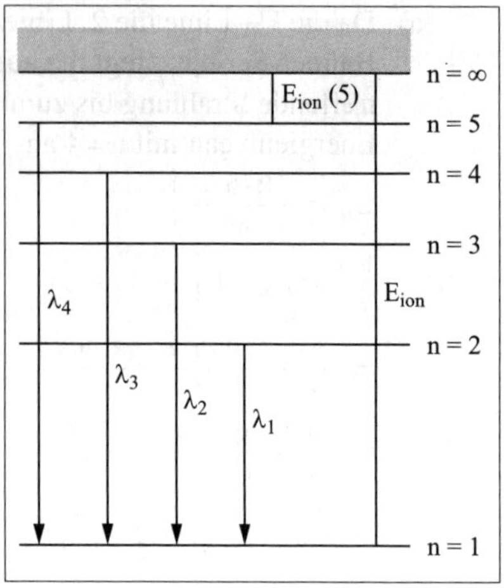

(2) $$E_{ion}(5) = E_{ion} - E_5$$
$$= E_{ion} - \frac{h \cdot c}{\lambda_4}$$
$$= 13{,}6\,\text{eV} - \frac{4{,}136 \cdot 10^{-15}\,\text{eV} \cdot \text{s} \cdot 3{,}00 \cdot 10^8\,\frac{\text{m}}{\text{s}}}{94{,}96 \cdot 10^{-9}\,\text{m}}$$
$$= 13{,}6\,\text{eV} - 13{,}1\,\text{eV}$$
$$= 0{,}5\,\text{eV}$$

b) Durch den Elektroneneinfang entsteht aus dem Proton ein Wasserstoffatom, das beim Übergang von $n = \infty$ auf $n = 1$ die größtmögliche Energie E_{ion} emittiert. Es gilt daher:

$$\frac{h \cdot c}{\lambda_{min}} = E_{max} = E_{ion} + 0{,}5\,\text{eV} \Rightarrow$$

$$\Rightarrow \lambda_{min} = \frac{h \cdot c}{E_{ion} + 0{,}5\,\text{eV}} = \frac{4{,}14 \cdot 10^{-15}\,\text{eV} \cdot \text{s} \cdot 3{,}00 \cdot 10^8\,\frac{\text{m}}{\text{s}}}{(13{,}6 + 0{,}5)\,\text{eV}} = 8{,}8 \cdot 10^{-8}\,\text{m}$$

178. Das Bohr'sche Korrespondenzprinzip

a) Bohrs Korrespondenzprinzip lautet: Die Aussagen der Quantenphysik gehen für große Quantenzahlen in die ihnen entsprechenden (korrespondierenden) Aussagen der klassischen Physik über.

b) T_n= Umlaufszeit auf der n-ten Quantenbahn

$$T_n = \frac{2 \cdot \pi \cdot r_n}{v_n};\ r_n = \frac{\varepsilon_0 \cdot h^2 \cdot n^2}{m \cdot e^2 \cdot \pi};\ v_n = \frac{e^2}{2 \cdot \varepsilon_0 \cdot h \cdot n} \Rightarrow T_n = \frac{2 \cdot \pi \cdot \varepsilon_0 \cdot h^2 \cdot n^2 \cdot 2 \cdot \varepsilon_0 \cdot h \cdot n}{m \cdot e^2 \cdot \pi \cdot e^2}$$

$$\left.\begin{array}{l} \Rightarrow T_n = \dfrac{4 \cdot \varepsilon_0^{\,2} \cdot h^3 \cdot n^3}{m \cdot e^4} \\ R = \dfrac{e^4 \cdot m}{8 \cdot \varepsilon_0^{\,2} \cdot h^3 \cdot c} \end{array}\right\} \Rightarrow T_n = \frac{n^3}{2 \cdot R \cdot c} \Rightarrow f_n = \frac{1}{T_n} = \frac{2 \cdot R \cdot c}{n^3}$$

c) Bohr'sches Postulat:

$$\left.\begin{array}{l} h \cdot f_{n+1,n} = E_{n+1} - E_n \\ E_n = -\dfrac{R \cdot h \cdot c}{n^2} \end{array}\right\} \Rightarrow$$

$$\Rightarrow h \cdot f_{n+1,n} = -\frac{R \cdot h \cdot c}{(n+1)^2} + \frac{R \cdot h \cdot c}{n^2} \Rightarrow$$

$$\Rightarrow f_{n+1,n} = R \cdot c \cdot \left(\frac{1}{n^2} - \frac{1}{(n+1)^2}\right) = R \cdot c \cdot \left(\frac{(n+1)^2 - n^2}{n^2 \cdot (n+1)^2}\right) = R \cdot c \cdot \frac{2 \cdot n + 1}{n^2 \cdot (n+1)^2}$$

d) Für sehr große Quantenzahlen n gilt:

$$f_{n+1,n} \overset{\text{Teilaufgabe c}}{=} R \cdot c \cdot \frac{2 \cdot n + 1}{n^2 \cdot (n+1)^2} = R \cdot c \cdot \frac{2 + \frac{1}{n}}{n \cdot (n+1) \cdot (n+1)}$$

$$\overset{\text{n sehr groß}}{\approx} R \cdot c \cdot \frac{2}{n \cdot n \cdot n} = \frac{2 \cdot R \cdot c}{n^3} \overset{\text{Teilaufgabe b}}{=} f_n$$

Für sehr große Werte von n gilt also $f_{n+1,n} \to f_n$, d. h. die quantenphysikalisch berechnete Strahlungsfrequenz stimmt mit der nach den Gesetzen der klassischen Physik berechneten Strahlungsfrequenz überein.

Hinweis:
Zwei weitere Beispiele für die Gültigkeit des Bohr'schen Korrespondenzprinzips finden Sie in der Aufgabe 188.

✸ 179. Der Isotopieeffekt

a) Bohr'sches Postulat:

$$\frac{h \cdot c}{\lambda} = E_{n_2} - E_{n_1} \Rightarrow$$

$$\Rightarrow \frac{h \cdot c}{\lambda} = -\frac{e^4 \cdot m}{8 \cdot \varepsilon_0^2 \cdot h^2} \cdot \frac{1}{n_2^2} + \frac{e^4 \cdot m}{8 \cdot \varepsilon_0^2 \cdot h^2 \cdot n_1^2} = \frac{e^4 \cdot m}{8 \cdot \varepsilon_0^2 \cdot h^2} \cdot \left(\frac{1}{n_1^2} - \frac{1}{n_2^2}\right) \Rightarrow$$

$$\Rightarrow \frac{1}{\lambda} = \frac{e^4 \cdot m}{8 \cdot \varepsilon_0^2 \cdot h^3 \cdot c} \cdot \left(\frac{1}{n_1^2} - \frac{1}{n_2^2}\right)$$

Durch einen Vergleich mit der allgemeinen Serienformel fürs Wasserstoffatom

$$\frac{1}{\lambda} = R \cdot \left(\frac{1}{n_1^2} - \frac{1}{n_2^2}\right)$$

ergibt sich:

$$R_{theor} = \frac{e^4 \cdot m}{8 \cdot \varepsilon_0^2 \cdot h^3 \cdot c}$$

b) $$R_{theor} = \frac{e^4 \cdot m}{8 \cdot \varepsilon_0^2 \cdot h^3 \cdot c}$$

$$= \frac{(1{,}6021 \cdot 10^{-19}\,\mathrm{A \cdot s})^4 \cdot 9{,}109 \cdot 10^{-31}\,\mathrm{kg}}{8 \cdot \left(8{,}8542 \cdot 10^{-12} \frac{\mathrm{A \cdot s}}{\mathrm{V \cdot m}}\right)^2 \cdot (6{,}6256 \cdot 10^{-34}\,\mathrm{J \cdot s})^3 \cdot 2{,}99793 \cdot 10^8 \frac{\mathrm{m}}{\mathrm{s}}}$$

$$= 1{,}0973 \cdot 10^7 \frac{1}{\mathrm{m}}$$

$$\frac{R_{theor} - R_{exp}}{R_{theor}} = \frac{1{,}0973 \cdot 10^7 \frac{1}{\mathrm{m}} - 1{,}0967758 \cdot 10^7 \frac{1}{\mathrm{m}}}{1{,}0973 \cdot 10^7 \frac{1}{\mathrm{m}}}$$

$$= 4{,}77 \cdot 10^{-4} \approx 0{,}5\,‰$$

c) Im Ansatz zur Herleitung der Beziehung $E_n = -\frac{e^4 \cdot m}{8 \cdot \varepsilon_0^2 \cdot h^2} \cdot \frac{1}{n^2}$ wurde für den Kern eine unendlich große Masse vorausgesetzt. Im Wasserstoffatom ist die Kernmasse aber nur 1 837-mal größer als die Elektronenmasse. Daher kreisen Kern und Elektron um einen gemeinsamen Schwerpunkt. Diese Mitbewegung des Kerns ist für den Unterschied zwischen R_{theor} und R_{exp} verantwortlich.

d) $$\frac{1}{\mu} = \frac{1}{m} + \frac{1}{m_K} = \frac{m_K + m}{m \cdot m_K} \Rightarrow \mu = \frac{m \cdot m_K}{m_K + m}$$

$$R^*_{theor} = \frac{e^4 \cdot \mu}{8 \cdot \varepsilon_0^2 \cdot h^3 \cdot c} = \frac{e^4 \cdot \frac{m \cdot m_K}{m_K + m}}{8 \cdot \varepsilon_0^2 \cdot h^3 \cdot c} = \frac{e^4 \cdot m}{8 \cdot \varepsilon_0^2 \cdot h^3 \cdot c} \cdot \frac{m_K}{m_K + m}$$

$$= R_{theor} \cdot \frac{m_K}{m_K + m} = R_{theor} \cdot \frac{1}{1 + \frac{m}{m_K}}$$

Zahlenwert:

$$R^*_{theor} = 1{,}0973 \cdot 10^7 \frac{1}{m} \cdot \frac{1}{1 + \frac{9{,}1094 \cdot 10^{-31}\,kg}{1{,}67262 \cdot 10^{-27}\,kg}}$$

$$= 1{,}0967 \cdot 10^7 \frac{1}{m}$$

$$\frac{R^*_{theor} - R_{exp}}{R^*_{theor}} = \frac{1{,}0967 \cdot 10^7 \frac{1}{m} - 1{,}0967758 \cdot 10^7 \frac{1}{m}}{1{,}0967 \cdot 10^7 \frac{1}{m}} = -6{,}9 \cdot 10^{-5}$$

Dieser Unterschied von ca. 0,07 ‰ beruht auf versuchsbedingten Messfehlern.

e) In dieser Teilaufgabe bezeichnen m, m_p, m_n die Ruhemassen des Elektrons, Protons, Neutrons. Dann gilt nach Teilaufgabe d:

$$\left.\begin{array}{l} \text{Wasserstoff: } R_H = R_{theor} \cdot \frac{1}{1 + \frac{m}{m_p}} \\ \text{Deuterium: } R_D = R_{theor} \cdot \frac{1}{1 + \frac{m}{m_p + m_n}} \\ \frac{m}{m_p} > \frac{m}{m_p + m_n} \Rightarrow \frac{1}{1 + \frac{m}{m_p}} < \frac{1}{1 + \frac{m}{m_p + m_n}} \end{array}\right\} \Rightarrow R_H < R_D$$

$$\left.\begin{array}{l} \frac{1}{\lambda_H} = R_H \cdot \left(\frac{1}{n_1^2} - \frac{1}{n_2^2}\right) \\ \frac{1}{\lambda_D} = R_D \cdot \left(\frac{1}{n_1^2} - \frac{1}{n_2^2}\right) \end{array}\right\} \overset{R_H < R_D}{\Rightarrow} \frac{1}{\lambda_H} < \frac{1}{\lambda_D} \Rightarrow \lambda_H > \lambda_D$$

Die Linien des Deuteriumspektrums sind also gegenüber den Linien des Wasserstoffspektrums blauverschoben.

f) Der Unterschied in den Kernmassen beträgt bei H und D ca. 100 %. Bei schwereren Kernen fällt der Kernmassenunterschied prozentual weit geringer aus. Daher unterschieden sich die Zahlenwerte des Terms $\frac{1}{1 + \frac{m}{m_K}}$ bei den Isotopen eines schweren chemischen Elements nur sehr geringfügig.

180. Wasserstoffähnliche Systeme I: (Z – 1)-fach ionisiertes Ion

a)

Ansatz für das H-Atom in Aufgabe 170	Ansatz für das (Z – 1)-fach ionisierte Atom
(1) $\frac{1}{4 \cdot \pi \cdot \varepsilon_0} \cdot \frac{e^2}{r_n} = \frac{m \cdot v_n^2}{r_n} \Rightarrow$	(1) $\frac{1}{4 \cdot \pi \cdot \varepsilon_0} \cdot \frac{Z \cdot e^2}{r_n} = \frac{m \cdot v_n^2}{r_n}$
(2) $2 \cdot \pi \cdot r_n \cdot m \cdot v_n^2 = n \cdot h \Rightarrow$	(2) $2 \cdot \pi \cdot r_n \cdot m \cdot v_n^2 = n \cdot h$

Daher können die Ergebnisse aus Aufgabe 170 sinngemäß übernommen werden, wenn man e^2 durch $Z \cdot e^2$ ersetzt. Daher gilt für das (Z–1)-fach ionisierte Ion:

$$E_n = -\frac{Z^2 \cdot e^4 \cdot m}{8 \cdot \varepsilon_0^2 \cdot h^2} \cdot \frac{1}{n^2}$$

b) Nach Aufgabe 170 gilt für die Geschwindigkeit des Elektrons auf der n-ten Quantenbahn:

$$v_n = \frac{Z \cdot e^2}{2 \cdot \varepsilon_0 \cdot h} \cdot \frac{1}{n}$$

Mit zunehmendem Z wird demnach auch v_n größer, sodass ab einer bestimmten Kernladungszahl wegen $v_n > \frac{c}{10}$ ein relativistischer Ansatz erforderlich ist.

c) Da das Elektron auf der ersten Quantenbahn die größte Geschwindigkeit hat, wird mit v_1 gerechnet.

$$v_1 = \frac{c}{10} \Leftrightarrow \frac{Z \cdot e^2}{2 \cdot \varepsilon_0 \cdot h} = \frac{c}{10}$$

$$\Leftrightarrow Z = \frac{2 \cdot \varepsilon_0 \cdot h \cdot c}{10 \cdot e^2} = \frac{2 \cdot 8{,}85 \cdot 10^{-12} \frac{A \cdot s}{V \cdot m} \cdot 6{,}63 \cdot 10^{-34}\, J \cdot s \cdot 3{,}0 \cdot 10^8 \frac{m}{s}}{10 \cdot (1{,}6 \cdot 10^{-19}\, A \cdot s)^2} = 13{,}75$$

Somit muss ab Z = 14, also ab Silicium, relativistisch gerechnet werden.

d) $$\frac{h\,c}{\lambda} = E_{n_2} - E_{n_1} \overset{\text{Teilaufgabe a}}{=} -\frac{Z^2 \cdot e^4 \cdot m}{8 \cdot \varepsilon_0^2 \cdot h^2} \cdot \frac{1}{n_2^2} + \frac{Z^2 \cdot e^4 \cdot m}{8 \cdot \varepsilon_0^2 \cdot h^2} \cdot \frac{1}{n_1^2}$$

$$= \frac{Z^2 \cdot e^4 \cdot m}{8 \cdot \varepsilon_0^2 \cdot h^2} \cdot \left(\frac{1}{n_1^2} - \frac{1}{n_2^2}\right) \Rightarrow \frac{1}{\lambda} = \frac{Z^2 \cdot e^4 \cdot m}{8 \cdot \varepsilon_0^2 \cdot h^3 \cdot c} \cdot \left(\frac{1}{n_1^2} - \frac{1}{n_2^2}\right) \qquad (*)$$

Mit der Rydbergkonstanten $R = \frac{e^4 \cdot m}{8 \cdot \varepsilon_0^2 \cdot h^3 \cdot c}$ lässt sich (*) schreiben:

$$\frac{1}{\lambda} = Z^2 \cdot R \cdot \left(\frac{1}{n_1^2} - \frac{1}{n_2^2}\right)$$

181. Wasserstoffähnliche Systeme II: Alkaliatome

a) Alkaliatome besitzen auf der äußersten, noch besetzten Schale nur ein einziges Elektron, das Valenzelektron, das alleine für Anregung und erste Ionisation infrage kommt. Für dieses Valenzelektron wird ein Teil der Z-fach positiven Ladung des Atomkerns durch die inneren, abgeschlossenen Elektronenschalen abgeschirmt; es „sieht" nur noch $(Z-\sigma)$ positive Elementarladungen des Kerns. Ersetzt man somit die Kernladungszahl durch $(Z-\sigma)$, so können Alkaliatome als Einelektronensysteme behandelt werden, wenn man die Wechselwirkung des Valenzelektrons mit anderen Atomelektronen vernachlässigt. Die dimensionslose Konstante σ gibt an, „wie viel positive Elementarladungen" des Kerns durch die inneren Elektronenschalen abgeschirmt werden.

b) Die Ergebnisse von Aufgabe 170 können analog zu Aufgabe 180 sinngemäß auf Alkaliatome übertragen werden, wenn e^2 durch $(Z-\sigma)\cdot e^2$ ersetzt wird. Daher gilt:

$$\left.\begin{aligned} E_n &= -\frac{(Z-\sigma)^2\cdot e^4\cdot m}{8\cdot\varepsilon_0^2\cdot h^2}\cdot\frac{1}{n^2} \\ R &= \frac{e^4\cdot m}{8\cdot\varepsilon_0^2\cdot h^3\cdot c} \Rightarrow R\cdot h\cdot c = \frac{e^4\cdot m}{8\cdot\varepsilon_0^2\cdot h^2} \end{aligned}\right\} \Rightarrow E_n = -(Z-\sigma)^2\cdot R\cdot h\cdot c\cdot\frac{1}{n^2}$$

c) Da beim Natriumatom die K- und die L-Schale voll besetzt sind, muss im Grundzustand für die Hauptquantenzahl $n = 3$ verwendet werden.

$$|E_{ion}| = (Z-\sigma)^2\cdot R\cdot h\cdot c\cdot\frac{1}{9} \Rightarrow Z-\sigma = \sqrt{\frac{9\cdot E_{ion}}{R\cdot h\cdot c}}$$

$$\Rightarrow \sigma = Z-\sqrt{\frac{9\cdot E_{ion}}{R\cdot h\cdot c}} = 11-\sqrt{\frac{9\cdot 5{,}12\,\mathrm{eV}}{1{,}10\cdot 10^7\,\frac{1}{\mathrm{m}}\cdot 4{,}14\cdot 10^{-15}\,\mathrm{eV\cdot s}\cdot 3{,}00\cdot 10^8\,\frac{\mathrm{m}}{\mathrm{s}}}} = 9{,}16$$

d) Setzt man voraus, dass die 2 Elektronen der K-Schale und die 8 Elektronen der L-Schale stets 9,16 Kernelementarladungen abschirmen, so lassen sich über

$$|E_{ion}| = (Z-\sigma)^2\cdot R\cdot h\cdot c\cdot\frac{1}{9}$$

die Ionisierungsenergien aller Ionen berechnen, die außer einer voll besetzten K- und L-Schale nur noch ein Elektron auf der M-Schale haben, also z. B. Mg^+, Al^{++}, Si^{+++}, P^{++++}, …

e) $$\begin{aligned} E_{min} &= (Z-\sigma)^2\cdot R\cdot h\cdot c\cdot\frac{1}{9} \\ &= (12-9{,}16)^2\cdot 1{,}10\cdot 10^7\,\frac{1}{\mathrm{m}}\cdot 6{,}63\cdot 10^{-34}\,\mathrm{J\cdot s}\cdot 3{,}00\cdot 10^8\,\frac{\mathrm{m}}{\mathrm{s}}\cdot\frac{1}{9} \\ &= 1{,}96\cdot 10^{-18}\,\mathrm{J} = 12{,}3\,\mathrm{eV} \end{aligned}$$

Hinweise:

1. Aus der in Teilaufgabe b hergeleiteten Energiebeziehung ergäbe sich die allgemeine Serienformel für Alkaliatome zu:
$\frac{1}{\lambda} = (Z-\sigma)^2 \cdot R \cdot \left(\frac{1}{n_1^2} - \frac{1}{n_2^2}\right) \quad n_2 = n_1+1, n_1+2, \ldots$
Versuche zeigen jedoch, dass
$\frac{1}{\lambda} = (Z-\sigma)^2 \cdot R \cdot \left(\frac{1}{(n_1+s)^2} - \frac{1}{(n_2+p)^2}\right) \quad n_2 = n_1+1, n_1+2, \ldots$
Dabei sind s, p kleine Zahlen von der Größenordnung 0,1, die innerhalb einer Serie konstant sind und Rydbergkorrektionen heißen. Sie sind ein Maß für die Störung des Valenzelektrons durch die anderen Elektronen, die man unter dem Begriff Elektronenrumpf zusammenfasst.
2. Wie grob die Näherungen bei der Berechnungen von E_{min} in Teilaufgabe e sind, zeigt der gemessene Wert von 15 eV gegenüber dem berechneten von 12,3 eV.

182. Wasserstoffähnliche Systeme III: Myonenatome

a) Kräftebilanz: $F_{Coulomb} = F_{Zentripetal} \Leftrightarrow \frac{1}{4 \cdot \pi \cdot \varepsilon_0} \cdot \frac{Z \cdot e^2}{r_n} = \frac{m_\mu \cdot v_n^2}{r_n}$

Quantenbedingung: $2 \cdot \pi \cdot r_n \cdot m_\mu \cdot v_n = n \cdot h$

(beide Gleichungen) analog zu Aufgabe 170 $\Rightarrow$

$$\Rightarrow r_n = \frac{\varepsilon_0 \cdot h^2}{m_\mu \cdot Z \cdot e^2 \cdot \pi} \cdot n^2$$

$$\Rightarrow r_1 = \frac{8{,}85 \cdot 10^{-12} \frac{A \cdot s}{V \cdot m} \cdot (6{,}63 \cdot 10^{-34}\,J \cdot s)^2}{207 \cdot 9{,}1 \cdot 10^{-31}\,kg \cdot (1{,}6 \cdot 10^{-19} A \cdot s)^2 \cdot \pi \cdot Z} = 2{,}6 \cdot 10^{-13}\,m \cdot \frac{1}{Z}$$

b) Nach Teilaufgabe a gilt für den Radius der 1. Quantenbahn des Pb-Myonenatoms:

$r_{1_{Pb}} = 2{,}6 \cdot 10^{-13}\,m \cdot \frac{1}{82} = 3{,}2 \cdot 10^{-15}\,m$

Für den Kernradius r_K des Bleikerns gilt:

$r_K = r_0 \cdot \sqrt[3]{A} = 1{,}4 \cdot 10^{-15}\,m \cdot \sqrt[3]{207} = 8{,}3 \cdot 10^{-15}\,m$

Der Radius der ersten Quantenbahn des Pb-Myonenatoms ist also **kleiner** als der Kernradius des Bleiatoms. Allgemein stellt man bei Myonenatomen eine Übereinstimmung der Größenordnungen für die erste Quantenbahn und den Kernradius fest.

Die endliche Ausdehnung des Atomkerns bewirkt daher deutlich messbare Energieverschiebungen gegenüber einem Atom mit „Kernpunktladung“. Aus diesen Energieverschiebungen myonischer Atome lassen sich Rückschlüsse auf die Form des Atomkerns ziehen.

183. Energiebetrachtungen am Heliumatom

a) Da sich beide Elektronen auf dem gleichen Energieniveau E_1 befinden und zur Abtrennung insgesamt $24\,eV + 54\,eV = 78\,eV$ nötig sind, beträgt $E_1 = -\frac{78\,eV}{2} = -39\,eV$.

b) Durch die Abtrennung eines Elektrons entfällt die Abstoßung zwischen den beiden Elektronen, das verbleibende Elektron ist also fester gebunden.

184. Vorzüge und Mängel des Bohr'schen Atommodells

Die **Vorzüge** des Bohr'schen Atommodells sind:

- Es trägt als erstes Modell der Tatsache Rechnung, dass die klassische Physik nicht in der Lage ist, das Verhalten von Atomen richtig zu beschreiben.
- Es erklärt alle Emissions- und Absorptionsvorgänge richtig als Energieänderungen des Valenzelektrons.
- Die allgemeine Serienformel des Wasserstoffemissionsspektrums lässt sich damit theoretisch sehr genau herleiten.
- Rydbergkonstante und Ionsierungsenergie des Wasserstoffs lassen sich damit durch Naturkonstante ausdrücken.
- Der Durchmesser des Wasserstoffatoms wird größenordnungsmäßig richtig bestimmt.
- Die Spektren wasserstoffähnlicher Atome und Ionen lassen sich damit relativ genau berechnen.
- Das Moseley-Gesetz lässt sich damit theoretisch herleiten.

Die wesentlichen **Mängel** des Bohr'schen Atommodells sind:

- Die Bohr'schen Postulate sind im Rahmen der klassischen Physik unverständlich und erscheinen willkürlich.
- Der klassische Begriff „Bahn" setzt eine genaue Kenntnis des Ortes (also $\Delta x = 0$) und eine genaue Kenntnis der Geschwindigkeit und damit des Impulses (also $\Delta p_x = 0$) zur gleichen Zeit voraus. Dies widerspricht der Heisenberg'schen Unschärferelation.
- Die Behandlung von Mehrelektronensystemen mittels der Bohr'schen Theorie führt zu Widersprüchen.
- Die Gestalt des Wasserstoffatoms ist im Bohr'schen Modell eine Scheibe, keine Kugel.
- Das Bohr'sche Modell kann keine Aussagen über die Intensität oder die Polarisation der vom Wasserstoffatom emittierten Strahlung machen.
- Das Bohr'sche Modell liefert die magnetischen Eigenschaften der Atome nicht richtig.

185. Das Modell des linearen eindimensionalen Potenzialtopfs

a) Ein Teilchen ist dann gebunden, wenn es sich nur innerhalb eines bestimmten Raumbereichs aufhalten kann.

b) Das Modell des linearen, eindimensionalen Potenzialtopfs der Länge L mit unendlich hohen Wänden beschreibt folgenden Spezialfall eines gebundenen Teilchens: Das Teilchen kann sich nur längs einer Geraden zwischen zwei Umkehrpunkten bei $x = 0$ und $x = L$ so bewegen, dass gilt:

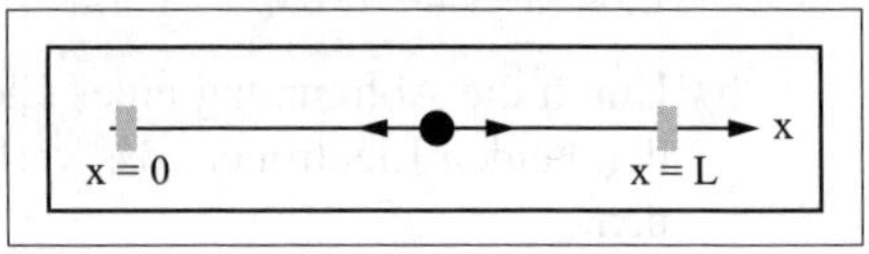

- Es hält sich nie außerhalb des Intervalls [0; L] auf, für seine x-Koordinaten gilt also stets $0 < x < L$.
- Zwischen den Umkehrpunkten bewegt es sich kräftefrei.
- In den Umkehrpunkten stößt es mit einer unendlich großen Masse zentral und vollelastisch zusammen.

c) Die in b genannten Bedingungen sind erfüllt, wenn für die potenzielle Energie E_{pot} des Teilchens gilt:

- Zwischen den Wänden ist E_{pot} konstant (üblicherweise setzt man $E_{pot} = 0$).
- An den Umkehrpunkten nimmt E_{pot} sprunghaft unendlich große Werte an.

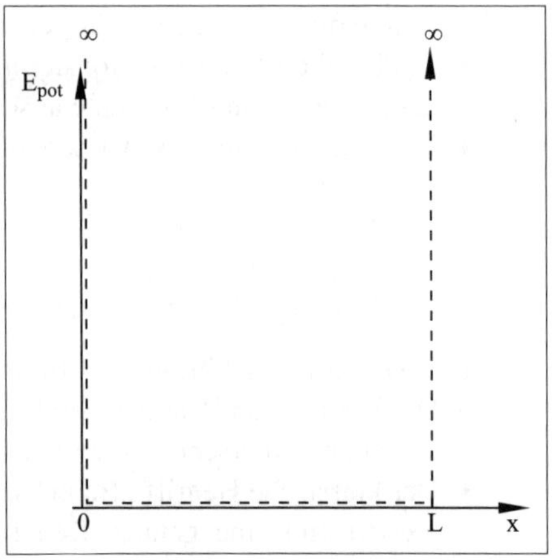

186. Aussagen der klassischen Physik und der Quantenphysik über ein Teilchen im Potenzialtopf

a) Klassische Physik:

- elektrisch neutrales Teilchen (z. B. Neutron): Das Teilchen kann jede beliebige Bewegungsenergie besitzen. Es pendelt mit unverändertem Geschwindigkeitsbetrag zwischen den Wänden hin und her. Zwischen den Wänden bewegt es sich geradlinig gleichförmig. Die Wahrscheinlichkeit, das Teilchen an einem Ort x innerhalb eines Ortsintervalls der Länge Δx anzutreffen ist für alle x, $0 < x < L$ gleich groß.
- elektrisch geladenes Teilchen (z. B. Elektron): Das Teilchen kann zunächst jede beliebige Bewegungsenergie besitzen. Da ein Stoß des Teilchens gegen die Wand aber mit positiven und negativen Beschleunigungen verbunden ist, führen die Stöße zur Emission einer elektromagnetischen Strahlung. (Beschleunigte Ladungen strahlen in der klassischen Physik elektromagnetische Energie ab.) Das geladene Teilchen verliert daher seine Bewegungsenergie durch Strahlung und kommt zur Ruhe.

b) Quantenmechanik: Die dem geladenen oder ungeladenen Teilchen zugeordnete Materiewelle kann zwischen den Wänden nur dann existieren, wenn sich eine stehende Welle ausbildet. Andernfalls würde sie sich durch Interferenz selbst auslöschen. Die Folgen stehender Materiewellen sind:

- Die Bewegungsenergie des Teilchens kann nie null sein.
- Die Bewegungsenergie des Teilchens ist quantisiert. Es kann also Energie nur in bestimmten Portionen aufnehmen oder abgeben.
- Es gibt nur eine diskrete Menge so genannter stationärer Zustände, in denen auch ein elektrisch geladenes Teilchen nicht strahlt.

187. Energiequantelung im Potenzialtopf

a) Für die nichtrelativistische kinetische Energie E_{kin} eines Teilchens der Masse m und der Materiewellenlänge λ gilt:

$$\left.\begin{array}{l} E_{kin} = \frac{1}{2} \cdot m \cdot v^2 = \frac{m^2 \cdot v^2}{2 \cdot m} = \frac{p^2}{2 \cdot m} \\ \lambda = \frac{h}{m \cdot v} = \frac{h}{p} \Rightarrow p = \frac{h}{\lambda} \end{array}\right\} \Rightarrow E_{kin} = \frac{h^2}{2 \cdot m \cdot \lambda^2}$$

Die dem Teilchen zugeordnete Materiewelle ist eine stehende Welle mit Knoten an den Wänden. Für die Wellenlänge gilt daher:

$$n \cdot \frac{\lambda_n}{2} = L \Rightarrow \lambda_n = \frac{2 \cdot L}{n} \quad \text{mit } n \in \mathbb{N}$$

Die Quantelung $\lambda_n = \frac{2 \cdot L}{n}$ der Materiewellenlängen ist also wegen der Beziehung $E_{kin} = \frac{h^2}{2 \cdot m \cdot \lambda^2}$ die Ursache für die Quantelung der kinetischen Energie.

$$\left.\begin{array}{l} E_{kin} = \dfrac{h^2}{2 \cdot m \cdot \lambda^2} \\ \lambda_n = \dfrac{2 \cdot L}{n} \quad n \in \mathbb{N} \end{array}\right\} \Rightarrow E_{kin,n} = \frac{h^2}{2 \cdot m \cdot \left(\frac{2 \cdot L}{n}\right)^2} = \frac{h^2}{8 \cdot m \cdot L^2} \cdot n^2$$

b)

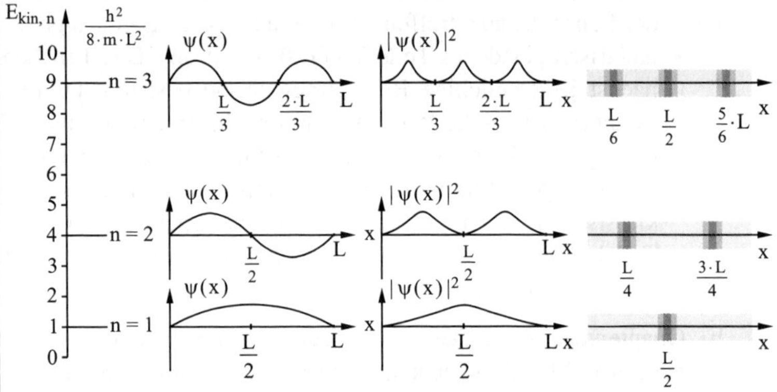

Energieniveaus	Wellenfunktion	Wahrscheinlichkeitsdichte $\lvert\psi(x)\rvert^2$: Die vom Graphen und der x-Achse eingeschlossenen Flächen haben jeweils Betrag 1.	Veranschaulichung der Wahrscheinlichkeitsdichte: Je dichter die Punkte in einem Intervall $[x; x + \Delta x]$ liegen, desto größer ist die Wahrscheinlichkeit, das Teilchen in diesem Intervall „anzutreffen“.

c) $h \cdot f = E_{n_2} - E_{n_1} = \frac{h^2}{8 \cdot m \cdot L^2} \cdot n_2^2 - \frac{h^2}{8 \cdot m \cdot L^2} \cdot n_1^2 = \frac{h^2}{8 \cdot m \cdot L^2} \cdot (n_2^2 - n_1^2)$

$\Rightarrow f_{n_2, n_1} = \frac{h}{8 \cdot m \cdot L^2} \cdot (n_2^2 - n_1^2) \quad n_2, n_1 \in \mathbb{N}$

188. Bohr’sches Korrespondenzprinzip und Potenzialtopf

Nach der klassischen Physik bewegt sich ein elektrisch neutrales Teilchen zwischen den starren Wänden geradlinig gleichförmig, stets mit dem gleichen Geschwindigkeitsbetrag. Die Aufenthaltswahrscheinlichkeit des Teilchens ist somit nach der klassischen Physik für jedes Intervall $[x, x + \Delta x]$ innerhalb des Potenzialtopfs gleich groß.

Je größer die Quantenzahl n ist, desto mehr Knoten und Bäuche besitzt die Wellenfunktion $\psi(x)$ und desto gleichmäßiger sind die Maxima der Aufenthaltswahrscheinlichkeitsdichte $|\psi(x)|^2$ über das Intervall [0; L] verteilt. Für extrem hohe Quantenzahlen ist das Teilchen demnach in jedem Intervall $[x, x+\Delta x]$ innerhalb des Potenzialtopfs gleich häufig anzutreffen.

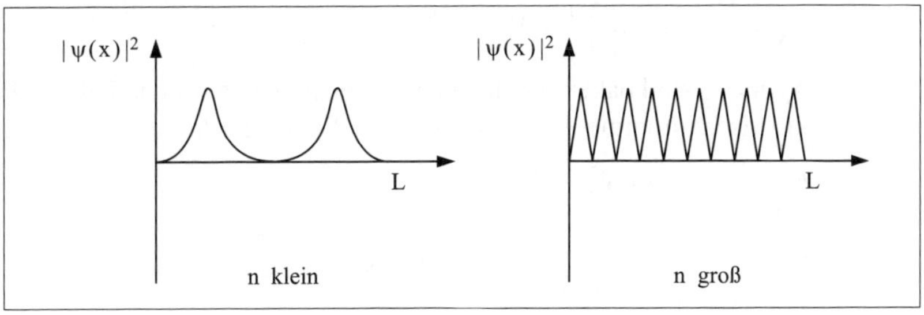

Hinweis:
Obiges Ergebnis steht im Einklang mit dem Bohr'schen Korrespondenzprinzip.
Nachfolgend ein weiteres Beispiel für die Gültigkeit dieses Prinzips am linearen Potenzialtopf:
Für den Geschwindigkeitsbetrag v des Teilchens im Topf gilt:

$$v = \frac{p}{m} = \frac{h}{m \cdot \lambda}; \ \lambda = \frac{2 \cdot L}{n} \ \Rightarrow \ v = \frac{h \cdot n}{2 \cdot m \cdot L}$$

Für den Weg $s = 2 \cdot L$ braucht es die Zeit

$$T = \frac{s}{v} = \frac{2 \cdot L \cdot 2 \cdot m \cdot L}{h \cdot n} = \frac{4 \cdot m \cdot L^2}{h \cdot n}$$

Die Frequenz f_K der Pendelbewegung des Teilchens und damit die Frequenz der nach der klassischen Physik emittierten elektromagnetischen Strahlung beträgt:

$$f_K = \frac{1}{T} = \frac{h \cdot n}{4 \cdot m \cdot L^2}$$

Quantenmechanisch ergibt sich die Frequenz f_Q der bei einem Quantensprung von E_{n+1} auf E_n emittierten elektromagnetischen Strahlung zu:

$$h \cdot f_Q = E_{n+1} - E_n = \frac{h^2}{8 \cdot m \cdot L^2} \cdot (n+1)^2 - \frac{h^2}{8 \cdot m \cdot L^2} \cdot n^2 = \frac{h^2}{8 \cdot m \cdot L^2} \cdot ((n+1)^2 - n^2)$$

$$= \frac{h^2}{8 \cdot m \cdot L^2} \cdot (2 \cdot n + 1)$$

$$\Rightarrow \ f_Q = \frac{h}{8 \cdot m \cdot L^2} \cdot (2 \cdot n + 1)$$

Bei sehr großem n gilt:

$2n + 1 \approx 2n$ und somit $f_Q = \frac{h \cdot n}{4 \cdot m \cdot L^2}$

Für sehr große Quantenzahlen stimmt also die „quantenmechanische Frequenz" f_Q mit der klassischen Frequenz f_K überein.

189. Der dreidimensionale Potenzialtopf als Modell für Atomhülle und Atomkern

a) Im dreidimensionalen Potenzialtopf kann sich in jede Raumrichtung eine stehende Welle ausbilden. Für die Wellenlängen λ_x, λ_y, λ_z in x-, y-, z-Richtung gilt analog zum linearen Potenzialtopf:

$$\lambda_x = \frac{2 \cdot L}{n_x};\ \lambda_y = \frac{2 \cdot L}{n_y};\ \lambda_z = \frac{2 \cdot L}{n_z}$$

n_x, n_y, n_z sind dabei voneinander unabhängige natürliche Zahlen. Für die kinetische Energie des Teilchens in x-Richtung gilt:

$$\left.\begin{array}{l} E_{kin,\,n_x} = \frac{1}{2} \cdot m \cdot v_x^2 = \frac{p_x^2}{2 \cdot m} \\ \left.\begin{array}{l} p_x = \frac{h}{\lambda_x} \\ \lambda_x = \frac{2 \cdot L}{n_x} \end{array}\right\} \Rightarrow p_x = \frac{h \cdot n_x}{2 \cdot L} \end{array}\right\} \Rightarrow E_{kin,\,n_x} = \frac{h^2 \cdot n_x^2}{8 \cdot m \cdot L^2}$$

Analog findet man die kinetischen Energien in y- und z-Richtung. Für die Gesamtenergie $E_{kin,\,n_x,\,n_y,\,n_z}$ gilt:

$$E_{kin,\,n_x,\,n_y,\,n_z} = E_{kin,\,n_x} + E_{kin,\,n_y} + E_{kin,\,n_z}$$

$$= \frac{h^2 \cdot n_x^2}{8 \cdot m \cdot L^2} + \frac{h^2 \cdot n_y^2}{8 \cdot m \cdot L^2} + \frac{h^2 \cdot n_z^2}{8 \cdot m \cdot L^2} = \frac{h^2}{8 \cdot m \cdot L^2} \cdot (n_x^2 + n_y^2 + n_z^2)$$

b) Im Atom befindet sich ein Elektron in einem gebundenen Zustand. Sein Aufenthaltsbereich wird durch das elektrische Coulombfeld des Atomkerns begrenzt.
Auch ein Nukleon (Proton oder Neutron) im Atomkern ist gebunden. Sein Aufenthaltsbereich wird durch die Kernkräfte begrenzt.
Im Modell des dreidimensionalen, linearen Potenzialtopfs wird dieser Begrenzung des Aufenthaltsbereichs eines Teilchens der Masse m Rechnung getragen.
Der Verlauf der potenziellen Energie ist in diesem Modell jedoch sehr stark vereinfacht, sodass die mit diesem Modell gefundenen nummerischen Werte höchstens größenordnungsmäßig mit experimentell gefundenen Werten übereinstimmen können.

c) Atomhülle:
$L = \text{Atomdurchmesser} \approx 10^{-10}\,\text{m}$
$m = \text{Ruhemasse des Elektrons} = 9{,}1 \cdot 10^{-31}\,\text{kg}$
Das Elektron besitzt dann im Potenzialwürfel mindestens die Energie:

$$E_1 = \frac{h^2}{8 \cdot m \cdot L^2} \cdot (1^2 + 1^2 + 1^2) \approx \frac{(6{,}63 \cdot 10^{-34}\,\text{J} \cdot \text{s})^2}{8 \cdot 9{,}1 \cdot 10^{-31}\,\text{kg} \cdot (10^{-10}\,\text{m})^2} \cdot 3$$

$$= 1{,}8 \cdot 10^{-17}\,\text{J} = 1{,}1 \cdot 10^2\,\text{eV}$$

Größenordnung: ca. 100 eV
Atomkern:
L = Kerndurchmesser ≈ 10^{-14} m
m = Ruhemasse des Nukleons = $1{,}7 \cdot 10^{-27}$ kg
Das Nukleon besitzt dann im Potenzialwürfel mindestens die Energie:

$$E_1 = \frac{h^2}{8 \cdot m \cdot L^2} \cdot (1^2+1^2+1^2) \approx \frac{(6{,}63 \cdot 10^{-34}\,J \cdot s)^2}{8 \cdot 1{,}7 \cdot 10^{-27}\,kg \cdot (10^{-14}\,m)^2} \cdot 3$$

$$= 9{,}7 \cdot 10^{-13}\,J = 6{,}1 \cdot 10^6\,eV$$

Größenordnung: einige MeV
Vergleich: Energieumsetzungen im Atomkern sind um den Faktor 10 000 größer als Energieumsetzungen in der Atomhülle.

190. Bohr'scher Radius und Heisenberg'sche Unschärferelation

a) Unschärferelation:

$$\left.\begin{array}{l} \Delta r \cdot \Delta p \approx \frac{h}{2 \cdot \pi} \\ \Delta r \approx r \text{ und } \Delta p \approx p \end{array}\right\} \Rightarrow r \cdot p \approx \frac{h}{2 \cdot \pi} \Rightarrow p \approx \frac{h}{2 \cdot \pi \cdot r} \qquad (*)$$

$$E_{kin} = \frac{1}{2} \cdot m \cdot v^2 = \frac{p^2}{2 \cdot m} \overset{(*)}{=} \frac{\left(\frac{h}{2 \cdot \pi \cdot r}\right)^2}{2 \cdot m} = \frac{h^2}{8 \cdot m \cdot \pi^2 \cdot r^2}$$

b)

$$\left.\begin{array}{l} E_{ges} = E_{kin} + E_{pot} \\ \text{Teilaufgabe a: } E_{kin} = \frac{h^2}{8 \cdot m \cdot \pi^2 \cdot r^2} \\ E_{pot} = -\frac{e^2}{4 \cdot \pi \cdot \varepsilon_0 \cdot r} \end{array}\right\} \Rightarrow$$

$$\Rightarrow E_{ges}(r) = \frac{h^2}{8 \cdot m \cdot \pi^2 \cdot r^2} - \frac{e^2}{4 \cdot \pi \cdot \varepsilon_0 \cdot r}$$

$$= \frac{(4{,}14 \cdot 10^{-15}\,eV \cdot s)^2}{8 \cdot 9{,}1 \cdot 10^{-31}\,kg \cdot \pi^2} \cdot \frac{1}{r^2} - \frac{(1{,}6 \cdot 10^{-19}\,A \cdot s)^2}{4 \cdot \pi \cdot 8{,}85 \cdot 10^{-12} \frac{A \cdot s}{V \cdot m}} \cdot \frac{1}{r}$$

$$= 3{,}82 \cdot 10^{-20}\,eV \cdot m^2 \cdot \frac{1}{r^2} - 1{,}44 \cdot 10^{-9}\,eV \cdot m \cdot \frac{1}{r}$$

c)

r in 10^{-10} m	0,25	0,50	0,75	1,00	1,25	1,50
$E_{ges}(r)$ in eV	3,5	–13,5	–12,4	–10,6	–9,1	–7,9

r in 10^{-10} m	1,75	2,00	2,25	2,50	2,75	3,00
$E_{ges}(r)$ in eV	–7,0	–6,3	–5,7	–5,2	–4,7	–4,4

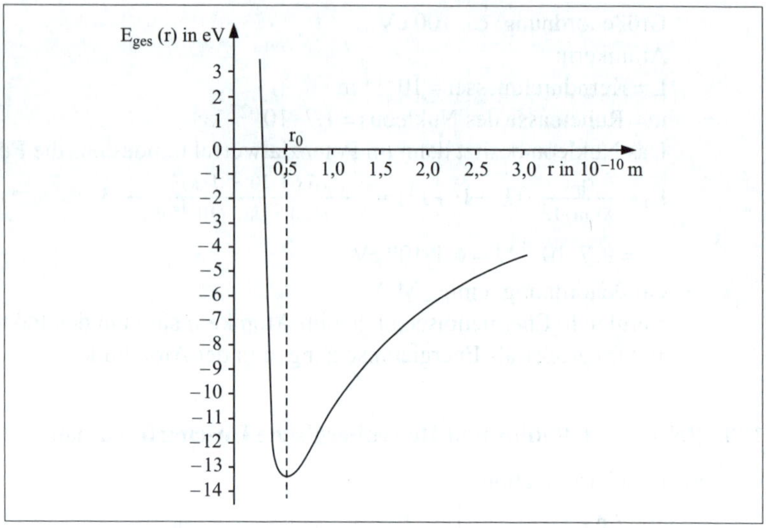

d) Unter allen dem Ansatz nach möglichen Atomradien r ist r_0 derjenige, für den die Energie des Atoms am kleinsten ist, für den das Atom also am stabilsten ist. r_0 ist daher der Radius, der sich bei jedem Wasserstoffatom von alleine einstellt. r_0 ist der Atomradius des Wasserstoffatoms im Grundzustand.

e) Aus

$$E_{ges}(r) = \frac{h^2}{8 \cdot m \cdot \pi^2 \cdot r^2} - \frac{e^2}{4 \cdot \pi \cdot \varepsilon_0 \cdot r}$$

ergibt sich die 1. Ableitung:

$$E'_{ges}(r) = \frac{-h^2}{4 \cdot m \cdot \pi^2} \cdot \frac{1}{r^3} + \frac{e^2}{4 \cdot \pi \cdot \varepsilon_0} \cdot \frac{1}{r^2}$$

notwendige Bedingung für ein relatives Minimum an der Stelle $r = r_0$:

$$E'_{ges}(r_0) = 0 \Rightarrow \frac{-h^2}{4 \cdot m \cdot \pi^2} \cdot \frac{1}{r_0^3} + \frac{e^2}{4 \cdot \pi \cdot \varepsilon_0} \cdot \frac{1}{r_0^2} = 0 \Rightarrow r_0 = \frac{\varepsilon_0 \cdot h^2}{m \cdot \pi \cdot e^2}$$

f) $F_{Coulomb} = F_{zentripetal}$: $\quad \frac{e^2}{4 \cdot \pi \cdot \varepsilon_0} \cdot \frac{1}{r_1^2} = \frac{m \cdot v_1^2}{r_1} \Rightarrow v_1^2 = \frac{e^2}{4 \cdot \pi \cdot \varepsilon_0 \cdot m \cdot r_1}$

Quantenbedingung für die 1. Quantenbahn: $\quad 2 \cdot \pi \cdot r_1 \cdot m \cdot v_1 = h \Rightarrow v_1^2 = \frac{h^2}{4 \cdot \pi^2 \cdot m^2 \cdot r_1^2}$ $\quad \Rightarrow$

$$\Rightarrow \frac{e^2}{4 \cdot \pi \cdot \varepsilon_0 \cdot m \cdot r_1} = \frac{h^2}{4 \cdot \pi^2 \cdot m^2 \cdot r_1^2} \Rightarrow r_1 = \frac{\varepsilon_0 \cdot h^2}{m \cdot \pi \cdot e^2}$$

Sowohl aus Bohrs Theorie als auch aus Heisenbergs Unschärferelation ergibt sich der gleiche Ausdruck für den Atomradius des im Grundzustand befindlichen Wasserstoffatoms.

Hinweis:
In dieser Aufgabe erkennt man sehr schön, wie die Quantenmechanik das Stabilitätsproblem des Atoms löst:
Das Elektron stürzt nicht in den Kern, weil nach der Heisenberg'schen Unschärferelation die Unschärfe des Impulses und damit die kinetische Energie des Elektrons zunimmt, wenn sich die Elektronenwelle enger um den Kern zusammenzieht. Wie Sie dem Graph in Teilaufgabe c entnehmen können, ist dies mit einem Energieanstieg verbunden. Nur wenn der Abstand des Elektrons vom Kern ca. 10^{-10} m beträgt, ist die Summe aus der kinetischen und der potenziellen Energie, also die Gesamtenergie, minimal.

191. Orbitalmodell

a) Das an den Atomkern durch elektrostatische Kräfte gebundene Elektron durchläuft quantenmechanisch gesehen, im Gegensatz zur Bohr'schen Theorie, keine Bahnen. Wie bei allen gebundenen Teilchen ist die dem Elektron zugeordnete Materiewelle – ähnlich wie beim Teilchen im linearen, eindimensionalen Potenzialtopf – eine stehende Welle, deren Amplitudenquadrat einen räumlichen Bereich in der Atomhülle festlegt, in dem das Elektron mit positiver Wahrscheinlichkeitsdichte anzutreffen ist. Diese Bereiche der Atomhülle, auf die sich die Aufenthaltswahrscheinlichkeit für das Elektron konzentriert, heißen Orbitale.

b) Je größer im linearen Potenzialtopf die Anzahl der Knoten der Wellenfunktion ist, desto kürzer ist die Wellenlänge und desto größer ist die kinetische Energie des Teilchens. Diese Aussage gilt sinngemäß auch für die dreidimensionalen Orbitale. Je mehr Knotenflächen ein Orbital aufweist, umso kleiner wird die zugehörige Materiewellenlänge und umso größer ist die Energie des Elektrons in dem durch das Orbital festgelegten stationären Zustand.

192. Rückschlüsse auf den Schalenaufbau der Atomhülle

a) Auf der K-Schale eines Atoms können nach dem Pauliprinzip maximal 2 Elektronen Platz finden, auf der L-Schale maximal 8, auf der M-Schale maximal 18. Somit sind von den 10 Elektronen des Neons die K- und die L-Schale voll besetzt, das letzte der 11 Elektronen des Natriums findet also nur noch auf der M-Schale Platz. Dies erklärt das sprunghafte Anwachsen des Atomvolumens von Neon auf Natrium. Alle in der gegebenen Reihe dem Natrium folgenden Elemente können weitere Elektronen in die M-Schale einfüllen; mit der Auffüllung einer neuen Schale braucht nicht begonnen zu werden. Weitere sprunghafte Veränderungen des Atomvolumens sind daher in der Reihe nicht mehr zu erwarten. Infolge der wachsenden Kernladungszahl werden die Elektronen aber stärker zum Kern gezogen, der Atomradius wird kleiner.

b) Von Neon auf Natrium fällt die Ionisationsenergie sprunghaft ab, um dann bis Ar wieder größere Werte anzunehmen. Die Anziehungskraft des Kerns auf die Elektronen nimmt nämlich mit wachsendem Abstand der Elektronen vom Kern ab. Daher ist die Ionisationsenergie eines Atoms umso kleiner, je größer der Atomradius ist. Die Aussage über die Ionisationsenergien ergibt sich hiernach unmittelbar aus den Feststellungen über das Atomvolumen und damit den Atomradius aus Teilaufgabe a.

Hinweis:
Die Besetzungszahlen für die einzelnen Schalen eines beliebigen Atoms finden Sie in der Formelsammlung im Periodensystem der Elemente.

193. Die Röntgenröhre und ihr Emissionsspektrum

a) In einem gut evakuierten Hartglaszylinder sind eine Glühkathode K und eine massive Anode A (auch Antikathode genannt) eingeschmolzen. Die durch Glühemission bei K freigesetzten Elektronen werden

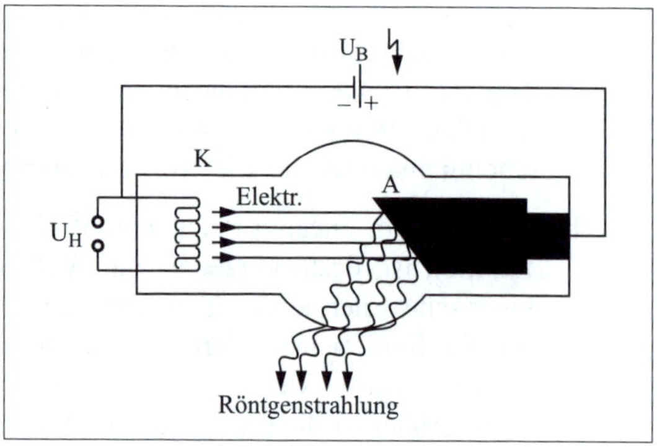

durch die Hochspannung U_B (je nach Art der Röhre von 10 kV bis über 1 MV) beschleunigt. Die Röntgenstrahlen entstehen beim Aufprall der Elektronen auf die Anode.

b) Die aus der Röhre austretende Strahlung trifft in definierter Richtung auf einen drehbaren Einkristall. Mit einem Zählrohr und einem Impulsratemeter bestimmt man die Intensität I der am Kristall unter dem Winkel ϑ in 1. Interferenzordnung Bragg-reflektierten Strahlung. Mit der Bragg-Beziehung $2 \cdot d \cdot \sin\vartheta = k \cdot \lambda$ kann aus dem bekannten Netzebenenabstand d und dem gemessenen Winkel ϑ die Wellenlänge λ der ins Zählrohr gelangten Röntgenstrahlung berechnet werden. Trägt man I gegen λ in einem rechtwinkligen Koordinatensystem an, so erhält man das Röntgenemissionsspektrum der Röhre.

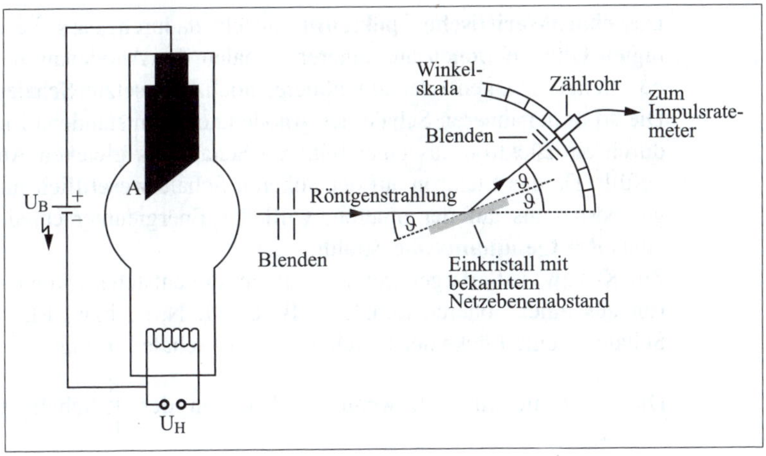

c) Das Emissionsspektrum einer Röntgenröhre besteht im Allgemeinen aus einem kontinuierlichen Spektrum und dem charakteristischen Spektrum. Das **kontinuierliche Spektrum** entsteht bei der Abbremsung der Elektronen beim Aufprall auf die Antikathode. Dabei setzt sich der Verlust an kinetischer Energie der Elektronen in Röntgenquanten um. Da ein großer Teil der abgebremsten Elektronen seine Energie in mehreren, statistisch willkürlichen Bremsprozessen abgibt, ist das Röntgenbremsspektrum kontinuierlich. Die kurzwellige Grenze λ_{min} des kontinuierlichen Spektrums entsteht dann, wenn die gesamte kinetische Energie eines Elektrons in einem einzigen Bremsprozess in Strahlungsenergie umgewandelt wird.

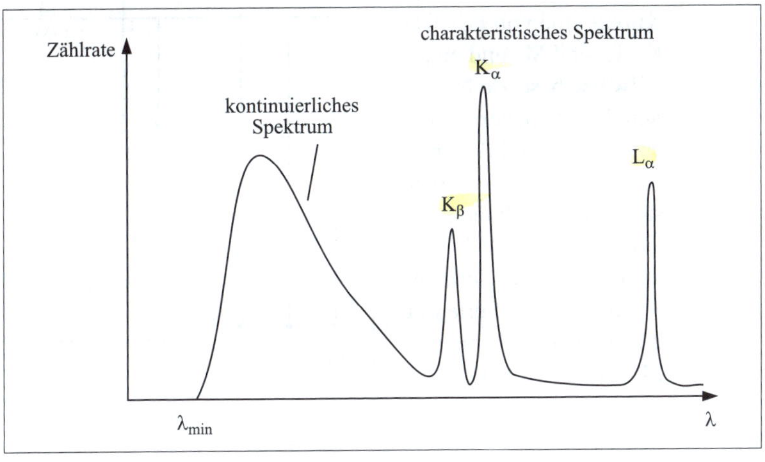

Das **charakteristische Spektrum** entsteht dadurch, dass die beschleunigten Glühelektronen aus inneren Schalen der Anodenatome Elektronen herausschlagen oder auf höhere, noch unbesetzte Schalen, heben. Die so in der inneren Schale des Anodenatoms entstandene Lücke wird durch ein Elektron aus einer höheren Schale des gleichen Atoms aufgefüllt. Da das Elektron auf der höheren Schale **wesentlich** mehr Energie besitzt als auf der inneren, wird der Energieunterschied in Form eines **Röntgenquants** abgestrahlt.
Zur K- bzw. L-Serie gehören alle Linien, die entstehen, wenn ein Elektron aus einer höheren Schale, z. B. L, M, N, … bzw. M, N, O, …-Schale, in eine Lücke der K-Schale bzw. L-Schale „springt".

Die $\begin{matrix} K_\alpha \\ K_\beta \\ L_\alpha \end{matrix}$-Linie entsteht, wenn ein Loch in der $\begin{matrix} K \\ K \\ L \end{matrix}$-Schale durch ein Elektron aus der $\begin{matrix} L \\ M \\ M \end{matrix}$-Schale aufgefüllt wird.

d) Da nur ca. 1 ‰ bis 1 % der kinetischen Energie der Glühelektronen in Röntgenstrahlung, der Rest aber durch strahlungslose Prozesse in Wärme verwandelt wird, heizt sich die Anode auf und muss gekühlt werden.

194. Details des Röntgenemissionsspektrums

a) Dem Periodensystem in der Formelsammlung entnimmt man, dass Kupfer eine voll besetzte K-, L- und M- und eine teilweise besetzte N-Schale hat. Daher sind, entsprechende Lücken vorausgesetzt, die nebenstehend gezeichneten Übergänge möglich. Man kann also die K-Serie mit 3 Linien, die L-Serie mit 2 Linien und 1 Linie der M-Serie erwarten.

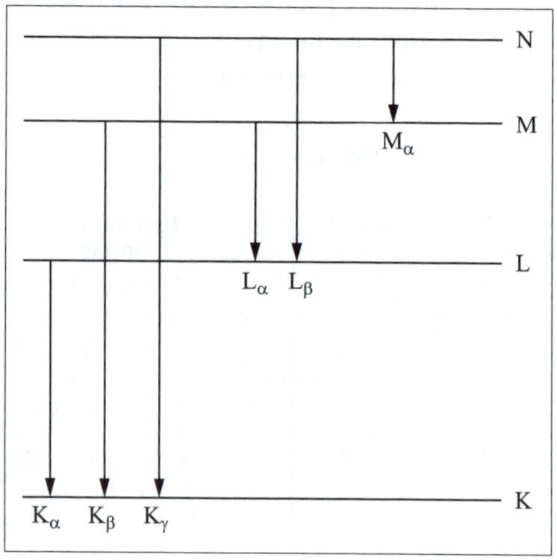

b) Zunächst tritt die Linie der M-Serie, dann treten die Linien der L- und der K-Serie auf. Für die Ionisation aus der M-Schale wird nämlich weniger Energie benötigt als für die Ionisation aus der L- oder gar der K-Schale.

c) Voraussetzung für das Auftreten von Linien, z. B. der K-Serie, ist eine Lücke in der K-Schale des Atoms. Reicht die Betriebsspannung der Röntgenröhre zur Erzeugung einer Lücke in der K-Schale aus, so kann diese, wenn auch mit unterschiedlichen Wahrscheinlichkeiten, von Elektronen aus jeder höheren besetzten Schale aufgefüllt werden. D. h. bei Erreichen der zur Erzeugung von Lücken in einer Schale nötigen Energie sind prinzipiell, wenn auch mit unterschiedlichen Intensitäten, alle Linien der zugehörigen Serie beobachtbar.

d) Je größer der Abstand einer besetzten Schale von der K-Schale ist, desto unwahrscheinlicher füllt ein Elektron aus dieser Schale eine Lücke in der K-Schale auf. Da die Intensität einer Linie aber durch die Anzahl der zu dieser Linie gehörenden Übergänge in den Atomen der Antikathode bestimmt wird, nimmt die Intensität der Linien der K-Serie von der K_α-Linie über die K_β-Linie zur K_γ-Linie hin ab.

e) Bei sinkender Betriebsspannung U_B wird die kurzwellige Grenze λ_{min} des kontinuierlichen Spektrums zu größeren Wellenlängen hin verschoben, die Intensitätsmaxima des charakteristischen Spektrums dagegen behalten ihre Lage unverändert bei. Die Intensitäten werden insgesamt kleiner. Wird U_B so klein, dass eine Ionisation der Anodenatome aus der K-Schale nicht mehr möglich ist, so verschwinden alle Linien der K-Serie des charakteristischen Spektrums.

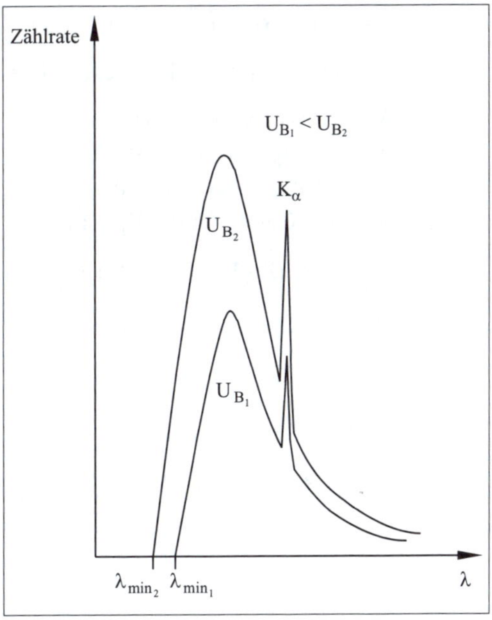

Man beobachtet dann nur noch das kontinuierliche Spektrum und vom charakteristischen Spektrum nur noch die Linien der L- und M-Serie. Bei weiter sinkender Betriebsspannung verschwinden dann auch diese charakteristischen Linien.

Hinweis:
Wiederholen Sie in Aufgabe 71 den Zusammenhang zwischen der Betriebsspannung der Röntgenröhre und der Wellenlänge der kurzwelligen Grenze des kontinuierlichen Röntgenspektrums! (Umkehrung des Fotoeffekts!)

195. Moseley-Gesetz

a) In einem Atom „sieht“ ein äußeres Elektron nur $(Z-\sigma)$-Protonen, da die Elektronen der tiefer liegenden Schalen σ Kernladungen abschirmen. Vernachlässigt man die Wechselwirkung des äußeren Elektrons mit den anderen Elektronen des Atoms, so ist nach der Bohr'schen Theorie die Kräftebilanz für das äußere Elektron die gleiche wie für das letzte Elektron eines Atoms der Kernladungszahl $(Z-\sigma)$, das alle anderen Elektronen durch Ionisation verloren hat.
Für die Wellenlänge der Röntgenstrahlung gilt somit nach der angegebenen Serienformel:

$$\frac{1}{\lambda} = R \cdot (Z-\sigma)^2 \cdot \left(\frac{1}{n^2} - \frac{1}{m^2}\right) \quad n = 1, 2, 3, \ldots; \; m = n+1, n+2, n+3, \ldots$$

σ hängt von der Art der Spektrallinie ab.

b) Aus Messungen weiß man:
$\sigma_{K_\alpha} = 1$; $\sigma_{K_\beta} = 1{,}8$; $\sigma_{L_\alpha} = 7{,}4$
Nach Teilaufgabe a gilt daher:
Moseley-Gesetz für die K_α-Linie:

$$\frac{1}{\lambda_{K_\alpha}} = R \cdot (Z-1)^2 \cdot \left(\frac{1}{1^2} - \frac{1}{2^2}\right) = \frac{3}{4} \cdot R \cdot (Z-1)^2$$

Moseley-Gesetz für die K_β-Linie:

$$\frac{1}{\lambda_{K_\beta}} = R \cdot (Z-1{,}8)^2 \cdot \left(\frac{1}{1^2} - \frac{1}{3^2}\right) = \frac{8}{9} \cdot R \cdot (Z-1{,}8)^2$$

Moseley-Gesetz für die L_α-Linie:

$$\frac{1}{\lambda_{L_\alpha}} = R \cdot (Z-7{,}4)^2 \cdot \left(\frac{1}{2^2} - \frac{1}{3^2}\right) = \frac{5}{36} \cdot R \cdot (Z-7{,}4)^2$$

c) $Z_{Zr}=40$

$$\frac{1}{\lambda_{K_\alpha}}=\frac{3}{4}\cdot R\cdot(Z_{Zr}-1)^2=\frac{3}{4}\cdot 1{,}1\cdot 10^7\,\frac{1}{m}\cdot 39^2=1{,}3\cdot 10^{10}\,\frac{1}{m}\Rightarrow$$

$$\Rightarrow \lambda_{K_\alpha}=8{,}0\cdot 10^{-11}\,m$$

$$\frac{1}{\lambda_{K_\beta}}=\frac{8}{9}\cdot R\cdot(Z_{Zr}-1{,}8)^2=\frac{8}{9}\cdot 1{,}1\cdot 10^7\,\frac{1}{m}\cdot 38{,}2^2=1{,}4\cdot 10^{10}\,\frac{1}{m}\Rightarrow$$

$$\Rightarrow \lambda_{K_\beta}=7{,}0\cdot 10^{-11}\,m$$

$$\frac{1}{\lambda_{L_\alpha}}=\frac{5}{36}\cdot R\cdot(Z_{Zr}-7{,}4)^2=\frac{5}{36}\cdot 1{,}1\cdot 10^7\,\frac{1}{m}\cdot 32{,}6^2=1{,}6\cdot 10^{9}\,\frac{1}{m}\Rightarrow$$

$$\Rightarrow \lambda_{L_\alpha}=6{,}2\cdot 10^{-10}\,m$$

196. Materialidentifizierung

a) Für das charakteristische Röntgenemissionsspektrum sind nur die inneren Schalen eines Atoms maßgebend, während an der chemischen Bindung nur die Elektronen der äußersten Schale beteiligt sind.
Dagegen bestimmen nur die Energieverhältnisse in den äußersten Schalen das optische Emissionsspektrum. Durch die chemische Bindung werden aber tief greifende Veränderungen in den Energieverhältnissen der äußersten Schalen und somit im optischen Emissionsspektrum hervorgerufen.

b) Veranlasst man eine unbekannte Substanz durch Elektronenbeschuss zur Emission von Röntgenstrahlung und misst die Wellenlängen der K_α-Linien, so lassen sich über das Moseley-Gesetz die Kernladungszahlen und damit die chemische Natur der Elemente berechnen, welche die Substanz enthält.

197. Viele Fragen in einer Aufgabe

a) Moseley-Gesetz:

$$\frac{1}{\lambda_{K_\alpha}}=\frac{3}{4}\cdot R\cdot(Z-1)^2\Rightarrow Z=\sqrt{\frac{4}{3\cdot\lambda_{K_\alpha}\cdot R}}+1\Rightarrow$$

$$\Rightarrow Z=\sqrt{\frac{4}{3\cdot 1{,}54\cdot 10^{-10}\,m\cdot 1{,}10\cdot 10^7\,\frac{1}{m}}}+1=29{,}1\approx 29$$

Die Antikathode besteht aus Kupfer.

b) Zur Ionisation aus der K-Schale ist die Energie $E_K = E_{K_\alpha} + E_L$ nötig.

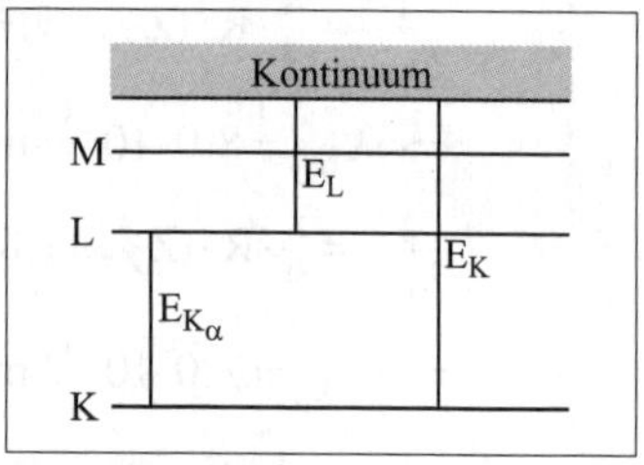

$$E_K = \frac{h \cdot c}{\lambda_{K_\alpha}} + E_L \Rightarrow$$

$$E_K = \frac{4{,}14 \cdot 10^{-15}\,\mathrm{eV \cdot s} \cdot 3{,}00 \cdot 10^8\,\frac{\mathrm{m}}{\mathrm{s}}}{1{,}54 \cdot 10^{-10}\,\mathrm{m}} + 0{,}936\,\mathrm{keV} = 9{,}00\,\mathrm{keV}$$

Die Betriebsspannung der Röhre muss mindestens 9,00 kV betragen.

c) $$\frac{h \cdot c}{\lambda_{min}} = e \cdot U \Rightarrow \lambda_{min} = \frac{h \cdot c}{e \cdot U} = \frac{6{,}63 \cdot 10^{-34}\,\mathrm{J \cdot s} \cdot 3{,}00 \cdot 10^8\,\frac{\mathrm{m}}{\mathrm{s}}}{1{,}60 \cdot 10^{-19}\,\mathrm{A \cdot s} \cdot 9{,}00 \cdot 10^3\,\mathrm{V}} = 1{,}38 \cdot 10^{-10}\,\mathrm{m}$$

d) Nach nebenstehender Skizze gilt:

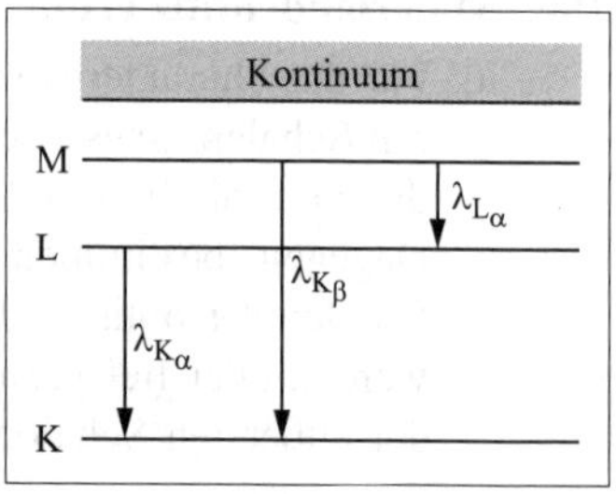

$$\frac{h \cdot c}{\lambda_{L_\alpha}} = \frac{h \cdot c}{\lambda_{K_\beta}} - \frac{h \cdot c}{\lambda_{K_\alpha}} \Rightarrow$$

$$\Rightarrow \frac{1}{\lambda_{L_\alpha}} = \frac{1}{\lambda_{K_\beta}} - \frac{1}{\lambda_{K_\alpha}} = \frac{f_{K_\beta}}{c} - \frac{1}{\lambda_{K_\alpha}} \Rightarrow$$

$$\Rightarrow \frac{1}{\lambda_{L_\alpha}} = \frac{2{,}16 \cdot 10^{18}\,\frac{1}{\mathrm{s}}}{3{,}00 \cdot 10^8\,\frac{\mathrm{m}}{\mathrm{s}}} - \frac{1}{1{,}54 \cdot 10^{-10}\,\mathrm{m}} = 7{,}06 \cdot 10^8\,\frac{1}{\mathrm{m}}$$

$$\Rightarrow \lambda_{L_\alpha} = 1{,}42 \cdot 10^{-9}\,\mathrm{m}$$

e) Nach nebenstehender Skizze gilt:

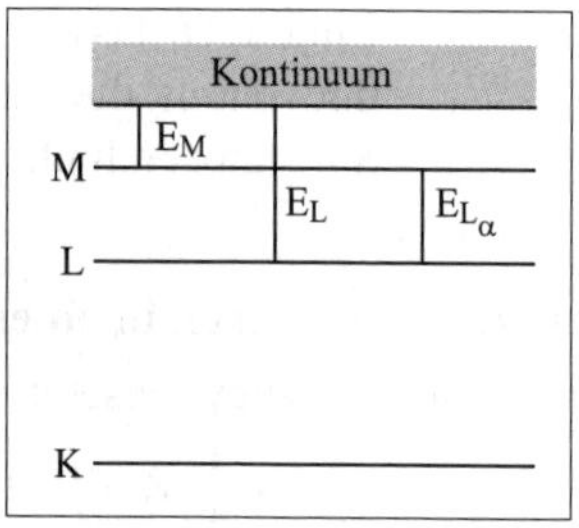

$$E_M = E_L - E_{L_\alpha} = E_L - \frac{h \cdot c}{\lambda_{L_\alpha}}$$

$$= 0{,}936\,\mathrm{keV} - \frac{4{,}14 \cdot 10^{-15}\,\mathrm{eV \cdot s} \cdot 3{,}00 \cdot 10^8\,\frac{\mathrm{m}}{\mathrm{s}}}{1{,}42 \cdot 10^{-9}\,\mathrm{m}}$$

$$= 61\,\mathrm{eV}$$

198. Röntgenabsorptionsspektrum

a) Trifft ein **Röntgenphoton** auf ein Atom der Absorberfolie, so ist es aufgrund seiner großen Energie prinzipiell zur Ionisation aus einer **inneren** Elektronenschale in der Lage. Dafür ist es nicht erforderlich, dass die Photonenenergie exakt mit der Ionisationsenergie der betreffenden Schale übereinstimmt. Höherenergetische Röntgenquanten übertragen den Überschuss einfach in Form von kinetischer Energie auf die herausgeschlagenen Elektronen.
Röntgenabsorptionsspektren sind also deswegen **keine Linienspektren**, weil **alle** Röntgenphotonen genügend hoher Energie absorbiert werden können.
Im optischen Bereich dagegen reicht die kleine Energie der **Lichtphotonen** nicht einmal zur Ionisation aus der äußersten Schale aus. Sie können nur dann absorbiert werden, wenn ihre Energie exakt dafür ausreicht, das äußerste Elektron eines Atoms in ein höheres Energieniveau zu heben. **Lichtabsorptionsspektren** sind also deswegen **diskrete Linienspektren,** weil nur Lichtphotonen ganz bestimmter Energie absorbiert werden können.

b) Überschreitet die Wellenlänge der Röntgenstrahlung in Richtung zunehmender Wellenlängen die Grenze λ_1 (λ_2), so reicht die Energie der Röntgenquanten nicht mehr zur Ionisation aus der K-Schale (L-Schale) eines Folienatoms aus, sie werden also nicht mehr absorbiert.

c) Nach nebenstehender Skizze gilt:
$E_{K_\alpha} < E_K$:

$$E_{K_\alpha} < E_K \Rightarrow \frac{h \cdot c}{\lambda_{K_\alpha}} < \frac{h \cdot c}{\lambda_1} \Rightarrow \lambda_{K_\alpha} > \lambda_1$$

λ_{K_α} liegt also rechts von λ_1.

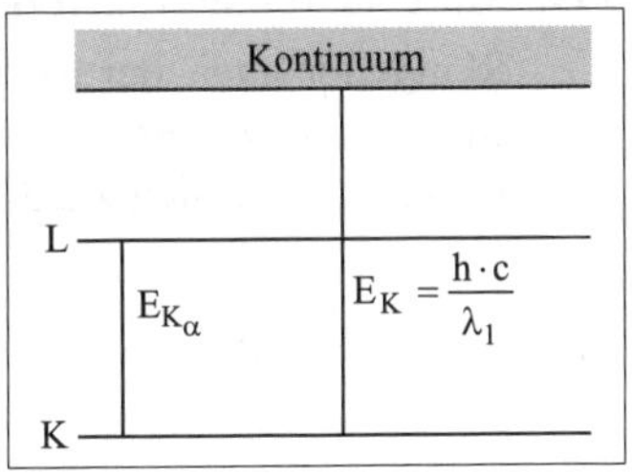

d) Nach nebenstehender Skizze gilt:

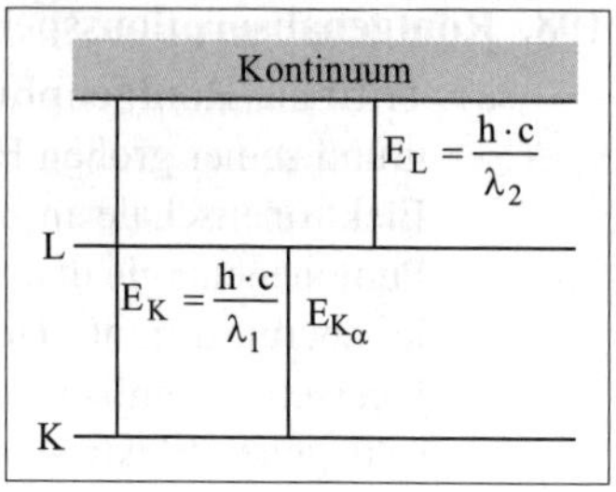

$$E_{K_\alpha} = E_K - E_L \Rightarrow$$

$$\Rightarrow \frac{h \cdot c}{\lambda_{K_\alpha}} = \frac{h \cdot c}{\lambda_1} - \frac{h \cdot c}{\lambda_2}$$

$$\Rightarrow \frac{1}{\lambda_{K_\alpha}} = \frac{1}{\lambda_1} - \frac{1}{\lambda_2}$$

$$\Rightarrow \frac{1}{\lambda_{K_\alpha}} = \frac{1}{0{,}485 \cdot 10^{-10}\,\text{m}} - \frac{1}{3{,}25 \cdot 10^{-10}\,\text{m}}$$

$$= 1{,}75 \cdot 10^{10}\,\frac{1}{\text{m}}$$

$$\Rightarrow \lambda_{K_\alpha} = 5{,}70 \cdot 10^{-11}\,\text{m}$$

Identifizierung des Folienmaterials mittels des Moseley-Gesetzes:

$$\frac{1}{\lambda_{K_\alpha}} = (Z-1)^2 \cdot R \cdot \frac{3}{4} \Rightarrow Z = \sqrt{\frac{4}{3 \cdot R \cdot \lambda_{K_\alpha}}} + 1$$

$$= \sqrt{\frac{4}{3 \cdot 1{,}1 \cdot 10^7 \frac{1}{\text{m}} \cdot 5{,}70 \cdot 10^{-11}\,\text{m}}} + 1 = 47{,}1 \approx 47$$

Die Folie ist aus Silber.

Hinweis:
Die im Absorptionsspektrum bei λ_1 bzw. λ_2 auftretenden Absorptionskanten werden auch K- bzw. L-Kante genannt.

199. Materialabhängigkeit der Absorption von Röntgenstrahlung

Röntgenquanten der Wellenlänge $\lambda = 10^{-10}\,\text{m}$ können bei Elementen mit Kernladungszahlen $Z < 34$ Elektronen aus der K-Schale, bei Elementen mit Kernladungszahlen $Z \geq 34$ nur noch aus der L-Schale herausschlagen.

200. Auger-Effekt

Zunächst wird durch Absorption eines Röntgenquants ein Elektron aus der K-Schale herausgeschlagen. An seine Stelle springt ein Elektron aus einer höheren Schale. Das dabei entstehende Röntgenquant wird vom Atom jedoch nicht emittiert, sondern bewirkt die Abtrennung eines zweiten Elektrons aus einer äußeren Schale des gleichen Atoms.

201. Zum Pauliprinzip

a) Im dreidimensionalen Potenzialtopf werden die Elektronenzustände durch die unabhängigen Quantenzahlen n_x, n_y, n_z mit dem Wertevorrat $\mathbb{N}$ und die Spinquantenzahl s mit dem Wertevorrat $\{+\frac{1}{2}; -\frac{1}{2}\}$ beschrieben. Da nach dem Pauliprinzip in einem gebundenen Zustand 2 Elektronen nicht in **allen** Quantenzahlen übereinstimmen dürfen, sind für die beiden energieärmsten Niveaus $E_{1,1,1}$ und $E_{1,1,2} = E_{1,2,1} = E_{2,1,1}$ nur folgende Quantenzahl-Vierertupel zulässig:

$$E_{1,1,1}\colon \left(1,1,1,+\tfrac{1}{2}\right)\ \left(1,1,1,-\tfrac{1}{2}\right)$$

$$E_{1,1,2} = E_{1,2,1} = E_{2,1,1}\colon \left(1,1,2,+\tfrac{1}{2}\right)\ \left(1,1,2,-\tfrac{1}{2}\right)\ \left(1,2,1,+\tfrac{1}{2}\right)$$
$$\left(1,2,1,-\tfrac{1}{2}\right)\ \left(2,1,1,+\tfrac{1}{2}\right)\ \left(2,1,1,-\tfrac{1}{2}\right)$$

Das niedrigste Energieniveau kann daher mit maximal 2, das nächsthöhere mit maximal 6 Elektronen besetzt werden.

b) Befinden sich im Würfel 8 Elektronen im energetisch tiefsten Zustand, so entspricht der langwelligsten Linie im Absorptionsspektrum nach Teilaufgabe a der Übergang

$$E_{1,1,2} = E_{1,2,1} = E_{2,1,1} \rightarrow E_{1,2,2} = E_{2,1,2} = E_{2,2,1}$$

Daher gilt:

$$\frac{h \cdot c}{\lambda} = E_{1,2,2} - E_{1,1,2} = \frac{h^2}{8 \cdot m \cdot L^2} \cdot (1^2 + 2^2 + 2^2) - \frac{h^2}{8 \cdot m \cdot L^2} \cdot (1^2 + 1^2 + 2^2)$$

$$= \frac{h^2}{8 \cdot m \cdot L^2} \cdot (9 - 6) = \frac{3 \cdot h^2}{8 \cdot m \cdot L^2}$$

$$\Rightarrow\ L = \sqrt{\frac{3 \cdot h \cdot \lambda}{8 \cdot m \cdot c}} = \sqrt{\frac{3 \cdot 6{,}63 \cdot 10^{-34}\,\mathrm{J \cdot s} \cdot 512 \cdot 10^{-9}\,\mathrm{m}}{8 \cdot 9{,}10 \cdot 10^{-31}\,\mathrm{kg} \cdot 3{,}00 \cdot 10^{8}\,\frac{\mathrm{m}}{\mathrm{s}}}} = 6{,}83 \cdot 10^{-10}\,\mathrm{m}$$

Stichwortverzeichnis

*Die angegebenen Zahlen sind die **Nummern** der Fragen bzw. Antworten.*

Notizen

Ihre Meinung ist uns wichtig!

Ihre Anregungen sind uns immer willkommen.
Bitte informieren Sie uns mit diesem Schein über Ihre Verbesserungsvorschläge!

Titel-Nr.	Seite	Fehler, Vorschlag

Bitte hier abtrennen

Zutreffendes bitte ankreuzen!

Die Absenderin/der Absender ist:

- ☐ Lehrer/in
- ☐ Fachbetreuer/in
  Fächer: ____________
- ☐ Seminarlehrer/in
  Fächer: ____________
- ☐ Regierungsfachberater/in
  Fächer: ____________
- ☐ Oberstufenbetreuer/in
- ☐ Schulleiter/in
- ☐ Referendar/in, Termin 2. Staatsexamen: ____________
- ☐ Leiter/in Lehrerbibliothek
- ☐ Leiter/in Schülerbibliothek
- ☐ Sekretariat
- ☐ Eltern
- ☐ Schüler/in, Klasse: ____________
- ☐ Sonstiges: ____________

Unterrichtsfächer: **(Bei Lehrkräften!)**

____

STARK Verlag
Postfach 1852
85318 Freising

10-V1T
Bitte ausfüllen und im frankierten Umschlag an uns einsenden. Für Fensterkuverts geeignet.

Kennen Sie Ihre Kundennummer? Bitte hier eintragen.

Absender **(Bitte in Druckbuchstaben!)**

Name/Vorname

Straße/Nr.

PLZ/Ort

Telefon privat für Rückfragen

Geburtsjahr

E-Mail-Adresse

Schule/Schulstempel **(Bitte immer angeben!)**

Bitte hier abtrennen

(Bitte blättern Sie um)